热工计算
理论与实务

王计敏 / 编著

中国科学技术大学出版社

内 容 简 介

本书共分 7 章,第 1、第 2 章主要介绍热工计算问题中涉及的典型数值计算理论;第 3 章为以热工基础为重点的计算案例,第 4 章则联系工程应用案例进行计算机分析与设计;第 5 章通过使用高炉热风炉节能模拟系统开发实例展现软件设计、分析与开发过程;第 6、第 7 章介绍 Microsoft Visual Basic 语言,以及程序结构化分析与设计等内容。

本书既可作为能源与动力类的本科计算机实践类教材,也可以作为在读研究生和青年教师的科研重要参考书。

图书在版编目(CIP)数据

热工计算理论与实务/王计敏编著. —合肥:中国科学技术大学出版社,2018.5
ISBN 978-7-312-04427-4

Ⅰ.热… Ⅱ.王… Ⅲ.热工学—计算 Ⅳ.TK122

中国版本图书馆 CIP 数据核字(2018)第 053159 号

出版	中国科学技术大学出版社
	安徽省合肥市金寨路 96 号,230026
	http://press.ustc.edu.cn
	https://zgkxjsdxcbs.tmall.com
印刷	安徽省瑞隆印务有限公司
发行	中国科学技术大学出版社
经销	全国新华书店
开本	710 mm×1000 mm 1/16
印张	18.5
字数	383 千
版次	2018 年 5 月第 1 版
印次	2018 年 5 月第 1 次印刷
定价	45.00 元

前　言

　　众所周知,常见的热工计算问题不仅繁难,而且有些是根本无法解决的。随着计算机的推广和普及以及计算方法的发展,计算机技术在热工问题的分析与研究中发挥着重要作用。为完善能源与动力专业本科教学体系,适应卓越工程师计划培养要求,提高学生运用计算机技术解决各种复杂实际工程问题的能力,根据多年教学实践,并参考国内外类似教材,以可视化程序设计语言——Microsoft Visual Basic 为手段,结合传热学、工程流体力学、工程热力学、燃料及燃烧、耐火与隔热材料、换热器原理与设计、火焰炉与锅炉原理、系统节能等相关知识,分别以传热学算例(炉衬热损失、墙角导热、矩形空腔导热、肋片导热、无限大平板导热、铜管导热、平板传热、墙体导热、混凝土梁柱导热)、工程热力学算例(容器中气体质量、朗肯循环效率、再热循环效率、回热循环)、工程流体力学算例(并联管路、串联管路、虹吸管流量、环状管网、圆柱绕流、平行平板间流动)、燃料与燃烧算例(固/液体燃料理论燃烧温度计算)为基础算例,并结合专业综合与工程案例,即轧钢能耗优化、炉衬热损失与费用、管道阻力损失、铜底吹炉烟效率、蓄热式熔铝炉热平衡、管状换热器设计、板式换热器设计、推钢式加热炉钢坯温度、余热锅炉热力、重力式萦热管传热计算,综合运用热工学知识进行计算机编程实践。针对大学生创新创业训练计划,以高炉热风炉节能模拟系统为软件开发实例展现软件分析与设计过程,使学生掌握一定的数值计算方法与计算机技术,灵活运用所学知识解决热工计算问题,从而为毕业后走上工作岗位,更好地解决复杂的实际工程问题奠定坚实的基础。

　　全书共分7章,其中第1、第2章主要介绍热工计算问题中涉及的典型数值计算理论,第3章以热工基础为重点计算案例,第4章则联系工程应用案例进行计算机分析与设计,第5章通过使用高炉热风炉节能模拟系统开发实例展现软件设计、分析与开发过程,第6、第7章介绍相关课程教学范例和 Microsoft Visual Basic 语言,以及程序结构化分析与设计等内容。第6、第7章的设置是为了适应本科生教学需要和满足课程体系的完整性。本书从热工数值计算理论、热工基础算例和工程应用案例分析、热工软件开发等层次全面展开热工问题的计算机分析与设计,可作为能源与动力类的本科计算机实践类教材,也可作为研究生热工数值计算课程的教学参考书,或能源与动力类教师、科研与设计人员的工具书。

　　本书从调研、构思、查阅、编写、编程实现到正式出版,历时数年,已在校内试用多年,多次修改补充完善,在顾明言教授等前辈的热情指导和严大炜等同事的支持下,最终完成付梓出版,希望本书能促使能源与动力专业的本科生计算机实践教学目标的实现,提高运用计算机解决实际工程问题能力。本书由王计敏编写,李文科副教授审阅,但是由于本人水平有限,且热工学原理与工程应用繁难,书中缺点和错误在所难免,望同行与读者及时给予批评、指正。

　　感谢国家重点研发计划资助(No.2017YFB0601805)和安徽省自然科学基金(No.1708085ME108)的支持! 并感谢校级教学研究项目"面向卓越工程师背景下热工计算机实践课程教学改革研究"的支持!

作　者

2017 年 12 月于佳山

目　　录

第 1 章　偏微分方程的差分数值解法

1.1　流动与传热控制方程

常见的流动传热问题,都是由连续性方程、Navier-Stokes(动量)方程和能量方程规定的,限于教材特点和方便理解,重点介绍二维不可压缩流体的常物性的控制方程。

连续性方程

$$\frac{\partial u}{\partial x} + \frac{\partial v}{\partial y} = 0 \tag{1.1}$$

动量方程

$$\frac{\partial u}{\partial \tau} + u\,\frac{\partial u}{\partial x} + v\,\frac{\partial u}{\partial y} = -\frac{1}{\rho}\,\frac{\partial p}{\partial x} + \mu\left(\frac{\partial^2 u}{\partial x^2} + \frac{\partial^2 u}{\partial y^2}\right)$$

$$\frac{\partial v}{\partial \tau} + u\,\frac{\partial v}{\partial x} + v\,\frac{\partial v}{\partial y} = -\frac{1}{\rho}\,\frac{\partial p}{\partial x} + \mu\left(\frac{\partial^2 v}{\partial x^2} + \frac{\partial^2 v}{\partial y^2}\right) \tag{1.2}$$

能量方程

$$\frac{\partial T}{\partial \tau} + u\,\frac{\partial T}{\partial x} + v\,\frac{\partial T}{\partial y} = a\left(\frac{\partial^2 v}{\partial x^2} + \frac{\partial^2 v}{\partial y^2}\right) + S \tag{1.3}$$

利用连续性方程,把对流项加以改写,得

$$\frac{\partial u}{\partial \tau} + \frac{\partial u^2}{\partial x} + \frac{\partial uv}{\partial y} = -\frac{1}{\rho}\,\frac{\partial p}{\partial x} + \mu\left(\frac{\partial^2 u}{\partial x^2} + \frac{\partial^2 u}{\partial y^2}\right) \tag{1.4}$$

$$\frac{\partial v}{\partial \tau} + \frac{\partial uv}{\partial x} + \frac{\partial v^2}{\partial y} = -\frac{1}{\rho}\,\frac{\partial p}{\partial x} + \mu\left(\frac{\partial^2 v}{\partial x^2} + \frac{\partial^2 v}{\partial y^2}\right) \tag{1.5}$$

$$\frac{\partial T}{\partial \tau} + \frac{\partial uT}{\partial x} + \frac{\partial vT}{\partial y} = a\left(\frac{\partial^2 v}{\partial x^2} + \frac{\partial^2 v}{\partial y^2}\right) + S \tag{1.6}$$

式中,u,v 为 x,v 方向的速度分量;p 为压力;ρ,μ,a 分别为流体的密度、运动黏度及热扩散率;T,τ 分别为温度及时间;S 为能量方程源项。

具有一个自变量的微分方程称为常微分方程,而具有两个或两个以上自变量

的微分方程为偏微分方程。从数学角度来说,把常见流动传热问题的二阶线性偏微分方程写成一般形式,即

$$A(x,y)\frac{\partial^2 u}{\partial x^2} + B(x,y)\frac{\partial^2 u}{\partial x \partial y} + C(x,y)\frac{\partial^2 u}{\partial y^2} = F\left(x,y,u,\frac{\partial u}{\partial x},\frac{\partial u}{\partial y}\right)$$

(1.7)

根据系数 A,B,C 之间的关系可将偏微分方程分为以下 3 种类型:

$$\begin{cases} B^2 - 4AC < 0, & \text{椭圆型} \\ B^2 - 4AC = 0, & \text{抛物型} \\ B^2 - 4AC > 0, & \text{双曲型} \end{cases}$$

椭圆型、抛物型和双曲型偏微分方程的典型例子分别是拉普拉斯方程、一维扩散方程和一维波动方程,即

$$\frac{\partial^2 u}{\partial x^2} + \frac{\partial^2 u}{\partial y^2} = 0$$

(1.8)

$$\frac{\partial u}{\partial \tau} = a^2 \frac{\partial^2 u}{\partial x^2}$$

(1.9)

$$\frac{\partial^2 u}{\partial \tau^2} = c^2 \frac{\partial^2 u}{\partial x^2}$$

(1.10)

抛物型微分方程的特点是方程中含有因变量对时间的一阶导数,它们描写了物理上的非稳态问题。对于这一类物理问题,上一时刻的情况或条件会影响到下一时刻的结果而不会反过来。在数值求解时,不必将时间坐标上求解范围内各个计算时刻上的离散方程联立起来求解,而是从已知的(或已求解出的)某一时层上的值出发,根据边界条件,将解一步一步地向前推进。抛物型方程的这一特点可以大大节省所需的计算机内存与计算时间。椭圆型微分方程描写了稳态的物理问题。对这类问题,求解区域内各点之值是互相影响的。此时因区域内各节点离散需联立求解,而不能先把其中一个小区域中的值解出来再去求其他部分之值。由以上叙述可见,不同类型的方程所描写的问题的值的求解方法是不一样的。在进行流动与传热问题的计算之前应先查明所研究问题控制方程的类型。

每个方程都是由非稳态项、对流项、扩散项与源项(Navier-Stokes 方程中的压力梯度暂且作为源项看待)四项组成的。于是,在研究建立离散方程的方法时,为避免复杂化,可不必着眼于完全的方程,而是把同一类型的项都取出一个来研究,这就导致一维非稳态的对流-扩散方程,即

$$\frac{\partial(\rho\varphi)}{\partial \tau} + \frac{\partial(\rho u \varphi)}{\partial x} = \frac{\partial}{\partial x}\left(\Gamma \frac{\partial \varphi}{\partial x}\right) + S$$

(1.11)

式中,φ 为广义变量,可以代表速度、温度、浓度等;Γ 为相应于 φ 的广义扩散系数;S 为广义源项,代表了一切不能归入到其他项中的量未必是物理上的真正源项。为方便起见,假设 ρ,Γ 为常数。

1.2　离散方程的建立

在一定的初始条件、边界条件下,在定解域中求解偏微分方程,一般是很难实现的。只有在极其简单的规则域中得到解析解,而这些解析解远不能满足工程上的要求。若采用差分法求解偏微分方程,则可以得到较为满意的数值解。一般来说,将偏微分方程的作用域划分为等间距网格,用偏差商代替偏导数,差分方程代替微分方程,某一节点的函数值用相邻节点的函数值表示,这样将得到关于内部节点函数值的一个线性代数方程组,解此方程组就可以得到关于内部节点的数值解,这种解法就称为偏微分方程的差分数值解法,这里重点介绍建立有限差分离散方程的泰勒(Taylor)展开法。

设函数 $f(x)$ 是 $n+1$ 阶连续可微的,则在坐标 $x = a$ 附近展开成泰勒级数为

$$f(x) = f(a) + (x - a)f^{(1)}(a) + \frac{(x - a)^2}{2!}f^{(2)}(a) + \cdots$$
$$+ \frac{(x - a)^n}{n!}f^{(n)}(a) + \frac{(x - a)^{n+1}}{(n + 1)!}f^{(n+1)}(\xi) \tag{1.12}$$

若级数取至 n 阶,则最后项为舍入误差。当 $x = x_0 + h$ 时,

$$f(x) = f(x_0) + hf^{(1)}(x_0) + \frac{h^2}{2!}f^{(2)}(x_0) + \cdots \tag{1.13}$$

若用前三项逼近一阶导数,忽略二阶项,则得一阶导热的向前差分,即

$$f^{(1)}(x_0) = \frac{f(x) - f(x_0)}{h} - \frac{h}{2}f^{(2)}(x_0) = \frac{f(x_0 + h) - f(x_0)}{h} + O(h) \tag{1.14}$$

当 $x = x_0 - h$ 时,

$$f(x) = f(x_0) - hf^{(1)}(x_0) + \frac{h^2}{2!}f^{(2)}(x_0) - \cdots \tag{1.15}$$

同样可以得到一阶导热向后差分格式为

$$f^{(1)}(x_0) = \frac{f(x_0) - f(x_0 - h)}{h} + O(h) \tag{1.16}$$

泰勒级数相减,可得一阶导数的中心差分格式为

$$f^{(1)}(x_0) = \frac{f(x_0 + h) - f(x_0 - h)}{2h} + O(h^2) \tag{1.17}$$

泰勒级数相加,可得二阶导数的中心差分格式为

$$f^{(2)}(x_0) = \frac{f(x_0 + h) - 2f(x_0) + f(x_0 - h)}{h^2} + O(h^2) \tag{1.18}$$

1.3　离散方程的求解方法

1.3.1　划分网格

对二维来说,将整个求解区域分成边长为 h 的正方形网格,如图 1.1 所示。将 x 坐标编号为 $\cdots,i-1,i,i+1,\cdots$,将 y 坐标编号为 $\cdots,j-1,j,j+1,\cdots$,并且用坐标编号 (i,j) 代替坐标 (x,y)。

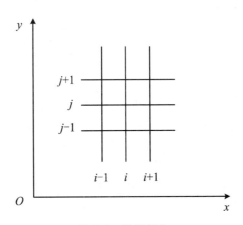

图 1.1　网格划分

1.3.2　构造差分方程

对二维椭圆型偏微分方程,即

$$\frac{\partial^2 u}{\partial x^2} + \frac{\partial^2 u}{\partial y^2} = 0 \tag{1.19}$$

二阶偏导数用中心差分格式近似,即

$$\begin{cases} \dfrac{\partial^2 u}{\partial x^2} \approx \dfrac{1}{h^2}(u_{i+1,j} - 2u_{i,j} + u_{i-1,j}) \\ \dfrac{\partial^2 u}{\partial y^2} \approx \dfrac{1}{h^2}(u_{i,j+1} - 2u_{i,j} + u_{i,j-1}) \end{cases}$$

$$\Rightarrow \frac{1}{h^2}(u_{i+1,j} - 2u_{i,j} + u_{i-1,j}) + \frac{1}{h^2}(u_{i,j+1} - 2u_{i,j} + u_{i,j-1}) = 0$$

$$(1.20)$$

整理得

$$u_{i,j} = \frac{1}{4}(u_{i+1,j} + u_{i-1,j} + u_{i,j+1} + u_{i,j-1}) \tag{1.21}$$

对典型的抛物型偏微分方程,即

$$\frac{\partial u}{\partial \tau} = \nu \frac{\partial^2 u}{\partial z^2} \tag{1.22}$$

将 z 轴坐标用 i 表示,时间轴用 n 表示,h 为空间步长,$\Delta\tau$ 为时间步长,则左端向前差分格式为

$$\frac{\partial u}{\partial \tau} = \frac{1}{\Delta\tau}(u_{i,n+1} - u_{i,n}) \tag{1.23}$$

右端中心差分格式为

$$\frac{\partial^2 u}{\partial z^2} = \frac{1}{h^2}(u_{i+1,} - 2u_{i,n} + u_{i-1,n}) \tag{1.24}$$

整理得 $n+1$ 时层内节点值为

$$\frac{1}{\Delta\tau}(u_{i,n+1} - u_{i,n}) = \frac{\nu}{h^2}(u_{i+1,n} - 2u_{i,n} + u_{i-1,n})$$

$$\Rightarrow u_{i,n+1} = u_{i,n} + \frac{\nu \cdot \Delta\tau}{h^2}(u_{i+1,n} - 2u_{i,n} + u_{i-1,n}) \tag{1.25}$$

对双曲型偏微分方程来说,即

$$\frac{\partial^2 u}{\partial \tau^2} = c^2 \frac{\partial^2 u}{\partial x^2} \tag{1.26}$$

二阶偏导数用中心差分格式表述为

$$\begin{cases} \dfrac{\partial^2 u}{\partial \tau^2} \approx \dfrac{1}{k^2}(u_{i,j+1} - 2u_{i,j} + u_{i,j-1}) \\ \dfrac{\partial^2 u}{\partial x^2} \approx \dfrac{1}{h^2}(u_{i+1,j} - 2u_{i,j} + u_{i-1,j}) \end{cases}$$

$$\Rightarrow \frac{1}{k^2}(u_{i,j+1} - 2u_{i,j} + u_{i,j-1}) + \frac{1}{h^2}(u_{i+1,j} - 2u_{i,j} + u_{i-1,j}) = 0$$

$$(1.27)$$

令 $r = \dfrac{c^2 k^2}{h^2}$,整理得 $j+1$ 时各内节点值为

$$u_{i,j+1} = ru_{i+1,j} + 2(r-1)u_{i,j} + ru_{i-1,j} - u_{i,j-1} \tag{1.28}$$

1.3.3　解差分方程

解差分方程主要有高斯迭代法、高斯-赛德尔迭代法和逐步超松弛迭代法,下面以二维椭圆型偏微分方程为例介绍迭代过程。

1. 高斯迭代法

先给出域中节点(i,j)的$u_{i,j}$初始值$u_{i,j}^{(0)}$,然后$k+1$次近似值用k次值表示为

$$u_{i,j}^{(k+1)} = \frac{1}{4}(u_{i+1,j}^{(k)} + u_{i-1,j}^{(k)} + u_{i,j+1}^{(k)} + u_{i,j-1}^{(k)}) \qquad (1.29)$$

2. 高斯-赛德尔迭代法

为了加速高斯迭代法的收敛速度,用$u_{i-1,j}^{(k+1)}$和$u_{i,j-1}^{(k+1)}$分别代替$u_{i-1,j}^{(k)}$和$u_{i,j-1}^{(k)}$。因为对于$k+1$次迭代,点$(i-1,j)$和点$(i,j-1)$的函数值总是先计算出来的,可以作为已知值,而$k+1$次较k次的函数值更接近于真值,因此可以加快迭代的收敛速度,迭代公式为

$$u_{i,j}^{(k+1)} = \frac{1}{4}(u_{i+1,j}^{(k)} + u_{i-1,j}^{(k+1)} + u_{i,j+1}^{(k)} + u_{i,j-1}^{(k+1)}) \qquad (1.30)$$

3. 逐步超松弛迭代法

为了更进一步加速迭代的收敛速度,引入超松弛因子ω,即

$$u_{i,j}^{(k+1)} = u_{i,j}^{(k)} + \omega\left[(u_{i+1,j}^{(k)} + u_{i-1,j}^{(k+1)} + u_{i,j+1}^{(k)} + u_{i,j-1}^{(k+1)})/4 - u_{i,j}^{(k)}\right] \qquad (1.31)$$

ω的经验值为$1.2\sim1.5$。

设点(i,j)的$k+1$次与k次的函数值之差为$D_{i,j}$,则

$$D_{i,j}^{(k+1)} = u_{i,j}^{(k+1)} - u_{i,j}^{(k)} \qquad (1.32)$$

然后按下式判别收敛性:

$$\max|D_{i,j}^{(k+1)}| < \varepsilon \qquad (1.33)$$

第 2 章　常见数值计算方法

2.1　常微分方程数值解法

龙格-库塔(Runge-Kutta)方法是一种在工程上广泛用于数值求解已知初值的微分方程的数值算法,由数学家卡尔·龙格和马丁·威尔海姆·库塔于 1900 年左右发明。

设常微分方程

$$\frac{\mathrm{d}y}{\mathrm{d}x} = f(x, y) \tag{2.1}$$

当 $x = x_i$ 时,$y = y_i$,则在 $x = x_i + \Delta x$ 处的 y_{i+1} 为

$$y_{i+1} = y_i + W_1 k_1 + W_2 k_2 \tag{2.2}$$

其中

$$
\begin{aligned}
k_1 &= f(x_i, y_i)\Delta x \\
k_2 &= f(x_i + p\Delta x, y_i + qk_1)\Delta x
\end{aligned}
\tag{2.3}
$$

二阶泰勒级数为

$$y_{i+1} = y_i + \frac{\mathrm{d}y_i}{\mathrm{d}x}\Delta x + \frac{1}{2!}\frac{\mathrm{d}^2 y_i}{\mathrm{d}x^2}(\Delta x)^2 \tag{2.4}$$

由

$$\frac{\mathrm{d}^2 y_i}{\mathrm{d}x^2} = \frac{\mathrm{d}}{\mathrm{d}x}\left(\frac{\mathrm{d}y_i}{\mathrm{d}x}\right) = \frac{\partial f}{\partial x} + \frac{\partial f}{\partial y}\frac{\mathrm{d}y}{\mathrm{d}x} = \frac{\partial f}{\partial x} + \frac{\partial f}{\partial y}f \tag{2.5}$$

整理得

$$y_{i+1} = y_i + \frac{\mathrm{d}y_i}{\mathrm{d}x}\Delta x + \frac{1}{2!}\left[\frac{\partial f(x_i, y_i)}{\partial x} + \frac{\partial f(x_i, y_i)}{\partial y}f(x_i, y_i)\right](\Delta x)^2 \tag{2.6}$$

$\dfrac{\mathrm{d}y}{\mathrm{d}x} = f(x, y)$ 在 $f(x_i, y_i)$ 附近泰勒展开为

$$f(x_i + \Delta x, y_i + \Delta y) = f(x_i, y_i) + \frac{\partial f(x_i, y_i)}{\partial x}\Delta x + \frac{\partial f(x_i, y_i)}{\partial y}\Delta y$$

$$+ \frac{\partial^2 f(x_i, y_i)}{\partial x^2} \frac{(\Delta x)^2}{2} + \frac{\partial^2 f(x_i, y_i)}{\partial x \partial y} \Delta x \Delta y$$

$$+ \frac{\partial^2 f(x_i, y_i)}{\partial y^2} \frac{(\Delta y)^2}{2} + \cdots \tag{2.7}$$

其中二阶项可以与高阶项一起忽略不计,则 $f(x_i + p\Delta x, y_i + qk_1)$ 的展开式为

$$f(x_i + p\Delta x, y_i + qk_1) = f(x_i, y_i) + \frac{\partial f(x_i, y_i)}{\partial x} p\Delta x + \frac{\partial f(x_i, y_i)}{\partial y} qk_1 \tag{2.8}$$

所以

$$k_2 = f(x_i + p\Delta x, y_i + qk_1)\Delta x$$

$$= f(x_i, y_i) + \frac{\partial f(x_i, y_i)}{\partial x} p(\Delta x)^2 + \frac{\partial f(x_i, y_i)}{\partial y} qf(x_i, y_i)(\Delta x)^2 \tag{2.9}$$

于是得出

$$y_{i+1} = y_i + W_1 k_1 + W_2 k_2$$

$$= y_i + W_1 f(x_i, y_i)\Delta x + W_2 f(x_i, y_i)\Delta x$$

$$+ W_2 \left[\frac{\partial f(x_i, y_i)}{\partial x} p(\Delta x)^2 + \frac{\partial f(x_i, y_i)}{\partial y} qf(x_i, y_i)(\Delta x)^2 \right] \tag{2.10}$$

为了得到在 $f(x_i, y_i)$ 附近展开的二阶泰勒级数的精确度,只须令

$$W_1 + W_2 = 1$$

$$W_2 p = \frac{1}{2} \tag{2.11}$$

$$W_2 q = \frac{1}{2}$$

令 $p = 1$,得 $W_1 = \frac{1}{2}$,$W_2 = \frac{1}{2}$,$q = 1$,于是有二阶龙格-库塔式:

$$y_{i+1} = y_i + W_1 k_1 + W_2 k_2 = y_i + \frac{1}{2}(k_1 + k_2) \tag{2.12}$$

其中

$$k_1 = f(x_i, y_i)\Delta x$$

$$k_2 = f(x_i + \Delta x, y_i + k_1)\Delta x \tag{2.13}$$

要进一步提高精度,构造四阶龙格-库塔式,即

$$y_{i+1} = y_i + \frac{k_1 + 2k_2 + 2k_3 + k_4}{6} \tag{2.14}$$

其中

$$k_1 = f(x_i, y_i)\Delta x$$
$$k_2 = f\left(x_i + \frac{\Delta x}{2}, y_i + \frac{k_1}{2}\right)\Delta x$$
$$k_3 = f\left(x_i + \frac{\Delta x}{2}, y_i + \frac{k_2}{2}\right)\Delta x \qquad (2.15)$$
$$k_4 = f(x_i + \Delta x, y_i + k_3)\Delta x$$

四阶龙格-库塔式的几何解释如图 2.1 所示,先求点 $A(x_0, y_0)$ 处函数曲线 $F(x)$ 切线的斜率,其后由点 A 出发沿斜率 $f(x_0, y_0)$ 前进 h 得 k_1;

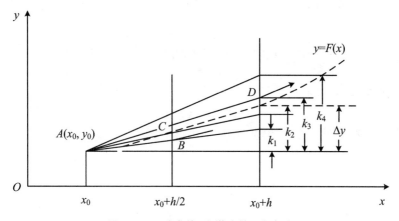

图 2.1 四阶龙格-库塔式的几何解释

求点 $B(x_0 + h/2, y_0 + k_1/2)$ 处的斜率 $f(x_0 + h/2, y_0 + k_1/2)$,由点 A 出发,沿斜率 $f(x_0 + h/2, y_0 + k_1/2)$ 前进 h 得 k_2;

求点 $C(x_0 + h/2, y_0 + k_2/2)$ 处的斜率 $f(x_0 + h/2, y_0 + k_2/2)$,由点 A 出发,沿斜率 $f(x_0 + h/2, y_0 + k_2/2)$ 前进 h 得 k_3;

最后,求点 $D(x_0 + h, y_0 + k_3)$ 处的斜率 $f(x_0 + h, y_0 + k_3)$,由点 A 出发,沿斜率 $f(x_0 + h, y_0 + k_3)$ 前进 h 得 k_4;

分别给 k_1, k_2, k_3, k_4 以权 1,2,2,1,加权平均后所得的值就是在步长 h 内函数的增量 Δy,将 Δy 加在 y_0 上就得步长末端函数值 y_1。

2.2　非线性代数方程的解法

2.2.1　迭代法

我们研究如何用逐次逼近的方法求方程的解

$$f(x) = 0 \tag{2.16}$$

首先将方程变形为

$$x = F(x) \tag{2.17}$$

然后从比较粗略的近似根 x_0 出发,逐次求出近似根

$$x_1 = F(x_0)$$
$$x_2 = F(x_1)$$
$$\cdots \tag{2.18}$$
$$x_{n+1} = F(x_n)$$

迭代的一般公式为

$$x_{n+1} = F(x_n) \tag{2.19}$$

收敛判别公式为

$$|x_{n+1} - x_n| < \varepsilon \tag{2.20}$$

2.2.2　牛顿迭代法

牛顿迭代法(Newton's method)又称为牛顿-拉夫逊(拉弗森)方法(Newton-Raphson method),是牛顿在 17 世纪提出的一种在实数域和复数域上近似求解方程的方法。多数方程不存在求根公式,因此求精确解非常困难,甚至不可能,从而寻找方程的近似根就显得特别重要。该方法使用函数 $f(x)$ 的泰勒级数的前面几项来寻找方程 $f(x)=0$ 的根(见图 2.2),是求方程根的重要方法之一,其最大优点是在方程 $f(x)=0$ 的单根附近平方收敛,因此广泛用于计算机编程中。

牛顿迭代法解非线性方程是把非线性方程 $f(x)=0$ 线性化的一种近似方法,把 $f(x)$ 在点 x_0 的某邻域内展开成泰勒级数:

$$f(x) = f(x_0) + f'(x_0)(x - x_0) + \frac{f''(x_0)\,(x - x_0)^2}{2!}$$

$$+ \cdots + \frac{f^{(n)}(x_0)(x - x_0)^n}{n!} + R_n(x) \tag{2.21}$$

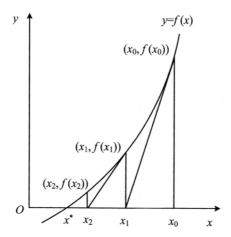

图 2.2 牛顿迭代法示意图

取其线性部分(即泰勒展开的前两项),并令其等于 0,即

$$f(x_0) + f'(x_0)(x - x_0) = 0 \tag{2.22}$$

以此作为非线性方程 $f(x) = 0$ 的近似方程,若 $f'(x) \neq 0$,则其解为

$$x_1 = x_0 - \frac{f(x_0)}{f'(x_0)} \tag{2.23}$$

这样,得到牛顿迭代法的一个迭代关系式:

$$x_{n+1} = x_n - \frac{f(x_n)}{f'(x_n)} \tag{2.24}$$

2.2.3 二分法

单个变量的方程

$$f(x) = 0 \tag{2.25}$$

设 $f \in C[a, b]$,且$[a, b]$为有根区间,取中点 $x_0 = \dfrac{a + b}{2}$,将它分为两半,检查 $f(x_0)$ 与 $f(a)$ 是否同号,若同号,说明根 x^* 仍在 x_0 右侧,取 $a_1 = x_0$,$b_1 = b$;若不同号,则取 $a_1 = a$,$b_1 = x_0$,得到新的有根区间$[a_1, b_1]$,长度仅为$[a, b]$的一半(见图 2.3)。重复以上过程,即取 $x_1 = \dfrac{a_1 + b_1}{2}$,将$[a_1, b_1]$再分半,确定根在 x_1 的哪一侧,得到新区间$[a_2, b_2]$,其长度为$[a_1, b_1]$的一半,从而可得一系列有根区间

$$[a, b] \supset [a_1, b_1] \supset [a_2, b_2] \supset \cdots \supset [a_n, b_n] \supset \cdots$$

其中每一个区间长度都是前一个区间长度的一半,因此,$[a_n, b_n]$的长度为

$$b_n - a_n = \frac{b-a}{2^n} \qquad (2.26)$$

且$\lim\limits_{n \to \infty} x_n = \lim\limits_{n \to \infty} \dfrac{a_n + b_n}{2} = x^*$，$x_n$ 即为式(2.25)的根 x^* 的一个足够精确的近似根，且误差为

$$|x_n - x^*| \leqslant \frac{b_n - a_n}{2} = \frac{b-a}{2^{n+1}} \qquad (2.27)$$

以上过程称为解方程的二分法，计算简单且收敛性有保证，通常可用于求迭代法的一个足够好的近似。

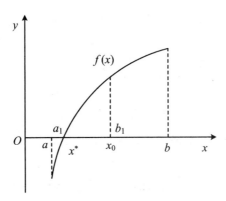

图 2.3　二分法示意图

2.3　函数最优化解法

在数学最优化中，美国数学家 George Dantzig 于 1947 年发明的单纯形法(simplex algorithm)是线性规划问题的数值求解的流行技术。基本思想是：先找出一个基本可行解，对它进行鉴别，看是否是最优解；若不是，则按照一定法则转换到另一改进后更优的基本可行解，再鉴别；若仍不是，则再转换，按此重复进行。因基本可行解的个数有限，故经过有限次转换必能得出问题的最优解。如果问题无最优解也可用此法判别。

线性规划的标准形：

$$\max(Z) = c_1 x_1 + c_2 x_2 + \cdots + c_n x_n \qquad (2.28)$$

$$\begin{cases} a_{11}x_1 + a_{12}x_2 + \cdots + a_{1n}x_n = b_1 \\ a_{21}x_1 + a_{22}x_2 + \cdots + a_{2n}x_n = b_2 \\ \cdots \\ a_{m1}x_1 + a_{m2}x_2 + \cdots + a_{mn}x_n = b_m \\ x_1, x_2, \cdots, x_n \geqslant 0 \end{cases} \tag{2.29}$$

令

$$c = (c_1, c_2, \cdots, c_n), \quad x = (x_1, x_2, \cdots, x_n)^{\mathrm{T}},$$
$$A = (a_{ij})_{m \times n}, \quad b = (b_1, b_2, \cdots, b_m)^{\mathrm{T}}$$

则线性规划标准形的矩阵表达式为

$$\begin{aligned} \max(Z) &= cx \\ Ax &= b \\ x &\geqslant 0 \end{aligned} \tag{2.30}$$

化标准形的步骤如下：

（1）目标函数实现极大化，即 $\max(Z) = cx$。

（2）当约束条件为"$\leqslant$"不等式时，则在约束条件的左端加上一个非负的松弛变量；当约束条件为"$\geqslant$"不等式时，则在约束条件的左端减去一个非负的松弛变量。

（3）若存在无约束的变量 x_k，可令 $x_k = x_k' - x_k''$，其中 $x_k', x_k'' \geqslant 0$。

单纯形算法的步骤如下：

（1）将线性规划化为标准形，建立初始单纯形表，如表 2.1 所示。

表 2.1　初始单纯形表

	c_j		c_1	$\cdots$	$\cdots$	c_m	c_{m+1}	$\cdots$	$\cdots$	c_n	θ_i
c_B	X_B	b	x_1	$\cdots$	$\cdots$	x_m	x_{m+1}	$\cdots$	$\cdots$	x_n	
c_1	x_1	b_1	1	$\cdots$	$\cdots$	0	$a_{1,m+1}$	$\cdots$	$\cdots$	a_{1n}	θ_1
$\vdots$	$\vdots$	$\vdots$	$\vdots$			$\vdots$	$\vdots$			$\vdots$	$\vdots$
c_m	x_m	b_m	0	$\cdots$	$\cdots$	1	$a_{m,m+1}$	$\cdots$	$\cdots$	a_{mn}	θ_m
$-Z$		$-\sum c_i b_i$	0			0	$\sigma_j = c_j - \sum c_j a_{ij}$				

（2）用最快的方法确定一个初始基本可行解 $X^{(0)}$。当 $s \cdot t$ 均为"$\leqslant$"形式时，以松弛变量做初始基本变量最快。

（3）求 $X^{(0)}$ 中非基本变量 x_j 的检验数 σ_j。若所有 $\sigma_j \leqslant 0$，则停止运算，$X^{(0)} = X^*$（表示最优解），否则转下一步。

（4）由 $\sigma_k = \max\{\sigma_j > 0\}$ 确定 x_k 进基；

由 $\theta_l = \min\left\{\dfrac{b_i}{a_{ik}} \,\middle|\, a_{ik} > 0\right\} = \dfrac{b_l}{a_{lk}}$ 确定 x_l 出基，其中 a_{lk} 称为主元素；

利用初等变换将 a_{lk} 化为 1,并利用 a_{lk} 将同列中其他元素化为 0,得新解 $X^{(1)}$。

(5) 返回(3),直至求得最优解为止。

例 求解线性规划

$$\min S = 50x_1 + 130x_2$$
$$\text{s.t.} \quad 2x_1 + 6x_2 \geqslant 24$$
$$20x_1 + 80x_2 \leqslant 300 \qquad\qquad (2.31)$$
$$1.25x_1 + 2.5x_2 \leqslant 17.5$$
$$x_1, x_2 \geqslant 0$$

引入松弛变量下 x_3, x_4, x_5,则标准形式为

$$\max(-S) = -50x_1 - 130x_2$$
$$\text{s.t.} \quad 2x_1 + 6x_2 - x_3 = 24$$
$$20x_1 + 80x_2 + x_4 = 300 \qquad\qquad (2.32)$$
$$1.25x_1 + 2.5x_2 + x_5 = 17.5$$
$$x_1, x_2 \geqslant 0$$

解 首先建立初始单纯形表,如表 2.2 所示。

表 2.2 初始单纯形表

X_B	X_1	X_2	X_3	X_4	X_5	b	θ
X_3	2	6	-1	0	0	24	4
X_4	20	80	0	1	0	300	3.75
X_5	1.25	2.5	0	0	1	17.5	7
$-S$	-50	-130	0	0	0	0	

以 $a_{22} = 80$ 为主元,进行一次换基运算,结果如表 2.3 所示。

表 2.3 一次变换单纯形表

X_B	X_1	X_2	X_3	X_4	X_5	b	θ
X_3	0.5	0	-1	-0.075	0	1.5	3
X_2	0.25	1	0	0.0125	0	3.75	15
X_5	0.625	0	0	-0.03125	1	8.125	13
$-S$	-17.5	0	0	16.25	0	-487.5	

以 $a_{11} = 0.5$ 为主元,进行换基运算,结果如表 2.4 所示。

表 2.4　最终单纯形表

X_B	X_1	X_2	X_3	X_4	X_5	b
X_1	1	0	-2	-0.15	0	3
X_2	0	1	0.5	0.05	0	3
X_5	0	0	1.25	0.0625	1	6.25
$-S$	0	0	-35	-1	0	-540

所有判别数均小于零,所以该表即为最终表,基变量为 X_1,X_2,X_5,其最优解为

$$(X_1,X_2,X_3,X_4,X_5) = (3,3,0,0,6.25)$$

最优值为 540。

2.4　线性代数方程组解法

一维导热问题的离散方程在取遍所有节点之后形成的是三对角的代数方程组,可以采用追赶法求解。三对角矩阵 $\boldsymbol{A}$ 构成的方程组的形式为

$$\boldsymbol{A}\boldsymbol{x} = \boldsymbol{f} \tag{2.33}$$

其中

$$\boldsymbol{A} = \begin{pmatrix} b_1 & c_1 & & & \\ a_2 & b_2 & c_2 & & \\ & \ddots & \ddots & \ddots & \\ & & a_{n-1} & b_{n-1} & c_{n-1} \\ & & & a_n & b_n \end{pmatrix}, \quad \boldsymbol{x} = \begin{pmatrix} x_1 \\ x_2 \\ \vdots \\ x_n \end{pmatrix}, \quad \boldsymbol{f} = \begin{pmatrix} f_1 \\ f_2 \\ \vdots \\ f_n \end{pmatrix} \tag{2.34}$$

解三对角线性方程组的追赶法中三对角方阵 $\boldsymbol{A}$ 有如下形式的分解:

$$\boldsymbol{A} = \begin{pmatrix} p_1 & & & & \\ a_2 & p_2 & & & \\ & a_3 & \ddots & & \\ & & \ddots & p_{n-1} & \\ & & & a_n & p_n \end{pmatrix} \begin{pmatrix} 1 & q_1 & & & \\ & 1 & q_2 & & \\ & & \ddots & \ddots & \\ & & & 1 & q_{n-1} \\ & & & & 1 \end{pmatrix} = \boldsymbol{P}\boldsymbol{Q} \tag{2.35}$$

其中

$$\begin{cases} p_1 = b_1 \\ q_i = c_i/p_i, \quad i = 1,2,\cdots,n-1 \\ p_i = b_i - a_i q_{i-1}, \quad i = 2,3,\cdots,n \end{cases} \tag{2.36}$$

解三对角线方程组 $Ax = f$ 可化为求解两个三角形方程组：

$$Py = f, \quad Qx = y \tag{2.37}$$

解 $Py = f$：

$$(P, f) = \begin{pmatrix} p_1 & & & & & \\ a_2 & p_2 & & & & \\ & a_3 & \ddots & & & \\ & & \ddots & p_{n-1} & & \\ & & & a_n & p_n \end{pmatrix} \begin{vmatrix} f_1 \\ f_2 \\ f_3 \\ \vdots \\ f_n \end{vmatrix} \tag{2.38}$$

得

$$\begin{cases} y_1 = f_1/p_1 \\ y_i = (f_i - a_i \cdot y_{i-1})/p_i, \quad i = 2,3,\cdots,n \end{cases} \tag{2.39}$$

解 $Qx = y$：

$$\begin{pmatrix} 1 & q_1 & & & \\ & 1 & q_2 & & \\ & & \ddots & \ddots & \\ & & & 1 & q_{n-1} \\ & & & & 1 \end{pmatrix} \begin{pmatrix} x_1 \\ x_2 \\ \vdots \\ x_n \end{pmatrix} = \begin{pmatrix} y_1 \\ y_2 \\ \vdots \\ y_n \end{pmatrix} \tag{2.40}$$

得

$$\begin{cases} x_n = y_n \\ x_i = y_i - q_i \cdot x_{i+1}, \quad i = n-1,\cdots,2,1 \end{cases} \tag{2.41}$$

2.5　插值与拟合

2.5.1　线性插值

在热工计算中经常要用到各种系数，但是这些系数往往是以成对的数据用表格的形式给出的，程序设计计算时需要插值计算，可见插值的重要性。假设在已知区间 (x_k, x_{k+1}) 的端点处的函数值为 $y_k = f(x_k), y_{k+1} = f(x_{k+1})$，要求线性插值多项式 $L_1(x)$ 满足下面条件：

$$\begin{cases} L_1(x_k) = y_k \\ L_1(x_{k+1}) = y_{k+1} \end{cases} \tag{2.42}$$

如图 2.4 所示，$L_1(x)$ 是通过两点 (x_k, y_k)，(x_{k+1}, y_{k+1}) 的直线，该直线的两点式方程为

$$L_1(x) = \frac{x - x_{k+1}}{x_k - x_{k+1}} y_k + \frac{x - x_k}{x_{k+1} - x_k} y_{k+1} \tag{2.43}$$

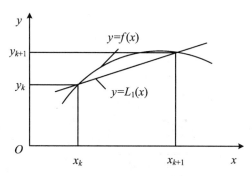

图 2.4　线性插值示意图

由上式可以看出，$L_1(x)$ 是由两个线性函数组成的，即

$$l_k(x) = \frac{x - x_{k+1}}{x_k - x_{k+1}}, \quad l_{k+1}(x) = \frac{x - x_k}{x_{k+1} - x_k} \tag{2.44}$$

可以表示为

$$L_1(x) = y_k l_k(x) + y_{k+1} l_{k+1}(x) \tag{2.45}$$

$l_k(x)$ 和 $l_{k+1}(x)$ 也是线性插值多项式，它满足插值条件，故称为线性插值基函数。

2.5.2　线性拟合

进行热工计算时，表格数据的应用除了采用插值法以外，还可以用拟合法将表格中的数据的变化规律用一条曲线表示，然后找出描述该曲线的方程式。其中线性拟合就是利用实验数据根据最小二乘法原理求出公式的一种方法。如图 2.5 所示，假设线性方程式为

$$y = B + mx \tag{2.46}$$

常采用最小二乘法求常数 B 和系数 m，设 y 是拟合直线上的值，y_i 是实测值，偏差 $s_i = y_i - y$，计算系数 B, m 的最小二乘法就是使偏差 s_i 的平方和最小，即

$$R = \sum_{i=1}^{n} s_i^2 = \sum_{i=1}^{n} \left[y_i - (B + mx_i) \right]^2 = \min \tag{2.47}$$

为使 R 取得最小值，分别对 B 和 m 取偏导数，并令它们等于 0，得

$$\begin{cases} \dfrac{\partial R}{\partial B} = 0 \\ \dfrac{\partial R}{\partial m} = 0 \end{cases} \Rightarrow \begin{cases} \displaystyle\sum_{i=1}^{n}(y_i - B - mx_i) = 0 \\ \displaystyle\sum_{i=1}^{n}(y_i - B - mx_i)x_i = 0 \end{cases} \tag{2.48}$$

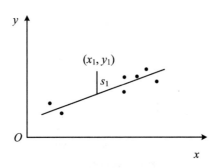

图 2.5 线性拟合示意图

展开整理得

$$\begin{cases} nB + m\displaystyle\sum_{i=1}^{n} x_i = \sum_{i=1}^{n} y_i \\ B\displaystyle\sum_{i=1}^{n} x_i + m\sum_{i=1}^{n} x_i^2 = \sum_{i=1}^{n} x_i y_i \end{cases} \tag{2.49}$$

解得

$$B = \frac{\sum x_i y_i / \sum x_i - \sum y_i / n}{\sum x_i^2 / \sum x_i - \sum x_i / n} \tag{2.50}$$

$$m = \frac{\sum y_i - m\sum x_i}{n} \tag{2.51}$$

第 3 章　热工基础算例

3.1　传热学算例

3.1.1　炉衬热损失计算

1. 问题提出

已知熔铝炉炉墙从内到外依次由黏土质浇注料、硅藻土砖和硅酸铝纤维毡组成,其厚度分别为 0.3 mm、0.232 mm 和 0.2 mm,炉内壁温度为 745 ℃,周围环境温度为 29.5 ℃,设与外界处于静止 20 ℃空气对流换热条件下,求炉衬各界面温度、散热损失和蓄热损失。

2. 计算分析

在进行炉衬传热计算时,为了简化计算,作以下假定:

(1) 炉衬为一维稳态导热,即热流量不随时间变化,且热量只沿等温面的法线方向传递。

(2) 各层材料的导热系数为常数,并等于每层材料两侧壁温的平均温度下的导热系数。

(3) 各层之间的接触良好,两层的接触面上具有相同的温度。

根据以上假设,炉体的散热损失和炉衬的蓄热损失为

$$q_1 = \frac{t_{\text{hot}} - t_f}{\displaystyle\sum_{i=1}^{n} \frac{S_i}{\lambda_i} + \frac{1}{h_{\text{out}}}}, \quad q_2 = \rho_i S_i (c_{pi} t_i - c_{p0} t_0) \tag{3.1}$$

式中,q_1 为散热损失;q_2 为蓄热损失;t_{hot} 为炉衬热面温度,取 899.85 ℃;t_0,t_i 分别为耐火材料初始和终止温度;S_i 为耐火材料厚度;h_{out} 为炉外壁综合对流换热系数;λ_i 为耐火材料导热系数;ρ_i 为耐火材料密度;c_{p0},c_{pi} 分别为耐火材料初始和终

止比热；t_f 为环境温度。常用筑炉材料的热性能如表 3.1 所示。

表 3.1　常用筑炉材料的热性能表

序号	材料名称	密度 （kg·m⁻³）	比热 （J·(kg·K)⁻¹）	导热系数 （W·(m·K)⁻¹）
1	耐火黏土砖	2070	$879+0.23t$	$0.84+0.58\times10^{-3}t$
2	刚玉砖	3500	$880+0.418t$	5.8
3	高铝砖	2500	$796+0.418t$	$2.09+1.861\times10^{-3}t$
4	普通耐火混凝土	2000～2200	840	1.283～1.318
5	黏土质隔热耐火砖	1000	$837+0.264t$	$0.291+0.256\times10^{-3}t$
6	硅藻土砖	500	$840+0.252t$	$0.111+0.146\times10^{-3}t$
7	黏土质浇注料	900	$753+0.238t$	$0.262+0.23\times10^{-3}t$
8	硅酸铝纤维毡	130	$1013+0.075\times10^{-3}t^2$	$0.054+0.0272\times10^{-6}t^2$
9	高铝质浇注料	2250	$716+0.3762t$	$1.881+1.6749\times10^{-3}t$

不同条件下炉墙外壁对流换热系数与壁温关系如表 3.2 所示。

表 3.2　炉墙外壁对流换热系数与壁温关系

外壁温度（℃）	静止 0 ℃空气	静止 20 ℃空气	20 ℃，2 m/s 空气
30	9.4	10.4	19.4
40	10.5	11	19.7
50	11.4	11.7	19.9
60	12.1	12.2	20.2
70	12.7	12.7	20.5
80	13.4	13.3	20.7
90	14	13.8	21.1
100	14.6	14.4	21.4
120	15.6	15.4	22.1
140	16.7	16.4	22.8
160	17.8	17.6	23.6
180	19	18.6	24.4
200	20.4	19.8	25.5
250	23.4	23.7	27.9
300	26.7	27.3	30.8

静止 0 ℃空气

$$h = \mathrm{e}^{2.3981+0.003096t-\frac{4.6969}{t}} \qquad (3.2)$$

静止 20 ℃空气

$$h = \mathrm{e}^{2.511+0.002687t-\frac{11.1014}{t}} \qquad (3.3)$$

流速为 2 m/s,20 ℃空气

$$h = \mathrm{e}^{2.8575+0.001862t+\frac{1.8223}{t}} \qquad (3.4)$$

3. 程序设计

依据耐火材料的导热系数及其厚度,基于固体导热原理和炉墙外环境换热特点,用热流试算迭代法求出热流和交界面处的温度,然后根据各层耐火材料的密度、比热、温度计算蓄热损失。炉衬热损失计算程序流程如图 3.1 所示,其中热流试算法如下:

假设外壁和各层交界面温度已知,得到各层耐火材料的导热系数,计算出初热流,反算出各交界面温度,如果两次各界面温度差较大,则用 $k+1$ 次炉衬温度代替 k 次值,直到误差在允许范围之内为止,最终得到实际热流和交界面温度。

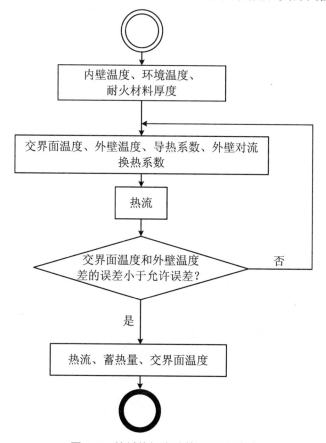

图 3.1　炉衬热损失计算程序流程图

【提示】　要实现文本框控件的多行滚动显示,需要设置文本框多行属性和滚动条属性,即 MultiLine = Ture 和 ScrollBars = Both。可用单选按钮表示对流换热条件,如静止 20 ℃ 空气,静止 0 ℃ 空气,流速 2 m/s,20 ℃ 空气。组合框控件表示各种耐火材料,若要运行就默认选中某种炉衬,窗体启动事件(即 Load 事件)时,对组合框属性 ListIndex 进行炉衬索引赋值。

炉衬热损失计算界面设计与运行实例如图 3.2 所示。依据算例分析,程序输入参数有环境温度、炉膛内壁温度、各层炉衬材料及其厚度。此外,计算蓄热损失和散热损失还需要有炉衬导热系数、比热和密度,这些参数与炉衬温度有关,即炉衬导热系数等物性是炉衬温度的函数。

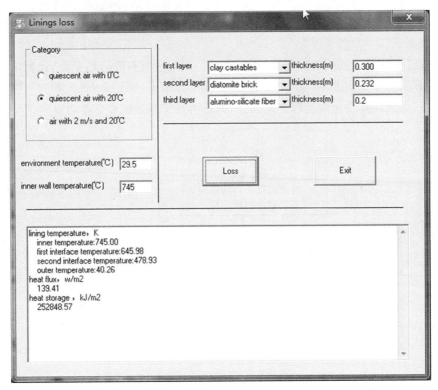

图 3.2　炉衬热损失计算界面设计与运行实例图

外界环境:静止 20 ℃ 空气;

环境温度:29.5 ℃;内壁温度:745 ℃;

第一层:黏土质浇注料,厚度为 0.300 mm;

第二层:硅藻土砖,厚度为 0.232 mm;

第三层:硅酸铝纤维毡,厚度为 0.2 mm。

计算结果包括炉衬各交界面的温度,以及散热损失(热流)和蓄热损失。其中蓄热损失是各层炉衬蓄热损失之和。

交界面温度:645.98℃(第一),478.93℃(第二),40.26℃(外壁);

热流:139.41 W/m²;

蓄热:252848.57 kJ/m²。

3.1.2 墙角导热计算

1. 问题提出

一段用砖砌成的长方形截面的冷空气通道,其截面尺寸如图3.3所示,假设在垂直于纸面方向上冷空气及砖墙的温度变化很小,可以近似地予以忽略。内外壁分别均匀地维持在0℃及30℃,试计算:

(1)砖墙截面上的温度分布。

(2)垂直于纸面方向的每米长度上通过砖墙的导热量。

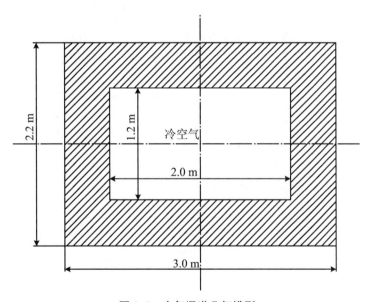

图3.3 空气通道几何模型

2. 计算分析

由于对称的界面必是绝热面,可取左上方的四分之一墙角为研究对象,如图3.4所示。该问题为二维、稳态、无内热源的导热问题,其控制方程和边界条件如下:

$$\frac{\partial^2 t}{\partial x^2} + \frac{\partial^2 t}{\partial y^2} = 0 \tag{3.5}$$

边界1:由对称性可知,其为绝热边界,即 $q_w = 0$;

边界2:其为等温边界,满足第一类边界条件,即 $t_w = 0$℃;

边界3:其为等温边界,满足第一类边界条件,即 $t_w = 30$℃。

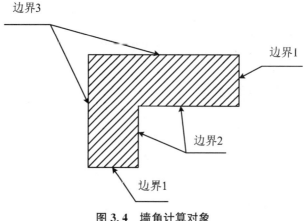

图 3.4 墙角计算对象

用一系列与坐标轴平行的间隔(步长)为 $0.1\,\text{m}$ 的网格线将求解区域分成子区域,如图 3.5 所示。

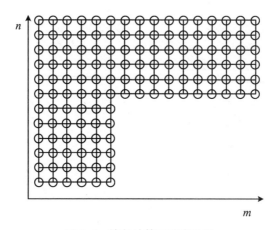

图 3.5 墙角计算区域离散化

可将图 3.5 中的各节点分成内节点与边界节点两类,分别利用热平衡法列出各个节点的代数方程。

边界 1(绝热边界)为

$$t_{m,1} = (2t_{m,2} + t_{m-1,1} + t_{m+1,1})/4, \quad m = 2 \sim 5$$

$$t_{16,n} = (2t_{15,n} + t_{16,n-1} + t_{16,n+1})/4, \quad n = 8 \sim 11$$

边界 2(内等温边界)为

$$t_{m,n} = 0, \quad m = 6, \quad n = 1 \sim 7; \quad m = 7 \sim 16, \quad n = 7$$

边界 3(外等温边界)为

$$t_{m,n} = 30, \quad m = 1, \quad n = 1 \sim 12; \quad m = 2 \sim 16, \quad n = 12$$

内节点为

$$t_{m,n} = (t_{m+1,n} + t_{m-1,n} + t_{m,n+1} + t_{m,n-1})/4$$

$$m = 2\sim5, \quad n = 2\sim11; \quad m = 6\sim15, \quad n = 8\sim11$$

每米长度墙壁散热量为

$$\Phi = \sum \lambda \cdot \Delta y \cdot \frac{\Delta t}{\Delta x} + \sum \lambda \cdot \Delta x \cdot \frac{\Delta t}{\Delta y} \tag{3.6}$$

墙角内、外侧散热量分别为 Φ_1 和 Φ_2,则单位长度上墙壁总散热量为

$$\Phi = 4 \times \frac{\Phi_1 + \Phi_2}{2} = 2(\Phi_1 + \Phi_2) \tag{3.7}$$

墙壁散热量热平衡相对偏差为

$$err = \frac{|\Phi_1 - \Phi_2|}{(\Phi_1 + \Phi_2)/2} \tag{3.8}$$

3. 程序设计

本算例为二维稳态导热,难点是几何形状不规则,要离散化求解,首先要确定 x 方向和 y 方向的步长,可用二维数组表示节点温度。依据墙角尺寸和步长,计算出 x 方向和 y 方向的节点数。根据问题描述,初始化所有节点温度,设置边界节点的迭代公式和内部节点的迭代公式。迭代计算时,若两次所有节点的温度平均值误差在允许范围内,则停止计算,得到墙角各节点的温度分布和计算内外传热量。为了显示墙角等温线,需要用到 TeeChart 控件,墙角导热计算程序流程如图 3.6 所示。再者,为保存节点温度,可使用文件对话框控件 Microsoft Common Dialog Control 6.0 实现文件保存操作。

墙角导热计算界面设计与运行实例如图 3.7 所示。依据算例分析,程序输入参数有墙角尺寸,以及初始温度。此外,还需要空间步长,包括 x 方向和 y 方向的步长,以及内外壁温度和墙角的导热系数。

$$L_{xi} = 1\,\text{m}, \quad W_{yi} = 0.6\,\text{m},$$
$$L_{xo} = 1.5\,\text{m}, \quad W_{yo} = 1.1\,\text{m},$$
$$D_x = 0.1\,\text{m}, \quad D_y = 0.1\,\text{m}$$

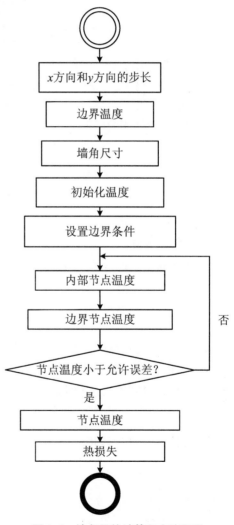

图 3.6　墙角导热计算程序流程图

内壁温度为 $0\,℃$,外壁温度为 $30\,℃$,导热系数为 $0.53\,W/(m\cdot℃)$;初始温度为 $21.5\,℃$。

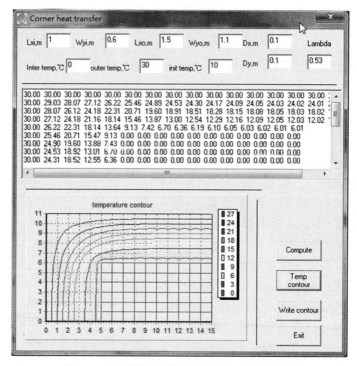

图 3.7　墙角导热计算界面设计与运行实例图

计算结果包括如下内容:

- 墙角温度分布;
- 外壁散热量:62 W;内壁散热量:120.01 W;
- 总热损失:364.01 W;
- 内外散热量偏差:0.64 W。

【提示】 为减小编程难度,可固定节点分布,如空间步长为 0.1 m,各节点位置可确定,本例可简单地实现节点温度迭代公式求解。可在文本框输入默认值,这样可方便程序调试。进行调试时,可在有问题的语句设置断点。如果程序运行后才确定节点数,可使用动态数组。这样的话,程序的灵活性更大。

3.1.3　矩形空腔导热计算

1. 问题提出

存在一矩形区域,如图 3.8 所示,其边长分别为 H 和 W,假设区域内无内热源,导热系数为常数，四个边温度分别为 T_1, T_2, T_3, T_4，求该矩形区域内的温度分布。

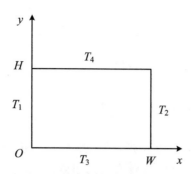

图 3.8　二维矩形稳态导热计算区域

2. 计算分析

二维矩形稳态导热的微分方程及其边界条件为

$$\frac{\partial^2 T}{\partial x^2} + \frac{\partial^2 T}{\partial y^2} = 0 \tag{3.9}$$

$$x = 0, \quad T = T_1; \quad x = W, \quad T = T_2$$
$$y = 0, \quad T = T_3; \quad y = H, \quad T = T_4 \tag{3.10}$$

如图 3.9 所示，区域离散 x 方向的总节点数为 N，y 方向的总节点数为 M，区域内任一节点用 (i, j) 表示。

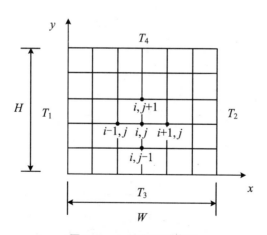

图 3.9　xy 平面区域离散

所有内部节点方程可写为

$$\left.\frac{\partial^2 T}{\partial x^2}\right|_{(i,j)} + \left.\frac{\partial^2 T}{\partial y^2}\right|_{(i,j)} = 0 \tag{3.11}$$

用 (i, j) 节点的二阶中心差分代替上式中的二阶导热，得

$$\frac{T_{i+1,j} - 2T_{i,j} + T_{i-1,j}}{\Delta x^2} + \frac{T_{i,j+1} - 2T_{i,j} + T_{i,j-1}}{\Delta x^2} = 0 \tag{3.12}$$

上式整理成迭代形式：

$$T_{i,j} = \frac{\Delta y^2}{2(\Delta x^2 + \Delta y^2)}(T_{i+1,j} + T_{i-1,j}) + \frac{\Delta x^2}{2(\Delta x^2 + \Delta y^2)}(T_{i,j+1} + T_{i,j-1})$$

$$(3.13)$$

补充四个边界上的第一类边界条件，得

$$T_{1,j} = T_1, \quad T_{N,j} = T_2, \quad j = 1,2,3,\cdots,M$$
$$T_{i,1} = T_3, \quad T_{i,M} = T_4, \quad i = 1,2,3,\cdots,N$$

$$(3.14)$$

3. 程序设计

本算例的几何模型为二维矩形，故二维稳态导热计算需要确定 x 方向和 y 方向的步长，以及矩形空腔尺寸，设置初始温度，四个边界均为第一类边界条件，内部节点按二阶中心差分格式离散化，若所有节点温度误差在允许范围内，则结束迭代计算，输出节点温度和显示等温线。为了显示矩形空腔等温线，需要用到 TeeChart 控件，矩形空腔导热计算程序流程如图 3.10 所示。

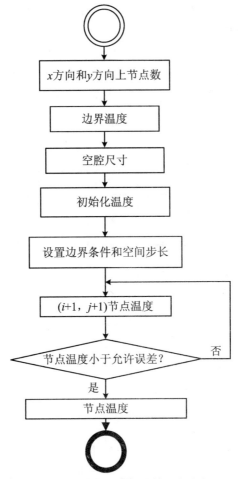

图 3.10　矩形空腔导热计算程序流程图

　　矩形空腔导热计算界面设计与运行实例如图 3.11 所示。程序输入变量有计算区域尺寸和温度边界条件，以及空间步长或节点数，即

　　• 温度边界条件：左侧温度为 300 ℃，右侧温度为 300 ℃，上侧温度为 500 ℃，下侧温度为 300 ℃，初始温度为 250 ℃；

　　• 计算区域：宽度为 5 m，高度为 5 m；

　　• x 方向节点个数：20；

　　• y 方向节点个数：20。

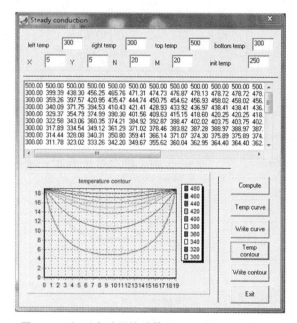

图 3.11　矩形空腔导热计算界面设计与运行实例图

　　输出参数有：矩形空腔各节点温度、中心温度变化曲线、等温线。

　　【提示】　二阶导数差分采用中心差分，编程时，对变量、函数或过程名均要进行说明，以方便理解和调试，变量命名要有一定特点，如匈牙利命名法等，即开头字母用变量类型的缩写，其余部分用变量的英文或英文的缩写，要求单词第一个字母大写，比如：dim iMyAge as integer。

3.1.4　肋片导热计算

1. 问题提出

　　有一等截面直肋，如图 3.12 所示。在处于温度 $t_\infty = 80$ ℃的流体中，肋表面与流体之间的对流换热系数 $h = 45$ W/(m² · ℃)，肋基处温度 $t_w = 300$ ℃，肋端绝热。肋片由铝合金制成，其导热系数 $\lambda = 110$ W/(m · ℃)，肋片厚度 $\delta = 0.01$ m，高

度 $H = 0.1\ \text{m}$,试计算肋内温度分布。

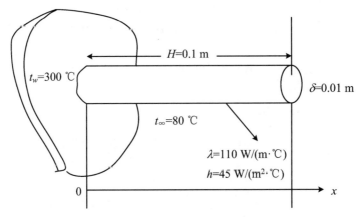

图 3.12　等截面直肋传热示意图

2. 计算分析

引入无量纲过余温度 $\theta = \dfrac{t - t_\infty}{t_w - t_\infty}$,则无量纲过余温度 θ 描述的肋片导热微分方程及其边界条件为

$$\frac{\partial^2 \theta}{\partial x^2} - m^2 \theta = 0 \tag{3.15}$$

$$x = 0,\ \theta = \theta_w = 1;\quad x = H,\ \frac{\partial \theta}{\partial x} = 0 \tag{3.16}$$

其中,$m = \sqrt{\dfrac{hp}{\lambda A}}$,$p$ 为肋周长,A 为肋片表面积。

肋片换热量为

$$q = -\lambda A \frac{\partial t}{\partial x}\Big|_{x=0} \tag{3.17}$$

计算区域离散总节点数取 N,对任一节点 i 有

$$\frac{\partial^2 \theta}{\partial x^2}\Big|_i - m^2 \theta|_i = 0 \tag{3.18}$$

用 θ 在 i 节点的二阶中心差分 θ 代替上式中的二阶导热,得

$$\frac{\theta_{i+1} - 2\theta_i + \theta_{i-1}}{\Delta x^2} - m^2 \theta_i = 0 \tag{3.19}$$

上式整理成迭代形式

$$\theta_i = \frac{1}{2 + m^2 \Delta x^2}(\theta_{i+1} + \theta_{i-1}) \tag{3.20}$$

补充方程,左边界为

$$\theta_1 = \theta_w = 1 \tag{3.21}$$

右边界为第二类边界条件,边界节点 N 向后差分,得

$$\frac{\theta_N - \theta_{N-1}}{\Delta x} = 0 \qquad (3.22)$$

将此式整理成迭代形式，得

$$\theta_N = \theta_{N-1} \qquad (3.23)$$

假定一个温度场的初始发布，给出各节点的温度初值：$\theta_1^0, \theta_2^0, \cdots, \theta_N^0$，将这些初值代入离散格式方程组进行迭代计算，直至收敛。假设第 K 步迭代完成，则 $K+1$ 次迭代计算式为

$$\theta_1^{K+1} = \theta_w$$
$$\theta_i^{K+1} = \frac{1}{2 + m^2 \Delta x^2}(\theta_{i+1}^K + \theta_{i-1}^K) \qquad (3.24)$$
$$\theta_N^{K+1} = \theta_{N-1}^{K+1}$$

3. 程序设计

肋片导热计算程序流程如图 3.13 所示。本算例为一维稳态导热问题，为简化计算，引入无量纲过余温度，把非线性方程转化为线性方程。故对无量纲过余温度微分方程进行离散化求解，然后通过定义算出节点温度。其中肋基，即 0 节点为第一类边界条件，肋端即 N 节点为第二类边界条件。先要确定肋片的尺寸，即直径和高度，计算出肋周长和肋片表面积，以及肋片的导热系数和肋基温度。还需知道肋片与周期环境的对流换热系数和周围环境温度。边界节点温度按边界条件来确定，内部节点温度按内部节点温度迭代公式求出，若所有节点温度值在允许误差范围之内，一般为 1×10^{-3}，则认为收敛，结束迭代，输出各节点温度和温度随肋高的变化曲线，以及肋片换热量。其中，肋片换热量由 0 节点与 1 节点温度差和步长计算出导热热流，然后由肋片表面积计算出换热量。

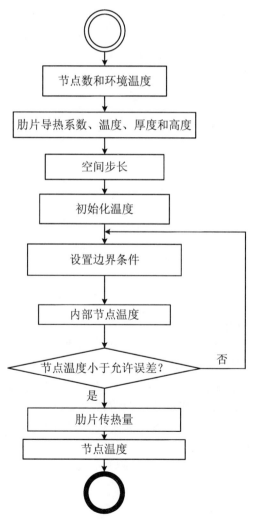

图 3.13　肋片导热计算程序流程图

肋片导热计算界面设计与运行实例如图 3.14 所示。

① 输入参数有：肋基温度 300 ℃，环境温度 80 ℃，初始温度 100 ℃。

② 计算区域：

· 肋高为 0.1 m，肋厚为 0.01 m；

· 导热系数为 110 W/(m·℃)，对流换热系数为 45 W/(m²·℃)；

· 节点个数为 200。

③ 输出：

· 节点温度；

· 换热量 75.90 J；

· 沿肋高方向温度变化曲线。

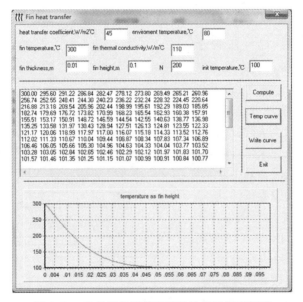

图 3.14　肋片导热计算界面设计与运行实例图

【提示】　导热数值计算时，先要确定控制方程，即导热微分方程，然后根据离散化方法把导热微分方程转化为代数方程（组）。离散化方法通常有有限差分法、有限体积法和有限元法。比较简单的方法是有限差分法，可根据泰勒级数展开或元体能量平衡法把微分方程转化为差分方程。代数方程求解时，常采用高斯-赛德尔迭代法，要求解出数值解，还有确定的边界条件。根据具体问题，确定合适的边界条件，有三类边界条件，即温度边界、热流边界、对流边界，边界条件也需离散化。

3.1.5　无限大平板导热计算

1. 问题提出

有一块无限大平板,如图 3.15 所示,其一半厚度为 $L = 0.1$ m,初始温度 $T_0 = 1000\ ℃$,突然将其插入温度 $T_\infty = 20\ ℃$ 的流体介质中。平板的导热系数 $\lambda = 34.89$ W/(m·℃),密度 $\rho = 7800$ kg/m³,比热 $c = 0.712$ J/(kg·℃),平板与介质的对流换热系数为 $h = 233$ W/(m²·℃),求平板内各点的温度分布。

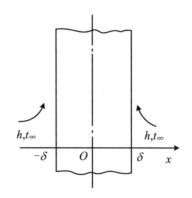

图 3.15　平板一维非稳态传热示意图

2. 计算分析

由于平板换热关于中心线是对称的,仅对平板一半区域进行计算即可。坐标 x 的原点选在平板中心线上,因而一半区域的非稳态导热的数学描述为

$$\frac{\partial T}{\partial \tau} = a\,\frac{\partial^2 T}{\partial x^2} \tag{3.25}$$

$$\tau = 0, \quad T = T_0 \tag{3.26}$$

$$x = 0, \quad \frac{\partial T}{\partial x} = 0 \tag{3.27}$$

$$x = L, \quad -\lambda\,\frac{\partial T}{\partial x} = h(T - T_\infty) \tag{3.28}$$

非稳态导热问题由于有时间变量,其数值计算出现了一些新的特点。在非稳态导热微分方程中,与时间因素相关的非稳态项是温度对时间的一阶导数,这给差分离散带来了新的特点。由于这个特点,可以采用不同的方法构造差分方程,从而得到几种不同的差分格式,即所谓的显式、隐式和半隐式。一维非稳态导热是指空间坐标是一维的。若考虑时间坐标,则所谓的一维非稳态导热实际上是二维问题,如图 3.16 所示,即时间坐标 τ 和空间坐标 x 两个变量。但要注意,时间坐标是单向的,就是说,前一时刻的状态会对后一时刻的状态有影响,但后一时刻的状态不

能影响前一时刻的状态,时间从 $\tau = 0$ 开始,经过一个个时层增加到 K 时层和 $K+1$ 时层。

对于节点 i,在 K 和 $K+1$ 时刻可将微分方程写成

$$\left(\frac{\partial T}{\partial \tau}\right)_i^K = a \left(\frac{\partial^2 T}{\partial x^2}\right)_i^K \tag{3.29}$$

$$\left(\frac{\partial T}{\partial \tau}\right)_i^{K+1} = a \left(\frac{\partial^2 T}{\partial x^2}\right)_i^{K+1} \tag{3.30}$$

将左端温度对时间的偏导数进行差分离散,得

$$\left(\frac{\partial T}{\partial \tau}\right)_i^K = \frac{T_i^{K+1} - T_i^K}{\Delta \tau} \tag{3.31}$$

$$\left(\frac{\partial T}{\partial \tau}\right)_i^{K+1} = \frac{T_i^{K+1} - T_i^K}{\Delta \tau} \tag{3.32}$$

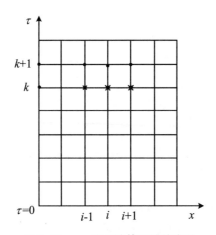

图 3.16 x-τ 平面计算区域的离散

观察可知:右端差分式完全相同,但在两个式子中却有不同含义。从式(3.31)来看,右端项相对点 i 在 K 时刻的导数 $\left(\frac{\partial T}{\partial \tau}\right)_i^K$ 是向前差分。而在式(3.32)中,右端项是点 i 在 $K+1$ 时刻的导数 $\left(\frac{\partial T}{\partial \tau}\right)_i^{K+1}$ 的向后差分。

将式(3.31)和式(3.32)分别代入式(3.29)和式(3.30),并将式(3.29)和式(3.30)右端关于 x 的二阶导数用相应的差分代替,则可得到显式和隐式两种不同的差分格式。

显式为

$$T_i^{K+1} = Fo \cdot T_{i+1}^K + (1 - 2Fo) T_i^K + Fo \cdot T_{i-1}^K \quad K = 0,1,2,\cdots;i = 2,3,\cdots,N-1 \tag{3.33}$$

全隐式为

$$T_i^{K+1} = \frac{1}{1+2Fo}(Fo \cdot T_{i+1}^{K+1} + Fo \cdot T_{i-1}^{K+1} + T_i^K) \quad K = 0,1,2,\cdots; i = 2,3,\cdots,N-1$$

$$(3.34)$$

以上两式中的 $Fo = \dfrac{a\Delta\tau}{\Delta x^2}$。

从式(3.33)可见,其右端只涉及 K 时刻的温度,当从 $K=0$(即 $\tau=0$)时刻开始计算时,在 $K=0$ 时等号右端都是已知值,因而直接可计算出 $K=1$ 时刻各点的温度。由 $K=1$ 时刻的各点的温度值,又可以直接利用式(3.33)计算 $K=2$ 时刻的各点的温度,如此一个时层一个时层地往下推,各时层的温度都能用式(3.33)直接计算出来,不要求解代数方程组。而式(3.34)等号右端包含了与等号左端同一时刻但不同节点的温度,因而必须通过求解代数方程组才能求得这些节点的温度值。

对于所给出的边界条件,可以直接用差分代替微分,也可以用元体能量平衡法给出相应的边界条件,亦有显式和隐式之分。通常,当内部节点采用显式时,边界节点用显式离散;当内部节点采用隐式时,边界节点亦用隐式离散。边界节点的差分格式是显示还是隐式,取决于如何与内部节点的差分方程组合。元体能量平衡法不受网格是否均匀及物性是否为常数等限制,是更为一般的方法。对无限大平板的右边界节点应用这种方法建立其离散方程。

图 3.17 显示了一无限大平板的右边界部分,其表面受到周围流体的冷却,表面传热系数为 h,此时边界节点 N 代表宽度为 $\Delta x/2$ 的元体,对该元体应用能量守恒定律可得

$$\lambda\frac{T_{N-1}^K - T_N^K}{\Delta x} + h(t_\infty - T_N^K) = \rho c\frac{\Delta x}{2}\frac{T_N^{K+1} - T_N^K}{\Delta\tau} \tag{3.35}$$

整理得

$$T_N^{K+1} = T_N^K(1 - 2Fo \cdot Bi - 2Fo) + 2Fo \cdot T_{N-1}^K + 2Fo \cdot Bi \cdot t_\infty \tag{3.36}$$

在这里,$Bi = \dfrac{h\Delta x}{\lambda}$。

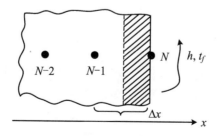

图 3.17　左边界节点离散方程的建立

由于问题的对称性,只要求解一半厚度即可,将计算区域等分为 $N-1$ 等份(N 个节点),节点 1 为绝热对称面,节点 N 为对流边界,则与微分形式得数学描写

相对应的显式离散形式为

$$T_i^{K+1} = FoT_{i+1}^K + (1 - 2Fo)T_i^K + FoT_{i-1}^K, \quad i = 1,2,\cdots,N-1 \tag{3.37}$$

$$T_i^1 = t_0, \quad i = 1,2,\cdots,N-1 \tag{3.38}$$

$$T_N^{K+1} = T_N^K(1 - 2Fo \cdot Bi - 2Fo) + 2Fo \cdot T_{N-1}^K + 2Fo \cdot Bi \cdot t_\infty \tag{3.39}$$

$$T_{-1}^K = T_2^K \tag{3.40}$$

如图 3.18 所示,式(3.40)是绝热边界的一种离散方式,在确定 T_1^{K+1} 之值时需要用到 T_{-1}^K,根据对称性,该值等于 T_2^K,为了得出合理的解,应有

$$1 - 2Fo \geqslant 0 \tag{3.41}$$

$$1 - 2Fo \cdot Bi - 2Fo \geqslant 0 \tag{3.42}$$

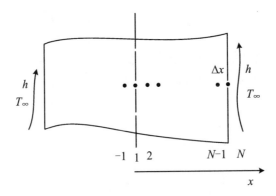

图 3.18　无限大平板导热计算的网格划分

3. 程序设计

无限大平板导热计算程序流程如图 3.19 所示。本算例为一维非稳态导热问题,故需要初始条件和边界条件,边界条件包括对称边界,即绝热边界和对流边界。空间节点采用显示格式进行迭代计算。对一维非稳态导热微分方程进行离散化,不仅要进行时间离散,还要进行空间离散,故需要时间步长和空间步长,或时间节点数和空间节点数。可用二维数组来表示不同时刻下节点温度,若所有 k 时刻下空间节点温度迭代两次的误差小于允许值,则停止空间节点迭代,进行 $k+1$ 时刻下温度迭代计算,直至达到指定时刻为止,打印不同时刻下不同空间节点的温度,和不同时刻下温度曲线的变化趋势。

首先确定平板尺寸,即厚度,以及物性,包括平板的导热系数、热扩散率、密度和比热。由于平板导热过程为非稳态,需要平板初始温度,此外平板还与周围环境进行热交换,需要确定平板对流换热系数和环境温度。无限大平板导热计算界面设计与运行实例如图 3.20 所示。输入变量有:

① 平板温度 1000 ℃,环境温度 20 ℃;

② 计算区域:

• 平板厚度为 0.1 m;

③ 平板物性:

· 平板导热系数为 34.89 W/(m·℃);

· 对流换热系数为 233 W/(m²·℃);

· 平板比热为 712 J/(kg·℃);

· 平板密度为 7800 kg/m³;

④ 空间节点个数为 10;

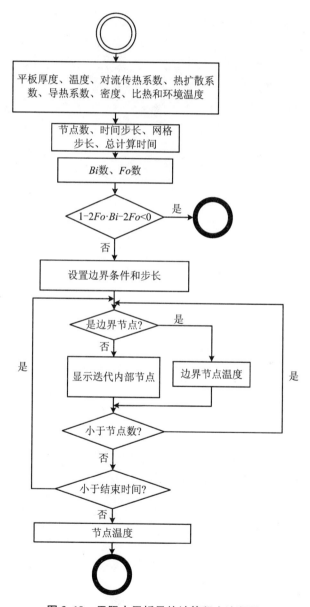

图 3.19　无限大平板导热计算程序流程图

⑤ 时间步长为 1 s,计算时间为 30 s;

⑥ 时间显示间隔为 5 s。

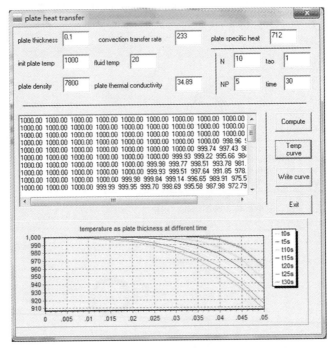

图 3.20   无限大平板导热计算界面设计与运行实例图

输出结果有:

· 不同时刻节点温度;

· 不同时刻沿厚度方向温度变化曲线。

【提示】 为了方便显示,可设置时间显示间隔,即多少个时间节点,显示一次不同时刻下不同空间节点温度值。另外,为了保证导热计算的稳定性,还有判断网格 Fo 数和 Bi 数是否合适。对于该算例,稳定性条件为

$$1 - 2Fo \cdot Bi - 2Fo \geqslant 0$$

因此,在进行迭代计算之前,要判断是否可得到数值解。其中,边界节点 0 为绝热边界,边界节点 N 为对流边界。

3.1.6 铜管导热计算

1. 问题提出

内部被冷却的铜制导管,外径为 40 mm,内径为 15 mm,铜管内通有电流密度为 5×10^7 A/m^2 的电流,其电阻率为 $\rho = 10^{-8} \times (1.0 + 0.025T)$ Ω·m,可以看作

内热源 S 随温度在变化,不考虑铜管表面的辐射,铜管的内表面温度保持 70 ℃ 不变,外表面与温度为 25 ℃ 的空气接触,对流换热系数为 8.4 W/(m² · ℃),铜导热系数为 383 W/(m · ℃),试计算铜管内的温度分布、散热量及最高温度,如图 3.21 所示。

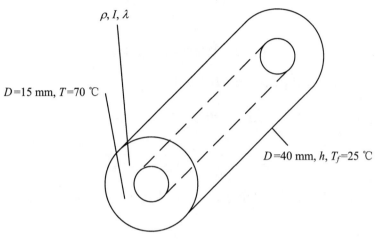

图 3.21　铜管导热模型

2．计算分析

建立如图 3.22 所示的柱坐标,其数学模型(控制方程)为

$$\frac{1}{r}\frac{\mathrm{d}T}{\mathrm{d}r}\left(r \cdot \lambda \frac{\mathrm{d}T}{\mathrm{d}r}\right) + S = 0 \tag{3.43}$$

边界条件包括左边界条件

$$T\big|_{r=0.0075} = 70 \tag{3.44}$$

右边界条件

$$-\lambda \frac{\mathrm{d}T}{\mathrm{d}r}\bigg|_{r=0.02} = h(T\big|_{r=0.02} - T_f) \tag{3.45}$$

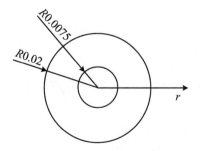

图 3.22　一维圆柱坐标系

以下采用有限差分法推导离散方程,为便于推导,先假设源项 S 为常数,并且已完成了求解区域的离散化,得到了如图 3.23 所示的网格系统。

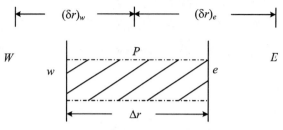

图 3.23　区域离散化计算网格

求解区域内的任意节点 P 满足控制方程

$$\left\{\frac{\mathrm{d}}{\mathrm{d}r}\left[\lambda r\frac{\mathrm{d}T}{\mathrm{d}r}\right]+Sr\right\}_P = 0 \tag{3.46}$$

或者写为

$$\left\{\frac{\mathrm{d}}{\mathrm{d}r}\left[\lambda r\frac{\mathrm{d}T}{\mathrm{d}r}\right]\right\}_P + S_P r_P = 0 \tag{3.47}$$

有限差分法的基本思想是用导数的差商表达式代替控制方程的中的导数,因此令

$$Y = \lambda r\frac{\mathrm{d}T}{\mathrm{d}r} \tag{3.48}$$

这样方程就可以写为

$$\left[\frac{\mathrm{d}Y}{\mathrm{d}r}\right]_P + S_P r_P = 0 \tag{3.49}$$

根据一阶导数具有二阶精度的差商表达式并结合图 3.23 中 w-P-e 三点,有

$$\frac{Y_e - Y_w}{\Delta r} + S_P r_P = 0 \tag{3.50}$$

或

$$\lambda r_e\left(\frac{\mathrm{d}T}{\mathrm{d}r}\right)_e - \lambda r_w\left(\frac{\mathrm{d}T}{\mathrm{d}r}\right)_w + S_P r_P \Delta r = 0 \tag{3.51}$$

对 W-w-P 和 P-e-E 三点,分别有

$$\left(\frac{\mathrm{d}T}{\mathrm{d}r}\right)_e = \frac{T_E - T_P}{(\delta r)_e},\quad \left(\frac{\mathrm{d}T}{\mathrm{d}r}\right)_w = \frac{T_P - T_W}{(\delta r)_w} \tag{3.52}$$

将其代入到上式中,整理得到

$$\left[\frac{\lambda r_e}{(\delta r)_e} + \frac{\lambda r_w}{(\delta r)_w}\right]T_P = \frac{\lambda r_e}{(\delta r)_e}T_E + \frac{\lambda r_w}{(\delta r)_w}T_W + S_P r_P \Delta r \tag{3.53}$$

可简写为

$$a_P T_P = a_E T_E + a_W T_W + b \tag{3.54}$$

式中

$$a_E = \frac{\lambda r_e}{(\delta r)_e}, \quad a_W = \frac{\lambda r_w}{(\delta r)_w}$$

$$a_P = a_E + a_W \tag{3.55}$$

$$b = S_P r_P \Delta r$$

其中

$$(\delta r)_e = (\delta r)_w$$

边界条件处理如下：

由于左侧界面温度维持不变，故有

$$T[0] = T_W = 70 \tag{3.56}$$

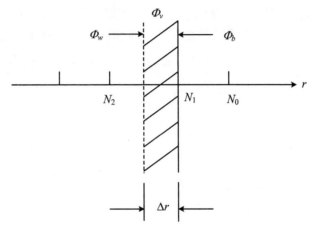

图 3.24　右边界节点的能量守恒模型

对于右侧边界而言，用元体能量平衡法处理右侧边界问题，根据能量守恒可得出

$$\Phi_w + \Phi_b + \Phi_v = 0 \tag{3.57}$$

整个控制容积上的热源强度，有

$$\Phi_v = S_{N_1} \Delta r \times \left. \frac{r - \frac{\delta r}{4}}{r} \right|_{r=0.02} \times F \tag{3.58}$$

式中，F 为圆筒壁沿 r 最外侧的面积，$F = 1$；Δr 为边界节点的控制容积的大小，为 $\Delta r = \delta r/2$，由边界流入控制容积的热量为

$$\Phi_b = h(T_f - T_{N1}) \tag{3.59}$$

Φ_w 为通过左边界进入控制容积的热量。左侧面积的大小为 $\left. \dfrac{r - \frac{\delta r}{2}}{r} \right|_{r=0.02} \times F$。

假设节点间的温度按线性分布，根据傅里叶（Fourier）定律有

$$\Phi_w = \lambda \left. \frac{r - \frac{\delta r}{2}}{r} \right|_{r=0.02} F \frac{T_{N_2} - T_{N_1}}{\delta r} \tag{3.60}$$

整理得到

$$\left(hr + \lambda\frac{r - \Delta r}{\delta r}\right)T_{N1} = \lambda\frac{r - \Delta r}{\delta r}T_{N2} + (50 \times 10^6 + 1.25 \times 10^6 T_{N1})$$

$$\times (2r - \Delta r)\frac{\delta r}{4} + hrT_f$$

(3.61)

3. 程序设计

铜管导热计算程序流程如图 3.25 所示。本算例为在柱坐标下一维具有内热源稳态导热问题,通过差商代替微商,把偏微分方程转化代数方程组,为了方便编程求解,各节点温度的离散化代数方程前系数具有通用表达式。再者,内外边界节点温度采用元体能量平衡法实现,其中传热面积随径向距离按线性变化。最终得到各节点温度离散化代数方程的系数矩阵,通过追赶法求解各节点温度,其追赶法

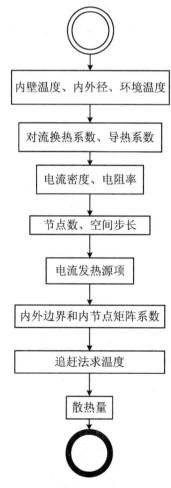

图 3.25　铜管导热计算程序流程图

包括两步，即消元与回代，然后计算出铜管内的温度分布、散热量及最高温度。散热量由外节点的傅里叶定律求出。

首先要知道铜管内外半径、内壁温度和导热系数，以及与外界的对流换热系数、环境温度，确定铜管导热的内外边界条件。此外，还需确定电流密度和电阻率，以计算出各节点的内热源。一维稳态导热问题的离散方程在取遍所有节点后形成的是三对角的代数方程组，可以采用追赶法进行求解。铜管导热计算界面设计与运行实例如图 3.26 所示。输入变量有：

铜管尺寸和物性：内外径分别为 15 mm，40 mm；导热系数为 383 W/(m · ℃)；电流密度为 $5×10^7$ A/m^2；电阻率为 $10^{-8}×(1.0+0.025T)\Omega$ · m，对流换热系数为 8.4 W/(m^2 · ℃)；环境温度为 25 ℃、内壁温度为 70 ℃。

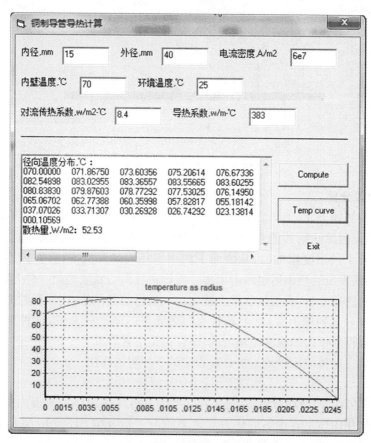

图 3.26　铜管导热计算界面设计与运行实例图

输出结果有：铜管径向温度分布；散热量为 52.53 W/m^2；最高温度为 83.6 ℃。

【提示】　本算例参考系为柱坐标，而非笛卡儿坐标，故离散方程与笛卡儿坐标离散方程有区别。另外，在编程时，要考虑变量的生存期，即是设置成全局变量还是局部变量，比如：函数内部的变量只能在函数内部使用，如要在整个窗体下调用，要在窗体或模块下定义变量。值得提醒的是，Visual Basic 默认变量使用前，不需要先定义，所以要设置 Option Explicit，即显示定义变量。

3.1.7　平板传热计算

1. 问题提出

考虑如图 3.27 中的薄矩形平板，初始温度为 T_A，处于温度等于 T_∞ 周围环境温度，并且受到来自辐射强度为 G 的辐射源加热，平板表面上对流传热系数 h 当作已知常数来考虑，并且认为它们在每个外露的表面上相等，忽略平板的导热，求平板的温度变化。

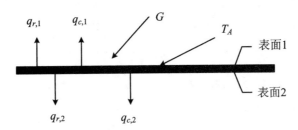

图 3.27　平板辐射与对流

2. 计算分析

系统最初处于 $T_A = T_\infty$ 的热平衡之中，式中 T_A 为平板的温度。在时间 $t = 0$ 时，来自热辐射源的附加能量落在顶部平板的上表面上，所吸收的辐射由 αG 给出。当表面 1 的温度增加时，从表面 1 向周围环境的对流传热，并且因为温度增加，从该表面发出的热辐射也跟着增加。假设平板内的温度处处一样，就可用集总热分析法来进行分析，我们从数学上确定这一假设的条件是：在任意时刻 t 都存在 $T_1 = T_2 = T_A$，从物理上看，对于具有大的热导率的薄平板来说，这种假设是合理的。因为假设平板内的温度是均匀的，所以可把平板看成一个封闭的热力学系统，将热力学第一定律应用于瞬态加热过程中的平板可以写出：

$$\delta Q = q_T \mathrm{d}t = \mathrm{d}U \tag{3.62}$$

式中，q_T 为在 $\mathrm{d}t$ 时间增量内，穿过平板表面的总传热率；$\mathrm{d}U$ 为平板内总内能的变化。如果采用固体定容比热的热力学定义，即 $c = (\partial u/\partial T)_v \approx \mathrm{d}u/\mathrm{d}T$，同时采用关系式 $U = mu$，式中 u 为单位质量的内能，则

$$q_T = mc \frac{\mathrm{d}T}{\mathrm{d}t} \tag{3.63}$$

表面 1 与周围环境之间的净辐射写成

$$q_{1 \leftrightarrow \infty} = \sigma A_1 X_{1,\infty} (T_1^4 - T_\infty^4) \tag{3.64}$$

对平板 A 有

$$q_{T,A} = A_1\alpha_1 G - q_{c,1} - q_{c,2} - q_{r,1} = m_A c_A \frac{\mathrm{d}T_A}{\mathrm{d}t} \tag{3.65}$$

如果假设可以把平板 A 的上表面看成处于宽敞环境中的一个小的表面,即有 $X_{1,\infty} = \varepsilon_1$,则由此可得

$$q_{r,1} = \sigma A_1 \varepsilon_1 (T_1^4 - T_\infty^4) \tag{3.66}$$

对流换热可用牛顿冷却定律,则

$$A_1\alpha_1 G - 2hA_1(T_A - T_\infty) - 2\sigma A_1 \varepsilon_1 (T_A^4 - T_\infty^4) = m_A c_A \frac{\mathrm{d}T_A}{\mathrm{d}t} \tag{3.67}$$

式中采用了等式 $T_1 = T_2 = T_A$。

首先定义两个无量纲因变量和自变量为

$$\theta_A = \frac{T_A}{T_\infty}, \quad \tau = \frac{t}{t_c} \tag{3.68}$$

由于

$$\frac{\mathrm{d}T}{\mathrm{d}t} = \frac{\mathrm{d}T}{\mathrm{d}\theta}\frac{\mathrm{d}\theta}{\mathrm{d}\tau}\frac{\mathrm{d}\tau}{\mathrm{d}t} = \frac{T_\infty}{t_c}\frac{\mathrm{d}\theta}{\mathrm{d}\tau} \tag{3.69}$$

而质量 m 等密度 ρ 乘以体积 V,由此得无量纲方程为

$$\frac{\mathrm{d}\theta_A}{\mathrm{d}\tau} = \frac{A_1\alpha_1 G t_c}{\rho_A V_A T_\infty c_A} - \frac{2hA_1 t_c}{\rho_A V_A c_A}(\theta_A - 1) - \frac{2A_1\sigma\varepsilon_1 T_\infty^3 t_c(\theta_A^4 - 1)}{\rho_A V_A c_A} \tag{3.70}$$

初始条件为:在 $t = 0$ 时,$\theta_A = 1$。

令 $t_c = \dfrac{\rho V c}{hA}$,则有

$$\frac{\mathrm{d}\theta_A}{\mathrm{d}\tau} = \frac{\alpha_1 G}{hT_\infty} - 2(\theta_A - 1) - \frac{2\sigma\varepsilon_1 T_\infty^3}{h}(\theta_A^4 - 1) \tag{3.71}$$

定义 $N_1 = \dfrac{\alpha_1 G}{hT_\infty}$,$N_2 = \dfrac{\sigma T_\infty^3}{h}$,$N_1/N_2$ 为黑体在温度 T_∞ 下所吸收的辐射与所发射的辐射之比,其中,N_1 可以解释为所吸收的辐射与对流之比,N_2 为发射的黑体辐射与对流之比,则有

$$\frac{\mathrm{d}\theta_A}{\mathrm{d}\tau} = N_1 - 2(\theta_A - 1) - 2N_2\varepsilon_1(\theta_A^4 - 1) \tag{3.72}$$

其中,$\tau = \dfrac{hAt}{\rho V c}$,$\theta_A = \dfrac{T_A}{T_\infty}$。

3. 程序设计

平板传热计算程序流程如图 3.28 所示。本算例采用集中参数法求解平板非稳态传热问题,可运用四阶龙格-库塔法数值求解常微分方程。首先要确定初始条件和时间步长,接着求出四阶龙格-库塔法中逼近斜率,即 k_1, k_2, k_3, k_4,最后由迭代方程得到近似解。

确定平板的物性,即吸收系数、辐射率和对流换热系数、辐射源的辐射强度、环境温度。常微分方程一般采用四阶龙格-库塔法求出近似解,需要确定初始条件,以及最大迭代时间。平板传热计算界面设计与运行实例如图 3.29 所示。输入变

量有:

- 平板吸收系数为 0.2,辐射率为 0.8,对流换热系数为 2.5 W/(m² · ℃)。
- 辐射量为 4000 W/m²,环境温度为 350 ℃。
- 时间步长为 0.01 s,时间最大值为 1 s。

输出:平板温度变化。

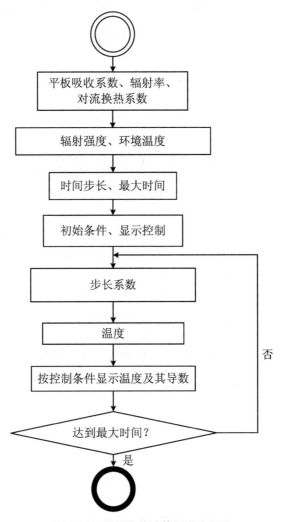

图 3.28　平板传热计算程序流程图

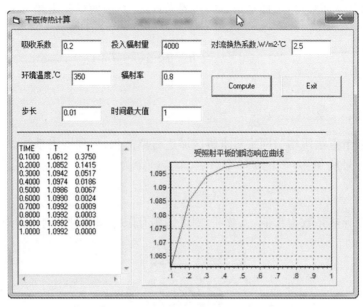

图 3.29　平板传热计算界面设计与运行实例图

3.1.8　墙体导热计算

1. 问题提出

某平屋顶是厚度为 150 mm 的钢筋混凝土板，其密度为 2500 kg/m³，导热系数为 1.63 W/(m·℃)，比热为 0.8 kJ/(kg·K)。屋顶与室内环境的表面传热系数 h_1 为 7 W/(m²·℃)，室内温度 T_{f1} = 28 ℃，屋顶与室外环境的表面传热系数 h_2 为 23.3 W/(m·℃)，外界综合温度的过余值按余弦规律变化，即

$$\theta_e = T_e - T_i = 14 + 23\cos\omega\tau \tag{3.73}$$

试确定该屋顶进入充分发展阶段后单位面积上一个周期内传入室内的热量。

2. 计算分析

该墙面为常物性，可以假设：

(1) 墙面为无限大平面。

(2) 同时已经经过足够长时间，达到稳定的周期状态。

(3) 只有在厚度方向传热，没有纵向传热。

则该问题转化为一维常物性无限大平面非稳态传热问题。

以壁面内侧为坐标原点，沿厚度方向为坐标正方向，建立坐标系。基于上述模型，取其在 x 方向上的微元作为研究对象，则该问题的数学模型可描述为

$$\rho c \frac{\partial T}{\partial \tau} = \frac{\partial}{\partial x}\left(\lambda \frac{\partial T}{\partial x}\right) \tag{3.74}$$

在两侧相应的边界条件是第三类边界条件,分别由傅里叶定律可描述如下:

左边界

$$-\lambda\left.\frac{\partial T}{\partial x}\right|_{x=0} = h_1(T\big|_{x=0} - T_{f1}) \tag{3.75}$$

右边界

$$-\lambda\left.\frac{\partial T}{\partial x}\right|_{x=\delta} = h_2(T\big|_{x=\delta} - T_{f2}) \tag{3.76}$$

采用外节点法用均匀网络对求解区域进行离散化,得到网络系统如图 3.30 所示。节点标号从 $0\sim N-1$ 共 N 个节点,节点间距为

$$\delta x = \frac{\delta}{N-1} \tag{3.77}$$

此例中墙壁导热系数为常值、无源项,则可采用有限体积法对控制方程离散化。

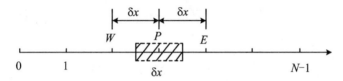

图 3.30　求解区域离散化网络系统

离散过程推导为

$$\left[\frac{\partial^2 T}{\partial x^2}\right]_P^p = \frac{1}{\Delta x}\left[\left(\frac{\partial T}{\partial x}\right)_e^p - \left(\frac{\partial T}{\partial x}\right)_w^p\right]$$

$$= \frac{1}{\Delta x}\left[\frac{T_E^p}{(\delta x)_e} - \left[\frac{1}{(\delta x)_e} + \frac{1}{(\delta x)_w}\right]T_P^p + \frac{T_W^p}{(\delta x)_w}\right] \tag{3.78}$$

按照泰勒级数展开法,温度对时间的偏导有向前差分格式、中心差分格式和后差分格式,使用向后差分格式,如:

$$\left(\frac{\partial T}{\partial \tau}\right)_P^p = \frac{T_P^p - T_P^{p-1}}{\partial \tau} \tag{3.79}$$

$$\frac{T_P^p - T_P^{p-1}}{\partial \tau} = \frac{a}{\Delta x}\left[\frac{T_E^p}{(\delta x)_e} - \left[\frac{1}{(\delta x)_e} + \frac{1}{(\delta x)_w}\right]T_P^p + \frac{T_W^p}{(\delta x)_w}\right] \tag{3.80}$$

$$\frac{\Delta x}{a\Delta \tau}(T_P^p - T_P^{p-1}) = \frac{T_E^p}{(\delta x)_e} - \left[\frac{1}{(\delta x)_e} + \frac{1}{(\delta x)_w}\right]T_P^p + \frac{T_W^p}{(\delta x)_w} \tag{3.81}$$

由 $\Delta x = \delta x$ 得

$$\left(\frac{\rho c \delta x}{\Delta \tau} + \frac{2\lambda}{\delta x}\right)T_P = \frac{\lambda}{\delta x}T_E + \frac{\lambda}{\delta x}T_W + \frac{\rho c \delta x}{\Delta \tau}T_P^0 \tag{3.82}$$

因此得出

$$a_P T_P = a_E T_E + a_W T_W + b \tag{3.83}$$

$$a_P = a_E + a_W + a_P^0, \quad a_E = \frac{\lambda}{\delta x}, \quad a_W = \frac{\lambda}{\delta x}, \quad a_P^0 = \frac{\rho c \delta x}{\Delta \tau}, \quad b = a_P^0 T_P^0$$

$$\tag{3.84}$$

式中，上标"0"表示上一时刻值，λ 为导热系数，$\Delta\tau$ 为时间步长。

如图 3.31 所示，右边界根据元体能量平衡法处理：

$$\Phi_B + \Phi_{N-2} = \Delta E_s \tag{3.85}$$

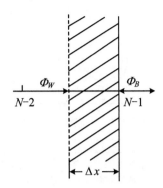

图 3.31　右边界节点的能量守恒模型

其中

$$\Phi_B = h_2(T_{f2} - T_{N-1}), \quad \Phi_{N-2} = \lambda\frac{T_{N-2} - T_{N-1}}{\delta x} \tag{3.86}$$

则有

$$\lambda\frac{T_{N-2} - T_{N-1}}{\delta x} + h_2(T_{f2} - T_{N-1}) = \frac{\rho c\,\Delta x(T_{N-1} - T_{N-1}^0)}{\Delta\tau} \tag{3.87}$$

$\Delta x = \dfrac{\delta x}{2}$，整理得

$$\left(\frac{\rho c\,\delta x}{2\Delta\tau} + \frac{\lambda}{\delta x} + h_2\right)T_{N-1} = \frac{\lambda}{\delta x}T_{N-2} + h_2 T_{f2} + \frac{\rho c\,\delta x}{2\Delta\tau}T_{N-1}^0 \tag{3.88}$$

即

$$\left(\frac{\rho c\,\Delta x}{2\Delta\tau} + h_2 + \frac{\lambda}{\Delta x}\right)T_P = \frac{\lambda}{\Delta x}T_E + h_2 T_{f2} + \frac{\rho c\,\Delta x}{2\Delta\tau}T_P^0 \tag{3.89}$$

同理可以得到左边界点离散方程

$$\left(h_1 + \frac{\lambda}{\delta x} + \frac{\rho c\,\delta x}{2\Delta\tau}\right)T_0 = h_1 T_{f1} + \frac{\lambda}{\delta x}T_1 + \frac{\rho c\,\delta x}{2\Delta\tau}T_0^0 \tag{3.90}$$

即

$$\left(\frac{\rho c\,\Delta x}{2\Delta\tau} + h_1 + \frac{\lambda}{\Delta x}\right)T_P = \frac{\lambda}{\Delta x}T_W + h_1 T_{f1} + \frac{\rho c\,\Delta x}{2\Delta\tau}T_P^0 \tag{3.91}$$

进入充分发展后一个周期的单位面积上的产热量，取 $\tau = 10$ 为起始时间，此时已经进入充分发展，周期为 24，所以在这段时间内的传热量：

$$Q = -\lambda\frac{\partial T}{\partial x}\bigg|_{x=\delta} = h_2(T|_{x=\delta} - T_{f2}) \tag{3.92}$$

3. 程序设计

墙体导热计算程序流程如图 3.32 所示。本算例为一维非稳态导热问题，通过差商代替微商,把偏微分方程转化代数方程组,为了方便编程求解,各节点温度的离散化代数方程前系数具有通用表达式。再者,内外边界节点温度采用元体能量平衡法实现。最终得到各节点温度离散化代数方程的系数矩阵,通过追赶法求解各节点温度,其追赶法包括两部,即消元与回代,然后计算出墙体内的温度分布、进

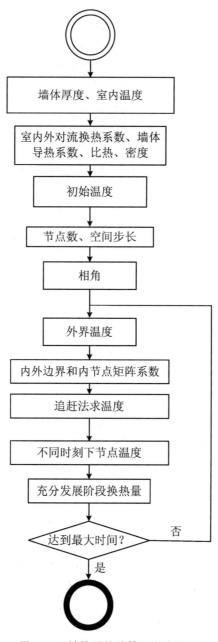

图 3.32 墙体导热计算程序流程图

入充分发展阶段后周期内传入室内的热量。消元是从系数矩阵的第二行起，逐一将每一行的非零元素消去一个，使原来的三元方程化为二元方程。消元进行到最后一行时，二元方程就化为一元方程，直接得到最后一个未知数的值。然后逐一往前回代，由各二元方程求出其他未知解。先定义变量赋值，再假设温度场，然后从左边界、内部节点、中间界面，到右边界进行迭代，直到满足精度要求为止，最后输出结果，程序结束。

　　要知道墙体厚度、室内温度和室内外对流换热系数，以及墙体密度、比热、导热系数，确定墙体导热的初始条件和内外边界条件。此外，还需确定时间步长和空间步长。一维稳态导热问题的离散方程在取遍所有节点后形成的是三对角的代数方程组，可以采用追赶法进行求解。墙体导热计算界面设计与运行实例如图 3.33 所示。输入变量有：

- 密度为 $2500\ kg/m^3$，导热系数为 $1.63\ W/(m \cdot ℃)$，比热为 $0.8\ kJ/(kg \cdot ℃)$；
- 室内对流换热系数为 $7\ W/(m^2 \cdot ℃)$；
- 室外对流换热系数为 $23.3\ W/(m^2 \cdot ℃)$；
- 墙厚为 150 mm；
- 室内温度为 28 ℃，相角为 15°；
- 初始温度为 35 ℃。

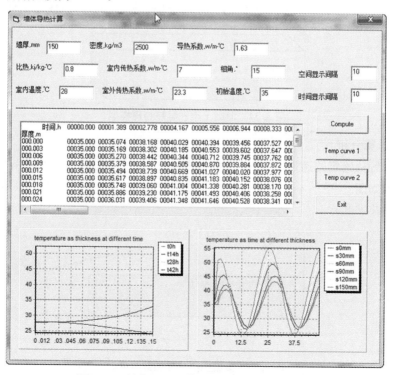

图 3.33　墙体导热计算界面设计与运行实例图

输出结果有：

- 不同时刻各节点温度；
- 进入充分发展阶段后传热量为 1890.507 J。

【提示】 本算例采用追赶法求解代数方程组，与迭代法相比，需要较多的内存变量。因此编程时，需要确定变量存储上限，可用数组表示代数方程组的矩阵系数，和输出节点温度。

3.1.9　混凝土梁柱导热计算

1. 问题提出

某截面为 $5\delta \times 2\delta$ 的无限长的混凝土梁柱，其下表面和左表面维持一维均匀一致的温度 T_w，另外两个表面暴露在温度为 T_f 的环境中，梁表面与环境间的总传热系数 h，且保持常数。若材料的导热系数为常数 λ，试计算稳态导热时梁内的温度分布。取长柱体厚度 $\delta = 1.0$ m，导热系数为 2.5 W/(m·℃)，固体的壁面温度为 90 ℃，流体的温度为 20 ℃，流体与壁面间的壁面传热系数为 15 W/(m²·℃)。可以假设该墙面为常物性，如图 3.34 所示的长方体梁柱，下表面与左表面维持恒温 T_w，另外两个表面为第三类边界条件，且 h，T_f 已知，材料的导热系数为 λ 且为常数。

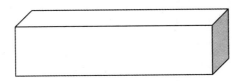

图 3.34　混凝土梁柱导热物理模型

2. 计算分析

根据题目给定的条件，它可以简化为常物性、无内热源的二维稳态导热问题，计算区域如图 3.35 所示。由上述的物理模型，该问题的数学模型可直接由导热微分方程简化而来：

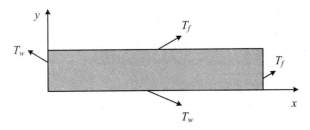

图 3.35　混凝土梁柱导热数学模型

$$\frac{\partial^2 T}{\partial x^2} + \frac{\partial^2 T}{\partial y^2} = 0 \tag{3.93}$$

相应的边界条件如下：

$$T\big|_{x=0} = T_w$$

$$T\big|_{y=0} = T_w$$

$$-\lambda \frac{\partial T}{\partial x}\bigg|_{x=5\delta} = h(T_f - T_b) \tag{3.94}$$

$$-\lambda \frac{\partial T}{\partial y}\bigg|_{y=2\delta} = h(T_f - T_b)$$

采用外点法对求解区域进行离散化，其中在 x 方向取 n 个节点，y 方向取 m 个节点，离散后的求解区域如图 3.36 所示。

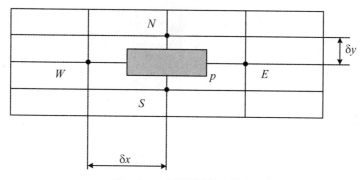

图 3.36　求解区域的离散化

对控制方程在求解区域内进行离散，利用泰勒级数展开法(有限差分)，则有：

$$\frac{\partial^2 T}{\partial x^2} = \frac{1}{\Delta x}\left[\left(\frac{\partial T}{\partial x}\right)_e - \left(\frac{\partial T}{\partial x}\right)_w\right] = \frac{1}{\Delta x}\left[\frac{T_E - T_P}{(\delta x)_e} - \frac{T_P - T_W}{(\delta x)_w}\right] \tag{3.95}$$

$$\frac{\partial^2 T}{\partial y^2} = \frac{1}{\Delta y}\left[\left(\frac{\partial T}{\partial y}\right)_n - \left(\frac{\partial T}{\partial y}\right)_s\right] = \frac{1}{\Delta y}\left[\frac{T_N - T_P}{(\delta y)_n} - \frac{T_P - T_S}{(\delta y)_s}\right] \tag{3.96}$$

整理后得到控制方程离散后的方程

$$2(1 + L_r^2)T_P = T_E + T_W + L_r^2 T_N + L_r^2 T_S \tag{3.97}$$

其中，

$$L_r = \frac{\delta x}{\delta y}, \quad \delta x = \frac{5\delta}{n-1}, \quad \delta y = \frac{2\delta}{m-1} \tag{3.98}$$

由于左边界和下边界的温度给定，故左边界和下边界的节点温度已知。下面采用元体能量平衡法来得到右边界节点、上边界节点和右上拐点的差分方程。

(1) 右边界节点

从图 3.37 所示的右边界得出，其能量的平衡关系为

$$\Phi_B + \Phi_W + \Phi_S + \Phi_N = 0 \tag{3.99}$$

式中，Φ_B 为由边界流入控制体积的热量，规定流入边界为正，则有：

$$\Phi_B = h(T_f - T_B)\Delta y$$

$$\Phi_W = \lambda \frac{T_W - T_B}{(\delta x)_w}\Delta y$$

$$\Phi_N = \lambda \frac{T_N - T_B}{(\delta y)_n}\Delta x \quad\quad (3.100)$$

$$\Phi_S = \lambda \frac{T_S - T_B}{(\delta x)_s}\Delta x$$

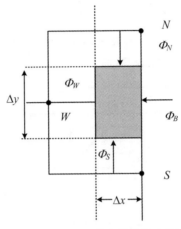

图 3.37　右边界节点的能量守恒

整理得

$$T_B = \frac{2\lambda T_W + \lambda L_r^2 T_N + \lambda L_r^2 T_S + 2h\delta y L_r T_f}{2\lambda + 2\lambda L_r^2 + 2h\delta y L_r} \quad\quad (3.101)$$

(2) 上边界节点

由图 3.38 可以看出上边界，其能量的平衡关系，整理得

$$T_B = \frac{\lambda T_W + \lambda T_E + 2\lambda L_r^2 T_S + 2h\delta x L_r T_f}{2\lambda + 2\lambda L_r^2 + 2h\delta x L_r} \quad\quad (3.102)$$

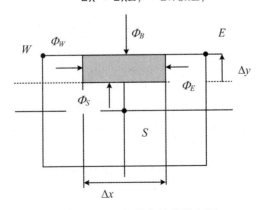

图 3.38　上边界节点的能量守恒

（3）右上拐点

如图 3.39 所示,其能量平衡关系,可得

$$T_B = \frac{\lambda T_W + 2\lambda L_r^2 T_S + h(\delta x + \delta y) T_f}{\lambda + \lambda L_r^2 + h(\delta x + \delta y)} \quad (3.103)$$

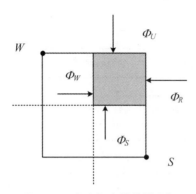

图 3.39 右上拐点的能量守恒

3. 程序设计

混凝土梁柱导热计算程序流程如图 3.40 所示。本算例为二维稳态导热问题,用差商代替微商,把偏微分方程转化代数方程组,设置左边界和下边界,以及上边界和右边界,内部节点可以采用 Gauss-Seidel 方法进行求解,当所有节点温度误差在允许范围内,则停止迭代,显示混凝土梁柱温度分布。

首先要知道混凝土梁柱尺寸、壁温和环境温度,以及对流换热系数、导热系数,确定混凝土梁柱导热的初始条件和边界条件。此外,还需确定 x 和 y 方向上的空间步长。二维稳态导热问题的离散方程组可以采用 Gauss-Seidel 方法进行求解。混凝土梁柱导热计算界面设计与运行实例如图 3.41 所示。输入变量有:

- 混凝土梁柱长为 5 m,高为 2 m;
- 导热系数为 2.5 W/(m·℃);
- 对流换热系数为 15 W/(m²·℃);
- 壁面温度为 90 ℃,环境温度为 20 ℃;
- 初始温度为 35 ℃;
- x 方向节点数为 21,y 方向节点数为 21。

输出结果有:混凝土梁柱温度分布。

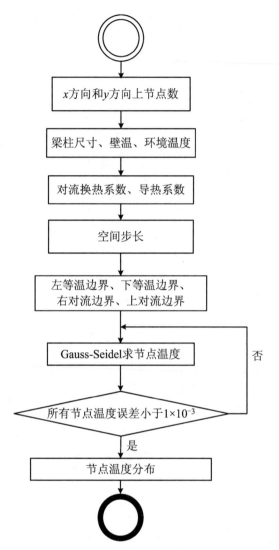

图 3.40　混凝土梁柱导热计算程序流程图

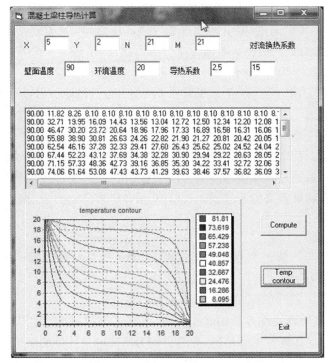

图 3.41　混凝土梁柱导热计算界面设计与运行实例图

3.2　工程热力学算例

3.2.1　容器中气体质量计算

1. 问题提出

容积为 0.425 m³ 的容器内充满气体,如氮气,压力为 16.21 MPa,温度为 189 K,计算容器中气体的质量。分别利用(1) 理想气体状态方程;(2) 范德瓦耳斯方程;(3) R-K(Redlich-Kwong)方程;(4) 以 R-K 方程的解为基准,前两种解法的相对误差。

2. 计算分析

理想气体状态方程,又称理想气体定律、普适气体定律,是描述理想气体在处于平衡态时,压强、体积、物质的量、温度间关系的状态方程,其方程为

$$pV = nRT \tag{3.104}$$

这个方程有 4 个变量,即 p 是指理想气体的压强,V 为理想气体的体积,n 表示气体物质的量,而 T 则表示理想气体的热力学温度;还有一个常量 R 为理想气体常数,其值为 8.3145 J/(mol·K)。可以看出,此方程的变量很多。因此,此方程以其变量多、适用范围广而著称,对常温常压下的空气也近似地适用,其气体质量 m 为

$$m = nM \times 10^{-3} \tag{3.105}$$

式中,M 为气体的摩尔质量。

而实际气体只有在高温低压状态下,其性质和理想气体相近,所以必须对其进行改进和修正,或通过其他途径建立实际气体的状态方程。在各种实际气体的状态方程中,具有特殊意义的是范德瓦耳斯(Van der Waals)方程,即

$$\left(p + \frac{a}{V_m^2} \right)(V_m - b) = RT \tag{3.106}$$

式中,a 与 b 是与气体种类有关的正常数,称为范德瓦耳斯常数;V_m 为摩尔体积数,则气体质量 m 为

$$m = V \cdot M / V_m \tag{3.107}$$

范德瓦耳斯方程是半经验的状态方程,虽然可以较好地定性描述实际气体的基本特性,但定量计算时不够精确,故不宜作为精确定量计算的基础。后人在此基础上提出了许多种派生的状态方程,$R\text{-}K$ 方程,由里德里(Redlich)和匡(Kwong)在范德瓦耳斯方程的基础上提出的含有两个常数的方程,保留了范德瓦耳斯方程中体积的三次方程的简单形式,$R\text{-}K$ 方程为

$$p = \frac{RT}{V_m - b} - \frac{a}{T^{0.5} V_m (V_m + b)} \tag{3.108}$$

式中,a、b 是各种物质的固有常数,可有 p、V、T 实验数据拟合,也可参照经验近似值为

$$a = \frac{0.42748 R^2 T_{cr}^{2.5}}{p_{cr}}, \quad b = \frac{0.08664 R T_{cr}}{p_{cr}} \tag{3.109}$$

式中,p_{cr} 为临界压力,T_{cr} 为临界温度。

表 3.3　临界参数和范德瓦耳斯常数

物质	T_{cr}(K)	p_{cr}(MPa)	a (m⁶·Pa·mol⁻²)	$b \times 10^3$ (m³·mol⁻¹)
空气	132.5	3.77	0.1358	0.0364
一氧化碳	133	3.50	0.1463	0.0394
甲烷	191.1	4.64	0.2285	0.0427
氮气	126.2	3.39	0.1361	0.0385
二氧化硫	430.7	7.88	0.6837	0.0568

范德瓦耳斯方程和 R-K 方程均采用牛顿迭代法求解，对于范德瓦耳斯方程可以转化为

$$pV_m^3 - (RT + pb)V_m^2 + aV_m - ab = 0 \qquad (3.110)$$

令 $f(V_m) = pV_m^3 - (RT + pb)V_m^2 + aV_m - ab$，则

$$f'(V_m) = 3pV_m^2 - 2(RT + pb)V_m + a \qquad (3.111)$$

而对于 R-K 方程，可令 $A = pa/(R^2 T^{2.5})$，$B = pb/(RT)$，$Z = pV_m/(RT)$，则可转化为

$$Z^3 - Z^2 + (A - B - B^2)Z - AB = 0 \qquad (3.112)$$

求解出 Z 值，然后 $V_m = ZRT/p$，最后求出气体质量 m。

3. 程序设计

根据表 3.3 临界参数和范德瓦耳斯常数，定义二维数组 m_gas，即

$$\text{dim m\_gas}(i, j) \text{ as double}$$

其中，i 代表气体名，可取 5；j 代表临界参数，可取 4。比如：m_gas(0,0)为空气临界温度；m_gas(0,1)空气临界压力；m_gas(0,2)范德瓦耳斯方程参数 a；m_gas(0,3)范德瓦耳斯方程参数 b；m_gas(0,4)空气摩尔质量；其他气体类推。

当计算方法为理想气体状态方程时，直接按公式计算，但当计算方法为范德瓦耳斯方程和 R-K 方程时，根据牛顿迭代法计算气体质量。气体的种类可用组合框来进行选取，其中气体的计算参数可从数组或从数据库文件中读取。计算方法也可由组合框确定计算方法，根据组合框选定的索引确定哪种方法，由组合框属性 ListIndex 得到选取的计算方法索引。气体种类选取类同。容器中气体质量计算程序流程如图 3.42 所示。

计算容器中气体质量，需要知道何种气体，以及它的压力、温度、体积，

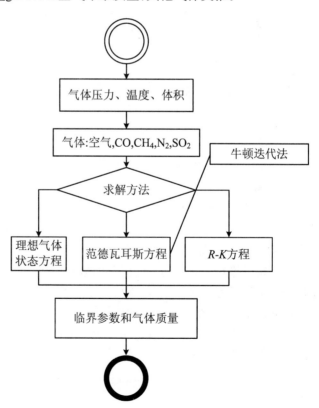

图 3.42 容器中气体质量计算程序流程图

并且确定气体的参数,如临界压力和温度、常数、摩尔质量,然后根据计算方法计算出气体质量。容器中气体质量计算界面设计与运行实例如图 3.43 所示。输入参数有:

- 物质:Air/CO/CH$_4$/N$_2$/SO$_2$;
- 压力,MPa:16.21;温度,K:189;容器体积,m^3:0.425;
- 求解方法:理想气体状态方程,范德瓦耳斯方程,R-K 方程。

结果输出:临界参数、容器中气体质量。

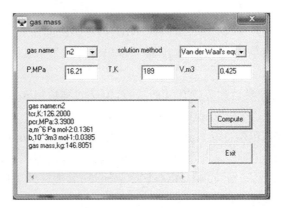

图 3.43　容器中气体质量计算界面设计与运行实例图

3.2.2　朗肯循环效率计算

1. 问题提出

已知初压为 4 MPa,初温为 450 ℃,终压为 6 kPa,求朗肯循环效率。

2. 计算分析

对蒸汽动力循环的基本循环——朗肯循环,其工作原理是,从锅炉出来的高温 T_1,高压 p_1 的过热水蒸气经汽轮机绝热膨胀做功至低压 p_2 的乏汽,在冷凝器中凝结成饱和液体,经水泵升压至 p_1 下的未饱和过冷液体,进入锅炉加热至过热蒸汽,再进入汽轮机绝热膨胀做功,周而复始地将热能转换为机械能,图 3.44 为理想的朗肯循环工作过程的水蒸气 h-s 图。

在循环中,工质在锅炉中的加热量为

$$q_1 = h_1 - h_4 \tag{3.113}$$

在冷凝器中的放热量为

$$q_2 = h_2 - h_3 \tag{3.114}$$

在汽轮机中的做功量为

$$w_1 = h_1 - h_2 \tag{3.115}$$

在水泵中的耗功量为

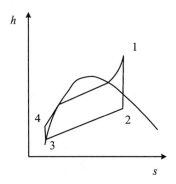

图 3.44　蒸汽朗肯循环示意图

$$w_2 = h_4 - h_3 \tag{3.116}$$

循环热效率为

$$n = (q_1 - q_2)/q_1 = 1 - (h_2 - h_3)/(h_1 - h_4) \tag{3.117}$$

如忽略泵功,$h_3 = h_4$,则循环效率为

$$n = (h_1 - h_2)/(h_1 - h_3) \tag{3.118}$$

实验初始参数:$p_1 = 4 \text{ MPa}, t_1 = 450 \, ℃, p_2 = 6 \text{ kPa}$。

由热力循环计算的表达式可知,其关键处在于如何通过计算机编程确定循环各点的热力参数值:

(1) 过热蒸汽状态点 1 的热力参数确定

过热蒸汽的焓函数 h_1 可表示为

$$\begin{aligned} h = &\ 2018.24 + 1.693T + 0.0002721T^2 + (3.634 - 594.5p)(T/100)^{-3.1} \\ &+ (0.6156 - 2.696 \times 10^6 p^3)(T/100)^{-13.5} \end{aligned} \tag{3.119}$$

过热蒸汽的熵函数 s_1 可表示为

$$\begin{aligned} s = &\ 1.693\ln T - 0.4795\ln p - 2.9347 + 0.0005442T \\ &+ (0.02747 - 4.495p)(T/100)^{-4.1} \\ &+ (0.005731 - 2.51 \times 10^4 p^3)(T/100)^{-14.5} \end{aligned} \tag{3.120}$$

其中,T, p 的单位分别为 K,bar;h, s 的单位分别为 kJ/kg,kJ/(kg・K)。

(2) 膨胀做功后乏汽状态 2 的热力参数确定

对状态 2 的热力参数确定,由过程特征可知,经可逆绝热膨胀 $s_1 = s_2$,则由状态 1 所得熵值 s_1,得到 s_2,加上终参数 p_2,确定状态 2 的其他热力参数值。

确定状态 2 的热力参数值,首先需判断状态 2 是否在两相区域,根据水蒸气表在给定压力 p 下的 s'', s', h'', h' 值,得到 $s'' = f(p)$, $s' = f(p)$, $h'' = f(p)$, $h' = f(p)$,饱和水和饱和蒸汽曲线拟合公式为

$$s' = 0.2776\ln p + 1.9308 \tag{3.121}$$

$$s'' = -0.3445\ln p + 6.5627 \tag{3.122}$$

$$h' = 94.298\ln p + 627.9 \tag{3.123}$$
$$h'' = 38.619\ln p + 2762.3 \tag{3.124}$$

在给定 p_2 下,由拟合公式求得 s'', s', h'', h' 值。

当 $s_2 > s''$ 时,则为过热蒸汽区域,由熵函数关系公式 $s = f(T, p)$ 在已知 p_2 下通过迭代法确定 t_2,知道了温度 t_2,其焓值 h_2 与状态 1 点确定方法相同。

当 $s_2 \leqslant s''$ 时,先求得状态 2 的干度:

$$x = \frac{s_2 - s'}{s'' - s'} \tag{3.125}$$

相应得到:

$$h_2 = h' + x(h'' - h') \tag{3.126}$$

(3)冷凝器出口状态 3 的热力参数确定

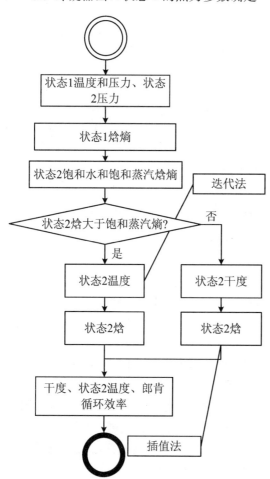

在冷凝器中乏汽凝结成饱和液体,状态 3 的焓值 h_3 和熵值 s_3,由确定状态 2 热力参数中得到的饱和水曲线拟合公式 $s' = f(p_2)$,$h' = f(p_2)$ 得到。

(4)水泵出口状态 4 的热力参数确定

忽略泵功,则 $h_3 = h_4$,$s_3 = s_4$。

3. 程序设计

朗肯循环效率计算程序流程如图 3.45 所示。根据状态 2 的压力,计算出饱和水和饱和蒸汽的焓熵。如果状态 2 位于过热蒸汽区,则根据状态 1 和 2 是等熵过程,迭代计算出状态 2 的温度和熵。否则,计算出状态 2 的干度及由此状态 2 的焓。状态 3 为饱和水,而状态 2 和状态 3 是等压过程,可计算出状态 3 的焓。最后得到朗肯循环的效率。

要计算出朗肯循环效率,需要知道状态 1 的温度和压力,即初压和初温,计算时,注意压力单位的换算。以及状态 2 的压力,即终压。朗肯循环效率计算界面设计

图 3.45 朗肯循环效率计算程序流程图

与运行实例如图 3.46 所示。输入参数有：$p_1 = 4\,\text{MPa}$，$t_1 = 450\,℃$，$p_2 = 6\,\text{kPa}$，即

初压，MPa：4；

初温，℃：450；

终压，kPa：6。

输出参数有：

干度/状态点 2 的温度：0.8；

朗肯循环效率：39%。

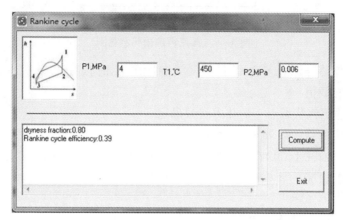

图 3.46　朗肯循环效率计算界面设计与运行实例图

3.2.3　再热循环效率计算

1. 问题提出

已知初压为 12 MPa，初温为 500 ℃，再热压力为 3 MPa，再热温度为 450 ℃，终压为 6 kPa，求再热循环效率。

2. 计算分析

如果过分提高压力 p_1，而不相应提高 t_1，将引起乏汽干度 x_2 减小，会产生不利后果。因此，将新蒸汽膨胀至某一中间压力 p_b 后撤出汽轮机，导入锅炉中的特设的再热器或其他换热设备中，使之再加热后倒入汽轮机继续膨胀至背压 p_2，即为再热循环，图 3.47 为蒸汽再热循环工作过程的水蒸气 *T-s* 图。

循环热效率为

$$n = [(h_1 - h_b) + (h_a - h_2) - (h_4 - h_3)]/[(h_1 - h_4) + (h_a - h_b)]$$

$$(3.127)$$

如忽略泵功，$h_3 = h_4$。则循环效率为

$$n = [(h_1 - h_b) + (h_a - h_2)]/[(h_1 - h_3) + (h_a - h_b)] \qquad (3.128)$$

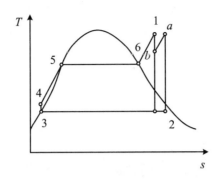

图 3.47 蒸汽再热循环示意图

由热力循环计算的表达式可知,其关键处在于如何通过计算机编程确定循环各点的热力参数值:

(1) 过热蒸汽状态点 1 的热力参数确定

过热蒸汽的焓函数 h_1 可表示为

$$h = 2018.24 + 1.693T + 0.0002721T^2 + (3.634 - 594.5p)(T/100)^{-3.1}$$
$$+ (0.6156 - 2.696 \times 10^6 p^3)(T/100)^{-13.5}$$

$$(3.129)$$

过热蒸汽的熵函数 s_1 可表示为

$$s = 1.693\ln T - 0.4795\ln p - 2.9347 + 0.0005442T$$
$$+ (0.02747 - 4.495p)(T/100)^{-4.1} \qquad (3.130)$$
$$+ (0.005731 - 2.51 \times 10^4 p^3)(T/100)^{-14.5}$$

其中,T, p 的单位为 K,bar;h, s 的单位为 kJ/kg,kJ/(kg·K)。

(2) 膨胀做功后乏汽状态 2(或 b)的热力参数确定

对状态 2(或 b)的热力参数确定,由过程特征可知,经可逆绝热膨胀 $s_1 = s_2$,则由状态 1 所得熵值 s_1,得到 s_2,加上终参数 p_2,确定状态 2 的其他热力参数值。

确定状态 2(或 b)的热力参数值,首先需判断状态 2(或 b)是否在两相区域,根据水蒸气表在给定压力 p 下的 s'',s',h'',h' 值,得到 $s'' = f(p)$,$s' = f(p)$,$h'' = f(p)$,$h' = f(p)$,饱和水和饱和蒸汽曲线拟合公式:

$$s' = 0.2776\ln p + 1.9308 \qquad (3.131)$$
$$s'' = -0.3445\ln p + 6.5627 \qquad (3.132)$$
$$h' = 94.298\ln p + 627.9 \qquad (3.133)$$
$$h'' = 38.619\ln p + 2762.3 \qquad (3.134)$$

在给定 p_2 或 p_a 下,由拟合公式求得 s'',s',h'',h' 值。

当 $s_2 > s''$ 时,则为过热蒸汽区域,由熵函数关系公式 $s = f(T, p)$ 在已知 p_2 或 p_a 下通过迭代法确定 t_2,知道了温度 t_2,其焓值 h_2 与状态点 1 确定方法相同。

当 $s_2 \leqslant s''$ 时,先求得状态 2(或 b)的干度:

$$x = \frac{s_2 - s'}{s'' - s'} \tag{3.135}$$

相应得到

$$h_2 = h' + x(h'' - h') \tag{3.136}$$

（3）冷凝器出口状态 3 的热力参数确定

在冷凝器中乏汽凝结成饱和液体，状态 3 的焓值 h_3 和熵值 s_3，由确定状态 2 热力参数中得到的饱和水曲线拟合公式 $s' = f(p_2)$，$h' = f(p_2)$ 得到。

（4）水泵出口状态 4 的热力参数确定

忽略泵功，则 $h_3 = h_4$，$s_3 = s_4$。

3. 程序设计

再热循环效率计算程序流程如图 3.48 所示。首先计算出状态 1 的焓熵，状态

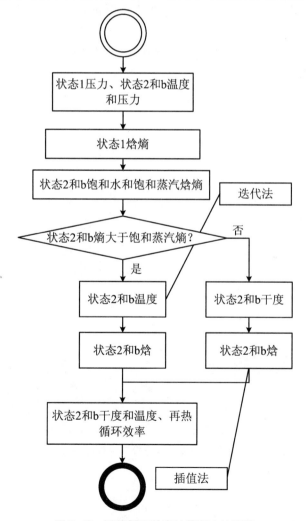

图 3.48 再热循环效率计算程序流程图

1 和 b 是等熵过程。再根据状态 b 的压力,计算出饱和水和饱和蒸汽的焓熵。如果状态 b 位于过热蒸汽区,则根据状态 1 和 b 是等熵过程,迭代计算出状态 2 的温度和熵。否则,计算出状态 b 的干度,由此得到状态 b 的焓。

同理,根据拟合公式计算出状态 a 的焓熵。根据状态 2 的压力,计算出饱和水和饱和蒸汽的焓熵。根据状态 2 的压力,计算出饱和水和饱和蒸汽的焓熵。如果状态 2 位于过热蒸汽区,则根据状态 2 和 a 是等熵过程,迭代计算出状态 2 的温度和熵。否则,计算出状态 2 的干度,由此得到状态 2 的焓。

状态 3 为饱和水,而状态 2 和状态 3 是等压过程,可计算出状态 3 的焓。最后得到再热循环效率。

要计算出再热循环效率,需要知道状态 1 的温度和压力,即初压和初温,计算时,注意压力单位的换算。以及状态 a 的压力即再热压力,状态 2 的压力即终压。再热循环效率计算界面设计与运行实例如图 3.49 所示。

输入参数有:
- $p_1 = 12\,\text{MPa}$, $t_1 = 500\,℃$, $p_a = 3\,\text{MPa}$, $t_a = 450\,℃$, $p_2 = 6\,\text{kPa}$, 即
- 初压,MPa:12;
- 初温,℃:500;
- 再热压力,MPa:3;
- 再热温度,℃:450;
- 终压,kPa:6。

输出参数有:
- 干度/状态点 2(或 b)的温度:0.82,558.6 ℃;
- 再热循环效率:45%。

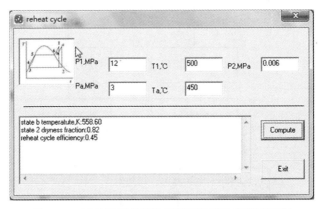

图 3.49　再热循环效率计算界面设计与运行实例图

3.2.4　回热循环效率计算

1. 问题提出

已知初压为 5 MPa，初温为 450 ℃，抽气压力为 0.5 MPa，终压为 6 kPa，求回热循环效率。

2. 计算分析

为提高循环平均吸热温度，在汽轮机膨胀做功过程中，取出一部分蒸汽用以回热给水，使循环平均吸热温度有所提高，热效率相应也随之提高，一级抽汽回热循环的 *T-s* 如图 3.50 所示。10→1 为 1 kg 水蒸气的定压吸热过程；1→a 为 1 kg 水蒸气的绝热膨胀过程；a→9 为 α kg 抽汽在回热器中的定压回热过程；a→2 为抽汽后剩余的 $(1-\alpha)$ kg 水蒸气的绝热膨胀过程；2→3 为 $(1-\alpha)$ kg 乏汽的定压放热过程；3→4 为 $(1-\alpha)$ kg 水的绝热加压过程；4→9 为 $(1-\alpha)$ kg 水在回热器中的定压预热过程；9→10 为回热后重新汇合后的 1 kg 水的绝热加压过程。

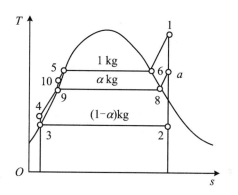

图 3.50　蒸汽回热循环示意图

循环热效率为

$$n = \frac{(h_1 - h_a) + (1 - \alpha)(h_a - h_2) - (h_6 - h_5) - (1 - \alpha)(h_4 - h_3)}{h_1 - h_6}$$

若忽略泵功，循环效率为

$$n = [(h_1 - h_a) + (1 - \alpha)(h_a - h_2)]/(h_1 - h_5)$$

其中抽气量 α 由图回热器的热平衡方程求得

$$\alpha = (h_5 - h_3)/(h_a - h_3)$$

各状态点的热力参数确定如下：

(1) 过热蒸汽状态点 1 的热力参数确定

过热蒸汽的焓函数 h_1 可表示为

$$h = 2018.24 + 1.693T + 0.0002721T^2 + (3.634 - 594.5p)(T/100)^{-3.1}$$
$$+ (0.6156 - 2.696 \times 10^6 p^3)(T/100)^{-13.5}$$

$$(3.137)$$

过热蒸汽的熵函数 s_1 可表示为

$$s = 1.693\ln T - 0.4795\ln p - 2.9347 + 0.0005442T$$
$$+ (0.02747 - 4.495p)(T/100)^{-4.1}$$

$$(3.138)$$

$$+ (0.005731 - 2.51 \times 10^4 p^3)(T/100)^{-14.5}$$

其中，T,p 的单位分别为 $\mathrm{K,bar}$；h,s 的单位分别为 $\mathrm{kJ/kg,kJ/(kg \cdot K)}$。

（2）膨胀做功后乏汽状态 2 的热力参数确定

对状态 2 的热力参数确定，由过程特征可知，经可逆绝热膨胀 $s_1 = s_2$，则由状态 1 所得熵值 s_1，得到 s_2，加上终参数 p_2，确定状态 2 的其他热力参数值。

确定状态 2 的热力参数值，首先需判断状态 2 是否在两相区域，根据水蒸气表在给定压力 p 下的 s''，s'，h''，h' 值，得到 $s'' = f(p)$，$s' = f(p)$，$h'' = f(p)$，$h' = f(p)$，饱和水和饱和蒸汽曲线拟合公式：

$$s' = 0.2776\ln p + 1.9308 \tag{3.139}$$

$$s'' = -0.3445\ln p + 6.5627 \tag{3.140}$$

$$h' = 94.298\ln p + 627.9 \tag{3.141}$$

$$h'' = 38.619\ln p + 2762.3 \tag{3.142}$$

在给定 p_2 下，由拟合公式求得 s''，s'，h''，h' 值。

当 $s_2 > s''$ 时，则为过热蒸汽区域，由熵函数关系公式 $s = f(T,p)$ 在已知 p_2 下通过迭代法确定 t_2，知道了温度 t_2，其焓值 h_2 与状态点 1 确定方法相同。

当 $s_2 \leqslant s''$ 时，先求得状态 2 的干度：

$$x = \frac{s_2 - s'}{s'' - s'} \tag{3.143}$$

相应得到：

$$h_2 = h' + x(h'' - h') \tag{3.144}$$

（3）抽气状态 a 和 5 的热力参数确定

由熵函数关系公式 $s = f(T,p)$ 在已知 p_a 下通过迭代法确定 t_a，知道了温度 t_a，其焓值 h_a 与状态点 1 确定方法相同。状态 5 焓为压力 p_a 下的饱和蒸汽焓。

抽气量为

$$\alpha = \frac{h_a - h_3}{h_3 - h_5} \tag{3.145}$$

（4）冷凝器出口状态 3 的热力参数确定

在冷凝器中乏汽凝结成饱和液体，状态 3 的焓值 h_3 和熵值 s_3，由确定状态 2 热力参数中得到的饱和水曲线拟合公式 $s' = f(p_2)$，$h' = f(p_2)$ 得到。

（5）水泵出口状态 4 的热力参数确定

忽略泵功，则 $h_3 = h_4$，$s_3 = s_4$。

3. 程序设计

回热循环效率计算程序流程如图 3.51 所示。首先计算出状态 1 的焓熵,状态 1 和 2 是等熵过程。再根据状态 2 的压力,计算出饱和水和饱和蒸汽的焓熵。如果状态 2 位于过热蒸汽区,则根据状态 1 和 2 是等熵过程,迭代计算出状态 2 的温度和熵。否则,计算出状态 2 的干度,由此得到状态 2 的焓。

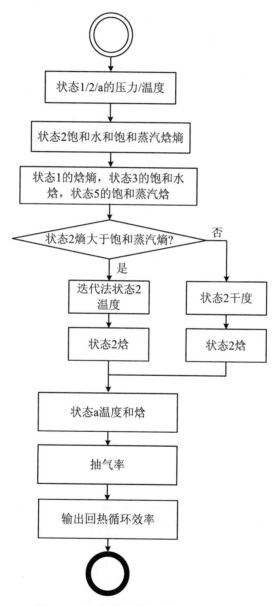

图 3.51　回热循环效率计算程序流程图

状态 3 为饱和水,而状态 2 和状态 3 是等压过程,可计算出状态 3 的焓。

　　状态 5 为饱和蒸汽,根据状态 a 的压力,可计算出其饱和蒸汽焓。

　　状态 a 和状态 1 是等熵过程,可迭代计算出其温度,继而确定该点的焓,得到抽气率。

　　最后得到回热循环效率。

　　要计算出回热循环效率,需要知道状态 1 的温度和压力,即初压和初温,计算时,注意压力单位的换算。以及状态 a 的压力(抽气压力)、状态 2 的压力(终压)。回热循环效率计算界面设计与运行实例如图 3.52 所示。

　　输入参数有:

- $p_1 = 5$ MPa, $t_1 = 450$ ℃ , $p_a = 0.5$ MPa, $p_2 = 6$ kPa,即
- 初压,MPa:5;
- 初温,℃:450;
- 抽气压力,MPa:0.5;
- 终压,kPa:6。

　　输出参数有:

- 干度/状态点 2(或 b)的温度:0.21,398.15 ℃;
- 抽气率:6%;
- 回热热循环效率:45%。

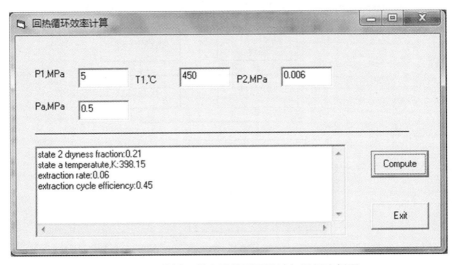

图 3.52　回热循环效率计算界面设计与运行实例图

3.3 工程流体力学算例

3.3.1 并联管路损失计算

1. 问题提出

设并联管路的直径和长度如图 3.53 所示,其中管路 1 的管长为 400 m,管径为 150 mm;管路 2 的管长为 300 m,管径为 100 mm,两段管材均为新铸铁管,流动介质为 50 ℃水,管路总流量为 0.045 m³/s,试求流量分配和水头损失。

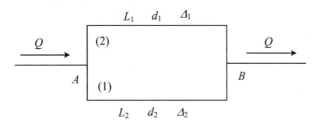

图 3.53 并联管路计算示意图

2. 计算分析

对并联管路有

$$\begin{cases} Q = Q_1 + Q_2 \\ h_{L1} = h_{L2} \end{cases} \tag{3.146}$$

代入整理:

$$\begin{cases} \dfrac{1}{4}\pi d_1^2 u_1 + \dfrac{1}{4}\pi d_2^2 u_2 = Q \\ \lambda_1 \dfrac{l_1}{d_1} \cdot \dfrac{u_1^2}{2g} = \lambda_2 \dfrac{l_2}{d_2} \cdot \dfrac{u_2^2}{2g} \end{cases} \tag{3.147}$$

$$\begin{cases} u_1 = \dfrac{Q}{\dfrac{1}{4}\pi d_1^2 + \dfrac{1}{4}\pi d_2^2 \sqrt{\dfrac{\lambda_1}{\lambda_2} \cdot \dfrac{l_1}{l_2} \cdot \dfrac{d_2}{d_1}}} \\ u_2 = \sqrt{\dfrac{\lambda_1}{\lambda_2} \cdot \dfrac{l_1}{l_2} \cdot \dfrac{d_2}{d_1}}\,\bar{V} \end{cases} \tag{3.148}$$

当 $Re \leqslant 2300$ 时,则

$$\lambda = f_1(Re) = \frac{64}{Re} \tag{3.149}$$

当 $4000 < Re \leqslant 26.98\left(\dfrac{d}{\Delta}\right)^{8/7}$ 时，对于 $4 \times 10^3 < Re < 10^5$ 的这段范围，布拉修斯归纳的计算公式为

$$\lambda = f_2(Re) = \frac{0.3164}{Re^{0.25}} \tag{3.150}$$

当 $Re > 10^5$ 时，可采用卡门-普朗特公式

$$\frac{1}{\sqrt{\lambda}} = 2\lg(Re\sqrt{\lambda}) - 0.8 \tag{3.151}$$

当 $10^5 < Re < 3 \times 10^6$ 时，也可采用尼古拉兹归纳的计算公式

$$\lambda = 0.0032 + 0.221\,Re^{-0.237} \tag{3.152}$$

当 $26.98\left(\dfrac{d}{\Delta}\right)^{8/7} < Re \leqslant 4160\left(\dfrac{d}{2\Delta}\right)^{0.85}$ 时，可按以下几个公式进行

柯尔布鲁克公式

$$\frac{1}{\sqrt{\lambda}} = -2\lg\left(\frac{\Delta}{3.7d} + \frac{2.51}{Re\sqrt{\lambda}}\right) \tag{3.153}$$

莫迪公式

$$\lambda = 0.0055\left[1 + \left(20000\frac{\Delta}{d} + \frac{10^6}{Re}\right)^{\frac{1}{3}}\right] \tag{3.154}$$

阿尔特索里公式

$$\lambda = 0.11\left(\frac{\Delta}{d} + \frac{68}{Re}\right)^{0.25} \tag{3.155}$$

洛巴耶夫公式

$$\frac{1}{\sqrt{\lambda}} = 1.42\lg\left(Re\frac{d}{\Delta}\right) \tag{3.156}$$

当 $Re > 4160\left(\dfrac{d}{2\Delta}\right)^{0.85}$ 时，按尼古拉兹归纳的公式进行计算，即

$$\lambda = \left(1.74 + 2\lg\frac{d}{2\Delta}\right)^{-2} \tag{3.157}$$

也可用谢夫雷索公式计算，即

$$\lambda = 0.11\left(\frac{\Delta}{d}\right)^{0.25} \tag{3.158}$$

空气密度与温度关系为

$$\rho = \frac{1}{0.7754 + 0.002803\,t^{1.0034}} + 0.00297 \tag{3.159}$$

空气动力黏度与温度关系为

$$\mu = 1.3211 \times 10^{-5} + 9.0603 \times 10^{-8}\,t + 9.2684 \times 10^{-11}\,t^2 - 1.9665 \times 10^{-14}\,t^3 \tag{3.160}$$

水密度与温度关系为

$$\rho = \frac{5.459 \cdot M_{H_2O}}{0.30542^{\left[1 - \left(\frac{T+273}{647.13}\right)^{\frac{1}{0.081}}\right]}} \tag{3.161}$$

水动力黏度与温度关系为

$$\mu = e^{-52.843 + \frac{3703}{T+273} + 5.866\log(T+273) - 5.879 \times 10^{-29}(T+273)^{10}} \tag{3.162}$$

管道粗糙度如表 3.4 所示。

表 3.4　管道粗糙度

管 道 种 类	当量粗糙度 Δ(mm)
新聚乙烯管	0.001～0.002
玻璃管	0.001～0.002
铜管	0.001～0.002
钢管	0.03～0.07
涂锌铁管	0.1～0.2
焊接钢管(中度生锈)	0.5
新铸铁管	0.2～0.4
旧铸铁管	0.5～1.5
混凝土管	0.3～3.0

3. 程序设计

先确定各管路的管长和管径、粗糙度,以及总的体积流量,还需知道流动介质和温度,这样才可确定流体的密度、动力黏度等物性参数;再假设阻力系数,算出流速、雷诺数,根据雷诺数判断流动状态,经迭代公式计算出阻力系数。如果阻力系数误差在允许范围之内,则停止迭代;最后算出实际的各管路流速和流量,以及水头损失。并联管路计算程序流程如图 3.54 所示。

计算并联管路的流量分配和水头损失,需要知道管路的材质,由此确定粗糙度;还要知道流动介质,由此确定流体的密度和动力黏度等物性。管路的材质和流动介质可用组合框来识别用户的选择,即根据组合框的索引确定管路材质和流动介质。还需知道各并联管路的管长和管径。然后根据雷诺数,判断出流体的流动状态,选择合适的阻力系数计算方法迭代计算出阻力系数。最终得到各管路的流速、流量和水头损失。并联管路计算界面设计与运行实例如图 3.55 所示。

输入参数有:

$$d_1 = 150 \text{ mm}, \quad l_1 = 400 \text{ m}, \quad d_2 = 100 \text{ mm},$$
$$l_2 = 300 \text{ m}, \quad t = 50 \text{ ℃}, \quad Q = 0.045 \text{ m}^3/\text{s}$$

· 流体:水;

· 管材:新铸铁管。

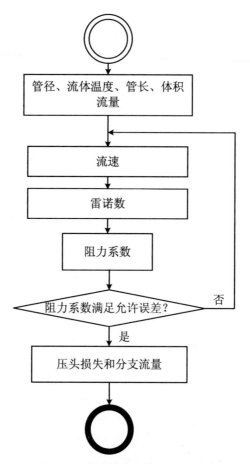

图 3.54　并联管路计算程序流程图

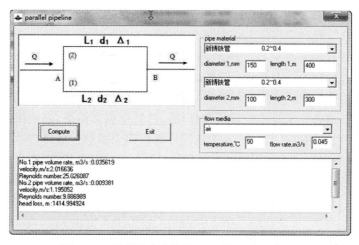

图 3.55　并联管路计算界面设计与运行实例图

输出参数有：
- 支路流量：$0.035619\ \mathrm{m^3/s}$，$0.009381\ \mathrm{m^3/s}$，雷诺数：25.03；
- 水头损失：1414.994934 m。

3.3.2　串联管路损失计算

1. 问题提出

已知总水头 h 为 6 m，流动介质为 50 ℃的水，管路 1 和管路 2 串联，两段管材均为新铸铁管，其管路 1 的管长和管径分别为 300 m 和 600 mm，管路 2 的管长和管径分别为 240 m 和 900 mm，管路 1 与管路 2 之间的局部阻力系数为 0.5，求通过的流量 q_v，如图 3.56 所示。

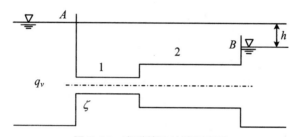

图 3.56　串联管路计算示意图

2. 计算分析

设 ζ 为入口损失因数，对 A、B 两截面列伯努利方程有

$$h = \xi \frac{u_1^2}{2g} + \lambda_2 \frac{l_1}{d_1} \frac{u_1^2}{2g} + \frac{(u_1 - u_2)^2}{2g} + \lambda_2 \frac{l_2}{d_2} \frac{u_2^2}{2g} + \frac{u_2^2}{2g} \tag{3.163}$$

根据连续性方程得

$$\frac{\pi}{4} d_1^2 u_1 = \frac{\pi}{4} d_2^2 u_2 \tag{3.164}$$

由此可得

$$u_2 = \left\{ \frac{2gh}{\xi + \dfrac{\lambda_1 l_1}{d_1} + \left[1 - \left(\dfrac{d_1}{d_2} \right)^2 \right]^2 + \dfrac{\lambda_2 l_2}{d_2} \left(\dfrac{d_1}{d_2} \right)^4 + \left(\dfrac{d_1}{d_2} \right)^4} \right\}^{0.5} \tag{3.165}$$

$$u_2 = \left(\frac{d_1}{d_2} \right)^2 u_1 \tag{3.166}$$

又 $Re_1 = \dfrac{\rho_1 u_1 d_1}{\mu_1}$，$Re_2 = \dfrac{\rho_2 u_2 d_2}{\mu_2}$，由公式可以计算出 λ_1，λ_2。将算出的 λ_1，λ_2 与所取得 λ_1'，λ_2' 对比，若二者之差均满足所取得精度，则计算结束，否则令 λ_1，λ_2 作为新的 λ_1'，λ_2' 重新计算 u_1，直到满足精度为止，最终可得流量

$$q_v = \frac{\pi}{4} d_1^2 u_1 \qquad\qquad (3.167)$$

　　根据雷诺数判断流体流动属于层流区、过渡区、水力光滑管区、水力粗糙管区，还是紊流阻力平方区，确定不同阻力系数计算公式。另外，计算流体的雷诺数，还需知道流体的密度和动力黏度，可以从已知的水的物性参数得到。本算例选用的流体为 50 ℃ 的水，可通过拟合公式得到其密度和动力黏度等物性参数。

3. 程序设计

　　先确定各管路的管长和管径、粗糙度，以及水头损失，还需知道流动介质和温度，这样才可确定流体的密度、动力黏度等物性参数。然后假设阻力系数，算出流速、雷诺数，根据雷诺数，判断流动状态，经迭代公式计算出阻力系数。如果阻力系数误差在允许范围之内，则停止迭代。最后算出实际的各管路流速和流量。串联管路计算程序流程如图 3.57 所示。

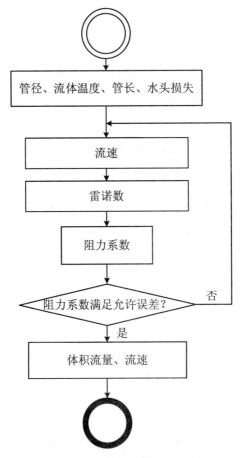

图 3.57　串联管路计算程序流程图

计算串联管路的流量和各管路流速，需要知道管路的材质，由此确定粗糙度以及流动介质,由此确定流体的密度和动力黏度等物性。管路的材质和流动介质可用组合框来识别用户的选择,即根据组合框的索引确定管路材质和流动介质。还需知道各串联管路的管长和管径;然后根据雷诺数,判断出流体的流动状态,选择合适的阻力系数计算方法迭代计算出阻力系数。最终得到各管路的流速及流量。串联管路中各管路流量相同,但并联管路总流量为各管路流之和,且各管路水头损失相同。串联管路计算界面设计与运行实例如图 3.58 所示。

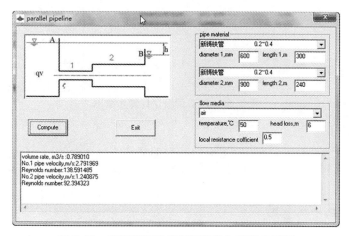

图 3.58　串联管路计算界面设计与运行实例图

输入参数有:

- $d_1 = 600$ mm,　　$l_1 = 300$ m,　　$d_2 = 900$ mm,
  $l_2 = 240$ m,　　$t = 50$ ℃,　　$h = 6$ m
- 流体:水;
- 管材:钢管;
- 局部阻力系数:0.5。

输出参数有:

- 流量:078901 m³/s;
- 各管路流速:2.791969 m/s,1.240875 m/s。

3.3.3　虹吸管流量计算

1. 问题提出

设有一虹吸管,其装置如图 3.59 所示,管长为 10.5 m,管径为 150 mm,管材为新铸铁管,流动介质为 10 ℃ 的水,入口段局部阻力系数 1,弯曲段阻力系数为 0.4,试求通过该管的流量。

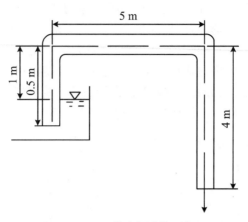

图 3.59　虹吸管流量计算示意图

2. 计算分析

推导如下:在自由界面与管道出口间列伯努利方程

$$\frac{u_1^2}{2g} + z_1 + \frac{p_1}{\rho g} = \frac{u_2^2}{2g} + z_2 + \frac{p_2}{\rho g} + h \tag{3.168}$$

其中,$u_1 = 0$, $p_1 = p_2 = p_a$。

$$h = \left(f\frac{L}{D} + 2\xi_1 + \xi_2\right)\frac{u_2^2}{2g} \tag{3.169}$$

联立求解,得

$$u_2 = \sqrt{\frac{2g(z_1 - z_2)}{f\dfrac{L}{D} + 2\xi_1 + \xi_2 + 1}} \tag{3.170}$$

又

$$Re = \frac{\rho u_2 D}{\mu} \tag{3.171}$$

表 3.5　沿程阻力系数计算公式分类

流 动 状 态		阻 力 系 数
层流区	$Re \leqslant 2300$	$\lambda = \dfrac{64}{Re}$
水力光滑管区	$4 \times 10^3 < Re < 10^5$	$\lambda = \dfrac{0.3164}{Re^{0.25}}$
	$Re > 10^5$	$\dfrac{1}{\sqrt{\lambda}} = 2\lg(Re\sqrt{\lambda}) - 0.8$
	$10^5 < Re < 3 \times 10^6$	$\lambda = 0.0032 + 0.221\,Re^{-0.237}$

续表

流　动　状　态		阻　力　系　数
水力粗糙管区	$26.98\left(\dfrac{d}{\Delta}\right)^{8/7}<Re\leqslant4160\left(\dfrac{d}{2\Delta}\right)^{0.85}$	$\dfrac{1}{\sqrt{\lambda}}=-2\lg\left(\dfrac{\Delta}{3.7d}+\dfrac{2.51}{Re\sqrt{\lambda}}\right)$ $\lambda=0.0055\left[1+\left(20000\dfrac{\Delta}{d}+\dfrac{10^{6}}{Re}\right)^{\frac{1}{3}}\right]$ $\lambda=0.11\left(\dfrac{\Delta}{d}+\dfrac{68}{Re}\right)^{0.25}$ $\dfrac{1}{\sqrt{\lambda}}=1.42\lg\left(Re\dfrac{d}{\Delta}\right)$
阻力平方区	$Re>4160\left(\dfrac{d}{2\Delta}\right)^{0.85}$	$\lambda=\left(1.74+2\lg\dfrac{d}{2\Delta}\right)^{-2}$ $\lambda=0.11\left(\dfrac{\Delta}{d}\right)^{0.25}$

迭代求解出流速,最后由

$$Q = Au_2 = \frac{\pi D^2 u_2}{4} \tag{3.172}$$

即可解得流量值。

3. 程序设计

先确定管路的管长和管径、粗糙度以及高度差,还需知道流动介质和温度,这样才可确定流体的密度、动力黏度等物性参数。然后假设阻力系数,算出流速、雷诺数,根据雷诺数判断流动状态,经迭代公式计算出阻力系数。还要计算出入口段局部阻力系数和两个弯曲段局部阻力系数,如果总阻力系数误差在允许范围之内,则停止迭代。算出实际的虹吸管内流体流速和流量,以及水头损失。虹吸管流量计算程序流程如图 3.60 所示。

计算虹吸管流量和水头损失,需要知道管路的材质,由此确定粗糙度,还要知道流动介质,由此确定流体的密度和动力黏度等物性。管路的材质和流动介质可用组合框来识别用户的选择,即根据组合框的索引确定管路材质和流动介质。还需知道各串联管路的管长和管径。入口端和出口端的高度差,然后根据雷诺数,判断出流体的流动状态,选择合适的阻力系数计算方法迭代计算出沿程阻力系数。并需知道入口段和弯曲段局部阻力系数,最终得到虹吸管流体流速及流量。虹吸管流量计算界面设计与运行实例如图 3.61 所示。

输入参数有:

- $d=150$ mm,　$l=10.5$ m,　$\zeta_1=0.4$,　$\zeta_2=1$,　$t=10\,℃$,　$z_1=1$ m,　$z_2=4$ m;
- 流体:水;
- 管材:新铸铁管。

输出参数有:

- 流量:0.003278 m³/s、雷诺数:2.628061;
- 流速:0.185572 m/s;
- 水头损失:299508 m。

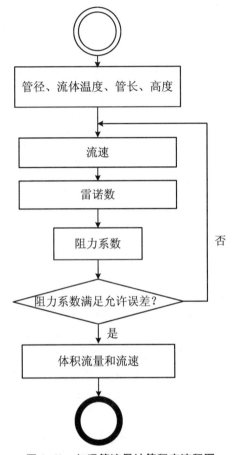

图 3.60　虹吸管流量计算程序流程图

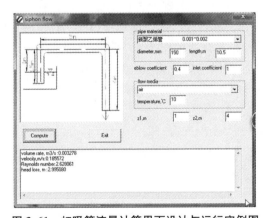

图 3.61　虹吸管流量计算界面设计与运行实例图

3.3.4 环状管网水力计算

1. 问题提出

如图 3.62 所示的环状管网,已知管径、管长、沿程阻力系数如表 3.6 所示,各节点供给流量和取用流量如图 3.62 所示,假设管网入口 E 的测压管水头为 40 m,试求各管段中流量分配和各节点的测压管水头。

表 3.6 环状管网各管段特性参数

管段 i	管长 l_i(m)	管径 d_i(m)	沿程阻力系数 λ_i
1	600	0.4	0.02
2	600	0.4	0.02
3	300	0.3	0.03
4	600	0.3	0.03
5	300	0.2	0.04
6	900	0.2	0.04
7	300	0.3	0.03
8	600	0.3	0.03
9	300	0.3	0.03
10	600	0.3	0.03

2. 计算分析

在环状管网中各节点处的流量应该满足连续方程式,即

$$\sum_{i=1}^{n} \delta_i Q_i = 0 \qquad (3.173)$$

式中,δ_i 是规定流量流进、流出节点的符号,流进节点 $\delta_i = +1$,流出节点 $\delta_i = -1$,n 是与节点相连的管段数。

在简单管路中沿程水头损失为

$$h_f = \lambda \frac{l}{d} \frac{u^2}{2g} = \frac{8\lambda l Q^2}{g \pi^2 d^5} = R Q^2 \qquad (3.174)$$

式中

$$R = \frac{8\lambda l}{g \pi^2 d^5} \qquad (3.175)$$

在每个闭环路中的水头应该满足能量方程式,即

$$\sum_{i=1}^{m} \varepsilon_i R_i Q_i^2 = 0 \qquad (3.176)$$

式中,ε_i 是规定管段中的流动方向是否与环路方向一致的符合,管段中流动方向一致的管段中 $\varepsilon_i = +1$,否则 $\varepsilon_i = -1$,m 是一个闭合环路中管段数。

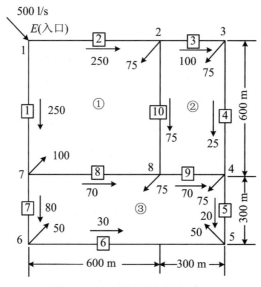

图 3.62　环状管网流量分配图

管网经流量分配后,各节点已满足连续性方程,可是由该流量求出的管段水头损失,并不同时满足每个闭合环路的能量方程,为此必须多次将各管段的流量反复调整,直至满足能量方程,从而得出各管段的流量和水头损失,哈代-克罗斯(Hardy Cross)法是其中常用的一种算法,即

初选各管段中的流量 Q_i 使满足连续性方程,但是不满足能量方程,假设某个闭合环路 A 中的水头残差为 h_A,则

$$h_A = \sum_{i=1}^{m} \varepsilon_i R_i Q_i^2 \tag{3.177}$$

设 Q_i 的修正流量为 $\varepsilon_i \Delta Q$,若将修正后的流量($Q_i + \varepsilon_i \Delta Q$)代入,使水头残差 $hA = 0$,即

$$\sum_{i=1}^{m} \varepsilon_i R_i (Q_i + \varepsilon_i \Delta Q)^2 \approx \sum_{i=1}^{m} \varepsilon_i R_i Q_i^2 + \sum_{i=1}^{m} 2R_i Q = 0 \tag{3.178}$$

由此解得 A 环路中的修正流量 ΔQ,即

$$\Delta Q = \frac{- \sum_{i=1}^{m} \varepsilon_i R_i Q_i^2}{2 \sum_{i=1}^{m} R_i Q_i} \tag{3.179}$$

对于每条闭合环路均应用此式求出 ΔQ,然后用 $\varepsilon_i \Delta Q$ 修正各闭合环路每个管段中的流量,即每个管段的第 1 次近似流量为 $Q_i + \varepsilon_i \Delta Q$,这时不改变各节点流

量的连续性,但是,可以使环路中的能量方程更接近于满足 $h_A = 0$,经过若干次反复修正后直到 $h_A = 0$。

计算步骤如下:

(1) 根据各管段的 d_i, l_i, λ_i,计算 $R_i = \dfrac{8\lambda_i l_i}{g\pi^2 d_i^5}$。

(2) 任意选择各管段中的流量 Q_i,使其满足节点处的连续性方程,同时也就知道了各管段中 Q_i 的流动方向了。

(3) 选定各闭合环路正的流动方向,如顺时针方向,然后根据环路中的各管段中已知的流动方向与环路方向一致否,确定能量方程中 ε_i 的正负号,并构成回路矩阵 M_{ki},行 k 代表环路编号,列 i 代表环路中管段的编号。对于环路中不包含的管段,回路矩阵元素 $M_{ki} = 0$。

(4) 对于每条闭合环路反复计算 ΔQ,直到满足

$$|\Delta Q| < \varepsilon \tag{3.180}$$

式中,ε 是 ΔQ 的允许误差。

(5) 计算各管段中的流量,其公式为

$$Q_i = Q_{i-1} + M_{ki}\Delta Q \tag{3.181}$$

回路矩阵示例如表 3.7 所示。

表 3.7　回路矩阵示例

k ＼ i	1	2	3	4	5	6	7	8	9	$10 = i_{max}$
1	−1	1	0	0	0	0	0	−1	0	1
2	0	0	1	1	0	0	0	0	−1	−1
$3 = k_{max}$	0	0	0	0	1	−1	−1	1	1	0

3. 程序设计

已知管段数和回路数,确定回路矩阵,然后确定各管路的管长和管径、粗糙度以及流量,还需知道各管路阻抗。环路中的各管段中已知的流动方向与环路方向一致,则回路矩阵元素为 1,否则为 −1。若环路中不包含的管段,回路矩阵元素 0。反复计算管网的修正流量,求出各管路的流量,直至各环路修改流量小于允许误差范围内为止,最后得到各管路速度和水头损失。环状管网水力计算程序流程如图 3.63 所示。

管网水力计算包括各管路流量计算和水头损失计算,需要知道各管路的管长、管径和阻力系数,以及各管路初始流量,进而确定各管路的阻抗。另外还需知道环路矩阵,以便计算出管网修正流量。最终得到各管路的流速及流量和水头损失。环状管网水力计算界面设计与运行实例如图 3.64 所示。

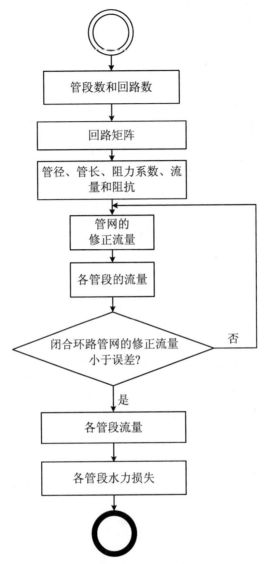

图 3.63 环状管网水力计算程序流程图

输入参数有:

- 管段数:10;
- 环路数:3;
- 误差:0.001。

输出结果有:

- 各管路流量;
- 流速和压头损失。

【提示】 要实现管网水力计算,需要确定各管段参数,比如管径、管长和阻力系数,以及计算各管路流量的回路矩阵。其具体数值以矩阵方式按文本文件的形式的保存和读取,这样的话,方便计算时修改,程序的通用性更好。

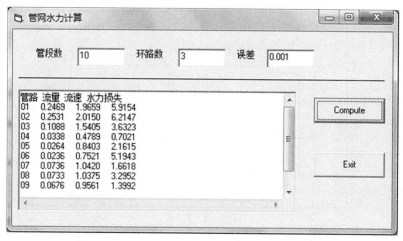

图 3.64　环状管网水力计算界面设计与运行实例图

3.3.5　圆柱绕流计算

1. 问题提出

如图 3.65 所示,夹在两个无限平行壁间的圆柱绕流,无限远处的来流速度分布均匀,且 $U_0 = 1\,\mathrm{m/s}$,二平板间通过的流量为 $4\,\mathrm{m^2/s}$,圆柱半径 $r = 1\,\mathrm{m}$,求流函数在流场中分布。

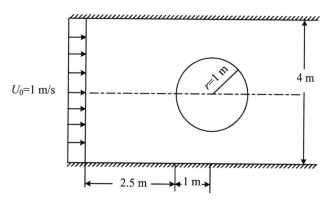

图 3.65　圆柱绕流示意图 $U_0 = 1\,\mathrm{m/s}$

2. 计算分析

由于流动上、下、左、右对称,所以只研究四分之一的圆柱绕流即可,如图 3.66

所示。流函数 $\Psi(x,y)$ 在域 A 内满足拉普拉斯方程,即

$$\frac{\partial^2 \Psi}{\partial x^2} + \frac{\partial^2 \Psi}{\partial y^2} = 0 \tag{3.182}$$

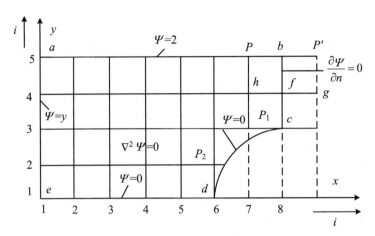

图 3.66　圆柱绕流流动计算网格划分

第一类边界条件为

$$\Psi\big|_{ab} = 2, \qquad \Psi\big|_{cde} = 0 \tag{3.183}$$

第二类边界条件为

$$\frac{\partial \Psi}{\partial x}\bigg|_{bc} = -u = 0, \qquad \frac{\partial \Psi}{\partial y}\bigg|_{ae} = U_0 = 1 \tag{3.184}$$

圆柱绕流流函数差分形式为

$$\Psi_{i,j} = \frac{1}{4}(\Psi_{i-1,j} + \Psi_{i+1,j} + \Psi_{i,j-1} + \Psi_{i,j+1}) \tag{3.185}$$

逐步超松弛迭代法形式为

$$\Psi_{i,j}^{(k+1)} = \Psi_{i,j}^{(k)} + \omega\big[(\Psi_{i-1,j}^{(k)} + \Psi_{i+1,j}^{(k)} + \Psi_{i,j-1}^{(k)} + \Psi_{i,j+1}^{(k)})/4 - \Psi_{i,j}^{(k)}\big] \tag{3.186}$$

对于 $\dfrac{\partial \Psi}{\partial x}\bigg|_{bc} = -u = 0$,可以有两种处理方法,其一是令

$$\frac{\partial \Psi}{\partial x} = \frac{\Psi_f - \Psi_h}{\Delta x} = 0 \tag{3.187}$$

由此得

$$\Psi_f = \Psi_h \tag{3.188}$$

其二是利用对称性原理 $\Psi_g = \Psi_h$,并注意到 $\Psi_b = 2$,$\Psi_c = 0$,然后对点 f 写成

$$\Psi_f = \frac{1}{4}(\Psi_b + \Psi_c + \Psi_h + \Psi_g) = \frac{1}{4}(2\Psi_h + \Psi_b + \Psi_c) = \frac{1}{2}(\Psi_h + 1) \tag{3.189}$$

对于 $\dfrac{\partial \Psi}{\partial y}\bigg|_{ae} = U_0$,可以改写为

$$\Psi \big|_{ae} = \int_0^y U_0 \mathrm{d}y = U_0 y \tag{3.190}$$

P_1, P_2 两点是靠近边界的域内节点, 它们也需处理, 一般有两种处理方法: 其一是
直接转移法, 将边界上点 R 的已知函数值直接转移给点 P, 即

$$\Psi(P) = \Psi(R) \tag{3.191}$$

其二是直线内插法, 即用点 R 和点 Q 的函数值表示边界内点 P 的函数值, 由直线
外插得

$$\frac{\Psi(Q) - \Psi(P)}{\Psi(P) - \Psi(R)} = \frac{h}{d} \tag{3.192}$$

由此解得

$$\Psi(P) = \frac{d\Psi(Q) + h\Psi(R)}{d + h} \tag{3.193}$$

误差判别式为

$$\sum |D_{i,j}^{(k+1)}| - \sum |D_{i,j}^{(k)}| < \varepsilon \tag{3.194}$$

式中, $D_{i,j}^{(k)} = \Psi_{i,j}^{(k)} - \Psi_{i,j}^{(k-1)}$, $D_{i,j}^{(k+1)} = \Psi_{i,j}^{(k+1)} - \Psi_{i,j}^{(k)}$, 其中 ε 是允许误差。

圆柱绕流边界条件的处理圆柱绕流如图 3.67 所示。

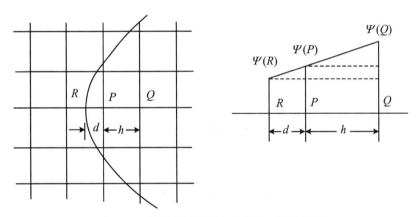

图 3.67　圆柱绕流边界条件的处理圆柱绕流

3. 程序设计

已知计算区域尺寸、空间步长和松弛因子, 再确定节点数, 以及流函数的边界
条件, 即上边界和左边界的定义, 以及圆柱边界, 接着迭代计算内部节点, 直到各节
点值小于允许误差范围内, 最后得到各节点的流函数。圆柱绕流计算程序流程如
图 3.68 所示。

根据圆柱绕流的对称性, 数值计算时, 只需考虑计算区域的 1/4。本算例为二
维稳态稳态, 计算时要求已知平板间距离、圆柱半径和入口段距离, 还需知道网格
步长, 并引入松弛因子加速收敛, 直到误差在允许范围之内。环圆柱绕流计算界面
设计与运行实例如图 3.69 所示。

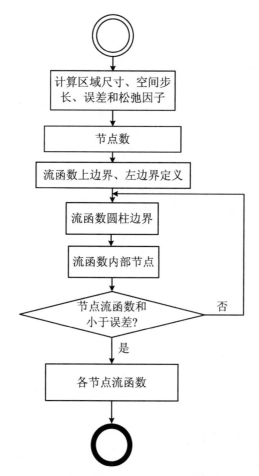

图 3.68　圆柱绕流计算程序流程图

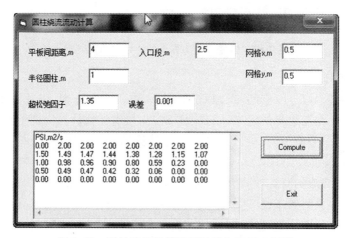

图 3.69　圆柱绕流计算界面设计与运行实例图

输入参数有:

- 平板间距离:4 m;
- 圆柱半径:1 m;
- 入口段:2.5 m;
- 网格步长:0.5 m,0.5 m;
- 超松弛因子:1.35。

输出结果有:

- 各节点流函数。

【提示】　本算例的计算区域边界比较复杂,为圆形边界,故网格划分是要注意圆柱边界附近节点确定。在这里,采用插值的方法确定圆柱边界附近节点的函数值。

3.3.6　平行平板间流动计算

1. 问题提出

假设在两块相距 1 m 的无限大平板间充满水,平板原来都处于静止状态,在某一时刻 $\tau = 0$,上平板突然以恒定速度 $U = 1$ m/s 平动,求在任意时刻 τ 两板间水的速度分布。如图 3.70 所示,由于两板无限大,可忽略端部效应,这样每一个等 x 截面速度分布相同,因此只需求 $x = 0$ 截面的速度分布。水的运动黏度系数近似为 1×10^{-6} m²/s。

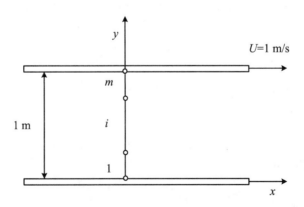

图 3.70　两平行平板间流动

2. 计算分析

确定控制方程和定解条件。运用非定常二维不可压黏性流的基本方程:

连续方程

$$\frac{\partial u}{\partial x} + \frac{\partial v}{\partial y} = 0 \tag{3.195}$$

x 方向运动方程

$$\frac{\partial u}{\partial \tau} + u \frac{\partial u}{\partial x} + v \frac{\partial u}{\partial y} = \mu \left(\frac{\partial^2 u}{\partial x^2} + \frac{\partial^2 u}{\partial y^2} \right) \tag{3.196}$$

y 方向运动方程

$$\frac{\partial v}{\partial \tau} + u \frac{\partial v}{\partial x} + v \frac{\partial v}{\partial y} = \mu \left(\frac{\partial^2 v}{\partial x^2} + \frac{\partial^2 v}{\partial y^2} \right) \tag{3.197}$$

根据此流动具体情况可设 $v = 0$,所以根据连续方程有 $\frac{\partial u}{\partial x} = 0$。这样 y 方向运动方程自动满足,x 方向运动方程简化成

$$\frac{\partial u}{\partial \tau} = \mu \frac{\partial^2 u}{\partial y^2} \tag{3.198}$$

上述方程为抛物型方程,一个方程一个未知数,方程封闭可求解。

边界条件为

$$\begin{aligned} y = 0, \quad u = 0 \\ y = 1, \quad u = U = 1 \end{aligned} \tag{3.199}$$

而初始条件($\tau = 0$)为

$$\begin{aligned} y < 1, \quad u = 0 \\ y = 1, \quad u = 1 \end{aligned} \tag{3.200}$$

网格划分。采用均匀网格,网格点数为 M,边界节点分别为 1 和 m,则网格空间步长为 $\Delta x = 1/(m-1)$。

控制方程和定解条件的离散化。方程为典型的抛物型方程,采用古典格式进行差分离散,得

$$u_i^{n+1} = u_i^n + \frac{\mu \Delta \tau}{\Delta x^2} (u_{i+1}^n - 2u_i^n + u_{i-1}^n) \tag{3.201}$$

这个格式的稳定条件为 $\frac{\mu \Delta \tau}{\Delta x^2} \leqslant \frac{1}{2}$,取 $\frac{\mu \Delta \tau}{\Delta x^2} = \frac{1}{4}$,则 $\Delta \tau = \frac{\Delta x^2}{4\mu}$。

边界条件的离散形式为

$$u_1^n = 0, \quad u_m^n = 1, \quad n = 1,2,3,\cdots \tag{3.202}$$

初始条件的离散形式为

$$u_i^1 = 0, \quad i = 1,\cdots,m-1; \quad u_m^1 = 1 \tag{3.203}$$

3. 程序设计

已知空间节点数和时间节点数,流体的黏度和平板间距离、移动速度,然后确定空间步长。为了保证数值计算的稳定性,离散格式稳定性取值为 0.25,由此计算出时间步长。初始条件为 1 至 $m-1$ 节点 0 时刻速度,依据 m 节点 0 时刻速度。边界条件为 1 节点和 m 节点的速度,并两层数组计算任意多时间层。迭代计算内部节点的速度,直至达到最大时间,输出不同距离下的速度。平行平板间流动

计算程序流程如图 3.71 所示。

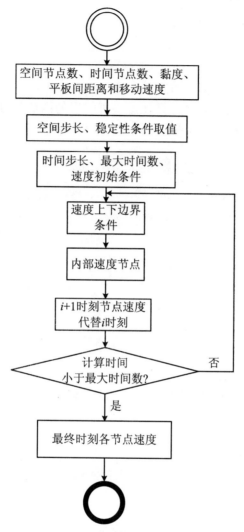

图 3.71　平行平板间流动计算程序流程图

　　本算例为一维非稳态流动问题,计算时要求已知平板间距离和移动速度,还需知道网格步长和时间步长,为保证数值计算的稳定性,还需确定稳定性条件,确定初始条件和上下边界条件,迭代计算内部节点值,直到达到最大时间值为止。平行平板间流动计算界面设计与运行实例如图 3.72 所示。

　　输入参数有:

- 平板间距离:1 m;
- 平板移动速度:5 m/s;
- 时间节点数:20,空间节点数:20;

- 黏度：1×10^{-6}；
- 稳定性条件：0.25。

输出参数有：不同距离下流体速度。

【提示】 在程序设计中，用数组 $U(i, 2)$ 表示 u_i^{n+1}，数组 $U(i, 1)$ 表示 u_i^n。用差分方程计算出 $n + 1$ 时间层上的节点函数值后，存入 $U(i, 1)$ 数组，以对 n 时间层上的节点函数值进行更新，再重复进行差分计算。如此不断推进，直至所需的时刻为止。这样用两层数组即可计算任意多时间层的函数值，以节省计算机内存。这种处理是推进计算和迭代计算程序设计中广泛采用的策略。

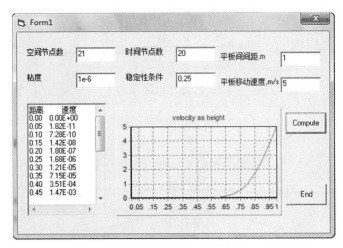

图 3.72　平行平板间流动计算界面设计与运行实例图

3.4　燃料与燃烧算例

固/液体燃料理论燃烧温度的计算如下：

1. 问题提出

已知某烟煤的成分为：C^y 占 76.32%，H^y 占 4.08%，O^y 占 3.64%，N^y 占 1.61%，S^y 占 3.8%，A^y 占 7.55%，W^y 占 3.0%，燃烧前将其预热至 90 ℃，空气消耗系数为 1.2，空气不预热，空气中水蒸气饱和温度为 30 ℃，求该条件下的理论燃烧温度。

2. 计算分析

固/液体燃料的成分通常是用各组分的质量百分数来表示，即

$$W_{C^y} + W_{H^y} + W_{O^y} + W_{N^y} + W_{S^y} + W_{A^y} + W_{W^y} = 100\%$$

固/液体燃料的发热量可根据其化学成分用式

$$Q_{dw} = 4.187[81C + 246H - 26(O - S) - 6W] \tag{3.204}$$

来计算。其中各可燃成分的化学反应式为

$$C + O_2 = CO_2$$

$$H_2 + 0.5O_2 = H_2O$$

$$S + O_2 = SO_2$$

固体燃料（煤）的比热为

$$c_p = \frac{3R \cdot e^{1200/T_p}}{\sum \dfrac{y_{pi}}{u_{pi}} \cdot \left(\dfrac{e^{1200/T_p} - 1}{1200/T_p}\right)^2} \tag{3.205}$$

式中，y_{pi} 为元素质量分数，u_{pi} 为元素摩尔质量，R 为通用气体常数，8.314 kJ/(kmol·K)，T_p 为固体燃料温度。

液体燃料（重油）的比热为

$$c_p = 1.738 + 0.0025T \tag{3.206}$$

完全燃烧的理论空气需要量为

$$L_0 = (8.89C + 26.67H + 3.33S - 3.33O) \times 10^{-2} \tag{3.207}$$

空气中的水分含量 g 通常表示为 1 m³ 干气体中水分含量（g/m³），即

$$g_{H_2O}^g = 1.364 \times 1000 \times 1.347 \times 18/8.314/(t + 273)/100 \tag{3.208}$$

实际空气需要量为

$$L_n = nL_0(1 + 0.00124g_{H_2O}^g) \tag{3.209}$$

实际燃烧产物生成量为

$$V_n = V_{CO_2} + V_{SO_2} + V_{H_2O} + V_{N_2} + V_{O_2}$$

$$V_{CO_2} = \frac{C}{12} \cdot \frac{22.4}{100}$$

$$V_{SO_2} = \frac{S}{32} \cdot \frac{22.4}{100}$$

$$V_{H_2O} = \left(\frac{H}{2} + \frac{W}{18}\right) \cdot \frac{22.4}{100} + 0.00124gL_n \tag{3.210}$$

$$V_{N_2} = \frac{N}{28} \cdot \frac{22.4}{100} + 0.79L_n$$

$$V_{O_2} = 0.21(L_n - L_0)$$

如 $n = 1$，即得到（不计算空气中水分）：

$$V_n = \left(\frac{C}{12} + \frac{S}{32} + \frac{H}{2} + \frac{W}{18} + \frac{N}{28}\right) \cdot \frac{22.4}{100} + 0.79L_0 \tag{3.211}$$

燃烧产物的成分表示为各组成所占的体积百分数，为与燃料成分相区别，燃烧产物的成分的分子式号上加"′"，即

$$CO'_2\% + SO'_2\% + H_2O'\% + N'_2\% + O'_2\% = 100\%$$

工业炉窑多在高温下工作,炉内温度的高低是保证炉窑工作的重要条件,而决定炉内温度的最基本因素是燃料燃烧时燃烧产物达到的温度,即所谓燃烧温度。在实际条件下的燃烧温度与燃料种类、燃料成分、燃烧条件和传热条件等各方面的因素有关,并且归纳起来,将决定于燃烧过程中热量收入和热量支出的平衡关系。所以从分析燃烧过程的热量平衡可以找出估计燃烧温度的方法和提高燃烧温度的措施。燃烧过程中热平衡项目如下(各项均按 kg 或每 m^3 燃料计算),属于热量的收入有:

(1) 燃料的化学热,即燃料发热量 Q_{dw}。

(2) 空气带入的物理热 $Q_k = L_n c_k t_k$。

(3) 燃料带入的物理热 $Q_r = L_r c_r t_r$。

属于热量的支出有:燃烧产物含有的物理热 $Q = V_n ct$,由燃烧产物传给周围物体的热量 Q_d,由于燃烧条件而造成的不完全燃烧热损失 Q_b,燃烧产物中某些气体在高温下热分解反应消耗的热量 Q_f。根据热量平衡原理,当热量收入与支出相等时,燃烧产物达到一个相对稳定的燃烧温度,列热平衡方程式

$$Q_{dw} + Q_k + Q_r = V_n ct + Q_d + Q_b + Q_f \qquad (3.212)$$

若假设燃料是在绝热系统中燃烧($Q_d = 0$),并且完全燃烧($Q_b = 0$),则计算出的燃烧温度称为理论燃烧温度,即

$$t = (Q_{dw} + Q_k + Q_r - Q_f)/(V_n c) \qquad (3.213)$$

由于热分解,燃烧产物的组成和生成量都将发生变化。对于一般的工业炉热工计算可采用近似方法,即按以下近似处理来进行计算。

$$Q_f = 12600 f_{CO_2} V'_{CO_2} + 10800 f_{H_2O} V'_{H_2O} \qquad (3.214)$$

分解度 f 与温度 t 及气体分压 p 有关,即

$$f_{CO_2} = (t + 1416.1516)^{-83.8841} (p_{CO_2} + 0.0441)^{-0.1563}$$
$$(58.9034t - p_{CO_2} - 765.8541)^{58.602}$$
$$\qquad (3.215)$$
$$f_{H_2O} = (t + 1.3737)^{29.158} (p_{H_2O} + 0.00288)^{-0.1988}$$
$$(0.06084t + p_{H_2O} + 117.9143)^{-40.2749}$$

空气的比热为

$$c_p = 1.2544 + 0.0001295t \qquad (3.216)$$

烟气的比热为

$$c_p = 1.359 + 0.000152t \qquad (3.217)$$

3. 程序设计

已知固/液体燃料的应用基成分、燃料温度、预热空气温度,还需要确定燃料成分,即固体还是液体燃料,计算出燃料比热。同时求出燃料低位发热量,和水蒸气含量、空气的比热。求出理论空气量、实际空气量、理论烟气量、实际烟气量及烟气成分,由设定炉压确定二氧化碳和水蒸气分压。估计烟气温度,算出 CO_2 和 H_2O

的分解度、分解热,以及烟气比热,并假设燃烧温度计算分解热,燃料完全燃烧,炉壁绝热,由热平衡计算理论燃烧温度。若误差在允许范围之内,则停止迭代计算,输出烟气成分、分解热和理论燃烧温度。固/液体燃料理论燃烧温度计算程序流程如图 3.73 所示。

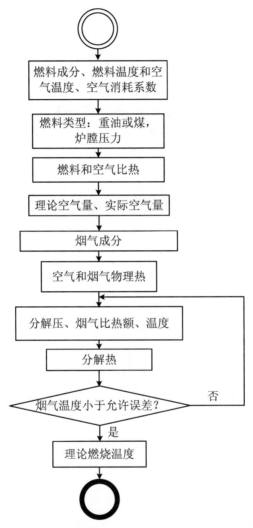

图 3.73 固/液体燃料理论燃烧温度计算程序流程图

计算固/液体燃料理论燃烧温度,采用能量平衡法求解。需要知道燃料成分、温度,求出燃料的物性、燃料带入热和低位发热量。还需知道空气预热温度,求出空气的物性、空气带入热。需知道烟气成分和压力、温度,求出烟气的物性,和分解热。燃料种类不同,其比热等物性参数不同,可用组合框来表示,固/液体燃料理论燃烧温度计算界面设计与运行实例如图 3.74 所示。输入参数有:

- 固/液体燃料成分,%:C,76.32;H,4.08;O,3.64;N,1.61;S,3.8;A,7.55;W,3;
- 固/液体燃料温度,℃:90;
- 空气温度,℃:30;
- 分解压力,Pa:$1×10^5$;
- 分解温度,℃:1700。

输出参数有:

- 燃料比热,kJ/(kg・℃):0.88;
- 空气比热,kJ/(kg・℃):1.26;
- 烟气成分:H_2O,0.79;CO_2,1.42;N_2,6.24;O_2,0.33;SO_2,0.03;
- 烟气比热,kJ/(kg・℃):1.65;
- 分解热,kJ/kg:1095.66;
- 理论燃烧温度,K:1913.22。

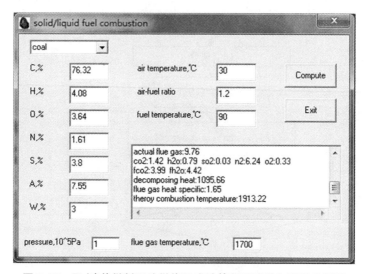

图 3.74　固/液体燃料理论燃烧温度计算界面设计与运行实例图

第4章 热工综合与工程案例

4.1 轧钢能耗优化计算

4.1.1 问题提出

某企业的轧钢车间有两道连续的生产工序,其中,工序 I 生产的产品可以作为工序 II 的原料进一步深加工为企业的最终产品,也可以直接作为企业的最终产品,如图 4.1 所示。这两道工序生产单位产品所消耗的重油(用于加热炉和热处理炉)和电力(用于轧钢机)的数量,每道工序的成材串及两种最终产品的单位利润等见表 4.1。已知在计划期内供给该车间原料坯的最大能力为 1.75×10^5 t,规定车间的耗电量不得超过 3×10^6 kW·h,车间利润不得少于 2.4×10^7 元,试问该车间应如何组织生产才能使整个车间的能源消耗最小。

表 4.1 指标汇总表

工序 项目	工序 I	工序 II	约束值
电力消耗(kW·h/t)	20	40	3×10^6 kW·h
重油消耗(kg/t)	30	10	
成品率	80%	50%	1.75×10^5 t
产品利润(元)	200	600	2.4×10^7

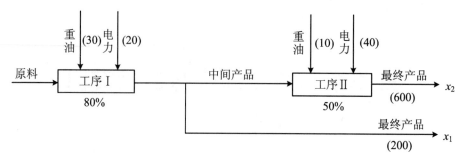

图 4.1　小型轧钢厂生产流程图

4.1.2　计算分析

这是一个简化的产品结构优化问题,即在生产利润指标一定且不改变设备、工艺和原燃料条件的情况下,求整个车间能耗最小的生产方案。该方案的优劣决定于最终产品的种类和数量。

设两道生产工序的最终产品数量分别为 x_1, x_2($\times 10^4$ t)。为计算方便,取电力和重油的折标准煤的系数分别为 0.4(kgce/kW·h),1.4(kgce/kg),则工序 I 的单位产品能耗为

$$30 \times 1.4 + 20 \times 0.4 = 50 \text{(kgce/t)}$$

工序 II 的单位产品能耗为

$$10 \times 1.4 + 40 \times 0.4 = 30 \text{(kgce/t)}$$

车间的总能耗目标函数为

$$\min(S) = 50\left(x_1 + \frac{x_2}{0.5}\right) + 30x_2 = 50x_1 + 130x_2 (10^4 \text{ kgce}) \tag{4.1}$$

变量要满足下列约束条件。

(1) 电力供应约束:两个工序消耗的总电量不能超过电力的供给量,则

$$20\left(x_1 + \frac{x_2}{0.5}\right) + 40x_2 \leqslant 300, \quad 20x_1 + 80x_2 \leqslant 300 (\times 10^4 \text{kW·h}) \tag{4.2}$$

(2) 利润指标约束:两个工序获得的总利润不得低于企业规定的利润指标,则

$$2x_1 + 6x_2 \geqslant 24 (\times 10^6) \text{ 元} \tag{4.3}$$

(3) 原料坯供应约束:工序 I 消耗原料坯外的数量不能超过原料坯的供应能力,则

$$\frac{x_1 + \dfrac{x_2}{0.5}}{0.8} \leqslant 17.5, \quad 1.25x_1 + 2.5x_2 \leqslant 17.5 (\times 10^4 \text{t}) \tag{4.4}$$

(4) 两道工序的最终产品的数量均为非负值,即 $x_1, x_2 \geqslant 0$。

综上所述,两道工序总能耗最小问题的数学模型为

$$
\begin{aligned}
\min S &= 50x_1 + 130x_2 \\
\text{s.t.}\quad 2x_1 + 6x_2 &\geqslant 24 \\
20x_1 + 80x_2 &\leqslant 300 \\
1.25x_1 + 2.5x_2 &\leqslant 17.5 \\
x_1, x_2 &\geqslant 0
\end{aligned}
\tag{4.5}
$$

引入松弛变量下 x_3, x_4, x_5,则

$$
\begin{aligned}
\max -S &= -50x_1 - 130x_2 \\
\text{s.t.}\quad 2x_1 + 6x_2 - x_3 &= 24 \\
20x_1 + 80x_2 + x_4 &= 300 \\
1.25x_1 + 2.5x_2 + x_5 &= 17.5 \\
x_1, x_2 &\geqslant 0
\end{aligned}
\tag{4.6}
$$

4.1.3　程序设计

　　轧钢能耗优化计算程序流程如图 4.2 所示。首先优化模型化为标准线性规划,根据约束关系,引入松弛变量;再确定初始解,计算校验数,确定入基变量和出基变量,更新单纯形表,直到所有校验数小于 0 时得到最优解。如果某个校验位系数矩阵小于 0,则线性规划无解。

　　需要确定约束条件的方程组的系数矩阵,目标函数各个变量的系数所构成的系数矩阵,约束条件中的常数矩阵和初始基变量的数字代码,以及约束条件方程组的个数、未知量的个数、可用二维数组记录方程组的数目和系数。还要知道检验数矩阵,出基与入基变化的情况和出基与进基变量的情况。轧钢能耗优化计算界面设计与运行实例如图 4.3 所示。

　　结果输出:

- 单纯形法进度表;
- 决策变量;
- 目标函数值。

　　【提示】　初始表不需要判断,还有要注意把优化模型化为标准形式,数组要进行初始化,可用:来一行写多行语句,方便调试。

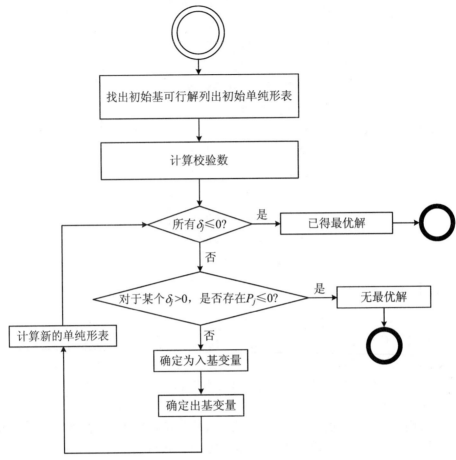

图 4.2　轧钢能耗优化计算程序流程图

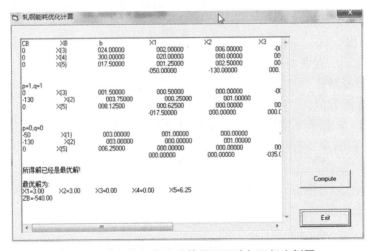

图 4.3　轧钢能耗优化计算界面设计与运行实例图

4.2 炉衬热损失与费用计算

4.2.1 计算原理与分析

在进行炉衬传热计算时,为简化计算,作下列假定:

(1) 炉衬为一维稳态导热,即热流量不随时间而变化,且热量只沿等温面的法线方向传递。

(2) 各层材料的导热系数为常数,并等于每层材料两侧壁温的平均温度下的导热系数。

(3) 各层之间的接触良好,两层的接触面上具有相同的温度。

根据以上假设,炉体的散热损失和炉衬的蓄热损失为

$$q_1 = \frac{t_{hot} - t_f}{\sum_{i=1}^{n} \frac{S_i}{\lambda_i} + \frac{1}{h_{out}}}, \quad q_2 = \rho_i S_i (c_{pi} t_i - c_{p0} t_0) \tag{4.7}$$

式中,q_1 为散热损失;q_2 为蓄热损失;t_{hot} 为炉衬热面温度,依据热平衡测试结果,取 1173 K;t_0,t_i 分别为耐火材料初始和终止温度;S_i 为耐火材料厚度;h_{out} 为炉外壁综合对流换热系数;λ_i 为耐火材料导热系数;ρ_i 为耐火材料密度;c_{p0},c_{pi} 分别为耐火材料初始和终止比热;t_f 为环境温度。常用铝熔炼炉筑炉材料的主要性能如表 4.2 所示。

表 4.2 常用铝熔炼炉筑炉材料的主要性能表

序号	材料名称	密度 (kg·m^{-3})	比热 (J·(kg·K)$^{-1}$)	导热系数 (W·(m·K)$^{-1}$)	综合费用 (人工+机械+材料) (元·m^{-3})
1	耐火黏土砖	2070	$879 + 0.23t$	$0.84 + 0.58 \times 10^{-3} t$	2928.17
2	刚玉砖	3500	$880 + 0.418t$	5.8(1273 K)	54291.19
3	高铝砖	2500	$796 + 0.418t$	$2.09 + 1.861 \times 10^{-3} t$	3546.07
4	普通耐火混凝土	2000~2200	840	1.283~1.318	$V>30$ m^3,$\delta>100$ mm 3731.6 $V>30$ m^3,$\delta<100$ mm 3667.38

续表

序号	材料名称	密度 (kg·m⁻³)	比热 (J·(kg·K)⁻¹)	导热系数 (W·(m·K)⁻¹)	综合费用 (人工+机械+材料) (元·m⁻³)
5	黏土质隔热 耐火砖	1000	$837+0.264t$	$0.291+0.256\times10^{-3}t$	1164.99
6	硅藻土砖	500	$840+0.252t$	$0.111+0.146\times10^{-3}t$	235.61
7	黏土质浇注料	900	$753+0.238t$	$0.262+0.23\times10^{-3}t$	炉墙 $\delta>100$ mm　$\delta<100$ mm 2008.46　2346.52
8	硅酸铝纤 维毡	130	$1013+0.075$ $\times10^{-3}t^2$	$0.054+0.0272$ $\times10^{-6}t^2$	δ/mm　炉墙 50　2856.42 60　2737.04 100　2485.01 120　2424.56
9	高铝质 浇注料	2250	$716+0.3762t$	$1.881+1.6749\times10^{-3}t$	3838.23

炉衬设计原则如下:带灰缝的耐火砖、硅藻土砖砌体的水平尺寸为 116 mm 的倍数,垂直尺寸为 68 mm 的倍数。炉墙设计总的原则是轻质、重质料的复合炉墙,其厚度分别为 40~200 mm 和 200~300 mm。炉顶衬体用的材料,与炉墙的基本相同或同一档次,其衬体材料也是轻质、重质料复合使用,厚度分别为 50~150 mm 和 200~250 mm。炉衬耐火材料的选择与计算是炉窑设计及节能改造的重要内容之一,不仅关系到炉窑初投资大小,也对炉窑热工性能有直接影响,炉衬费用为

$$C = NC_q q_1 + M \sum C_i S_i + M \frac{N}{\tau} C_q q_2$$

$$M = \frac{p(1+p)^n}{(1+p)^n - 1}$$

(4.8)

式中,S_i 为炉衬各层不同材料的厚度;λ_i 各层材料的导热系数;C_i 为各层材料单位投资(包括初投资和施工安装维修费)费用;M 为平均年投资分摊率;N 为年工作时间;τ 为炉窑操作周期;q_1 为散热损失;q_2 为蓄热损失;C_q 为热量价格;h_{out} 为炉外壁综合对流换热系数;t_{hot} 和 t_f 分别为炉衬热面温度和环境温度;p 为利率;n 为炉衬寿命。炉窑的热效率为 40%,炉衬的使用寿命为 3 年(120 周),炉窑的工作制度有三种典型类型,即 40 周连续作业、6 天连续作业和 16 小时连续作业,天然气按市场价格计算,则热量价格 C_q 为 1.58×10^{-7} 元/J。

4.2.2　程序设计

依据耐火材料的导热系数及其厚度,基于固体导热原理和炉墙外环境换热特点,热流试算迭代法求出热流和交界面处的温度,然后根据各层耐火材料的密度、比热、温度计算蓄热损失,最后根据炉窑工作制度、年分摊率求出炉衬的建造费用、热损失费用和总费用。炉衬热损失与费用计算程序流程如图 4.4 所示。炉衬热损失与费用计算界面设计与运行实例如图 4.5 所示。

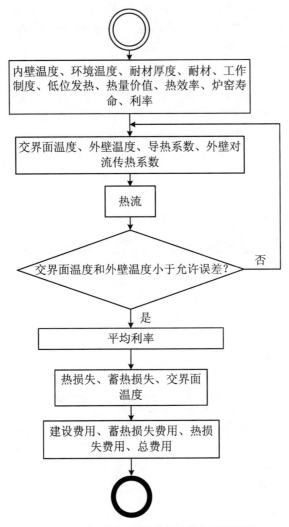

图 4.4　炉衬热损失与费用计算程序流程图

输入：

 • 外界环境：静止 0 ℃空气，静止 20 ℃空气，20 ℃、2 m/s 空气；

 • 环境温度：29.5 ℃；内壁温度；745 ℃；

 • 第一层：黏土砖，厚度为 0.232 mm；第二层：硅藻土砖，厚度为 0.3 mm；第三层：黏土浇注料，厚度为 0.2 mm；

 • 工作制度：40 周；热效率：45%；低位发热量：34750.44 kJ；燃料价格：2.2 元/m³；寿命：3 年；利率：0.6。

输出：

 • 交界面温度：694.22 K（第一），230.85 K（第二），43.40 K（外壁）；

 • 热流：275.33 W/m²；蓄热：411874.43 kJ/m²；

 • 费用：建造 1104.74 元/m²，蓄热损失 1.38 元/m²，散热损失 16.08 元/m²；

 • 总费用：1122.19 元/m²。

【提示】 炉衬砖的厚度选取有一定要求，一般是砖的 116 或 68 的整数倍。炉衬比热、导热系数等是温度的函数。在不同的条件下，炉外对流换热系数是不同的，编程时可用单选按钮来确定炉衬传热的计算条件。炉衬由不同材料构成，一般来说，炉衬由三层耐火材料构成，即耐火层、隔热层和保温层，可用组合框来表示炉衬的种类类别，根据其用户选中索引来计算该类别的导热系数、密度和比热等物性。也可用组合框来表示不同炉窑工作制度。散热损失是通过炉衬向环境传递的热量，是长期的，其总量远大于蓄热损失，而蓄热损失是开炉升温阶段一次蓄热，因此连续性操作炉窑以散热损失为主，间歇式操作的热工设备主要是蓄热损失。

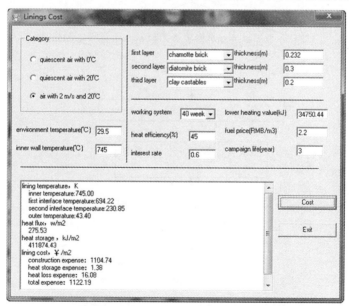

图 4.5　炉衬热损失与费用计算界面设计与运行实例图

4.3　管道阻力损失计算

4.3.1　计算原理与分析

根据黏性流体的流动性质不同,可将其分为层流和紊流两种流动状态。对于不同的流动状态,流场的速度分布、产生阻力的原因、方式和大小以及传热、传质等规律都各不相同。实验发现,判别流体的流动状态,仅靠临界速度很不方便,因为随着流体的黏度、密度以及流道线尺寸的不同,临界速度在变化,因此很难确定。雷诺根据大量的实验归纳出一个无因次综合量作为判别流体流动状态的准则,称为雷诺准则或雷诺准数,简称雷诺数,对于直径为 d 的圆截面管道,有

$$Re = \frac{\rho \bar{u} d}{\mu} = \frac{\bar{u} d}{\nu} \tag{4.9}$$

实验结果表明,对于光滑的圆截面直管,取圆管内流动的临界雷诺数为 $Re_c = 2300$。对于圆截面管道,当 $Re \leqslant 2300$ 时为层流,当 $Re > 2300$ 时为紊流。黏性流体在流动过程中,因产生阻力的外在原因不同,流动阻力包括沿程阻力(摩擦阻力)。它是指流体沿流动路程上由于各流层之间的内摩擦作用和流体与固体壁面间的摩擦作用而产生的流动阻力。在层流状态下,沿程阻力完全是由黏性摩擦产生的。在紊流状态下,沿程阻力一部分是由黏性摩擦造成的,管道内流体流动的沿程阻力通常为

$$h_f = \lambda \frac{l}{d} \frac{\bar{u}^2}{2g} \tag{4.10}$$

实验发现,紊流流动的阻力以及传热传质现象等除了与层流底层的厚度有关外,还受壁面粗糙度的影响。任何固体壁面不论用何种方法或何种材料制成,其表面上总要有高高低低的突起,即总是凸凹不平的,绝对平滑的表面是不存在的。

固体壁面上的平均突起高度叫作绝对粗糙度,一般用符号“Δ”表示。绝对粗糙度 Δ 与管道直径 d 的比值 $\left(\dfrac{\Delta}{d}\right)$ 称为管壁的相对粗糙度,其倒数 $\left(\dfrac{d}{\Delta}\right)$ 则称为管壁的相对光滑度。

为了求出沿程阻力系数 λ,尼古拉兹做了大量的实验。他在实验中先用标准筛孔分选出尺寸相同的砂粒,然后用人工方法把相同尺寸的砂粒黏附在管道内表面上,制成人工粗糙管。用这类管子在不同的流量下进行一系列实验研究,得到沿

程阻力系数 λ 与 Re 数和相对粗糙度 $\dfrac{\Delta}{d}$ 之间的关系曲线,实验曲线分为以下 5 个区域:

1. 层流区

雷诺数 $Re \leqslant 2300$ 或 $\lg Re \leqslant 3.36$ 为层流区。管壁的相对粗糙度对沿程阻力系数没有影响,因此,在圆管层流范围内,λ 的规律是

$$\lambda = f_1(Re) = \frac{64}{Re} \tag{4.11}$$

2. 层流到紊流的过渡区

$2300 < Re \leqslant 4000$ 或 $\lg Re = 3.36 \sim 3.6$ 为层流向紊流过渡的不稳定区域。在此区域内,各种不同粗糙度管道的实验点仍然重合在一起。该区域范围较小,工程实际中 Re 处在这个区域的很少,因而对它研究得不多,尚未总结出此区域的 λ 计算公式。如果涉及该区域,也常按水力光滑管区进行处理。

3. 水力光滑管区

$4000 < Re \leqslant 26.98\left(\dfrac{d}{\Delta}\right)^{8/7}$ 为紊流水力光滑管区。沿程阻力系数 λ 与相对粗糙度 $\dfrac{\Delta}{d}$ 无关,而只与 Re 数有关。这是由于管壁的粗糙高度被层流底层所覆盖的缘故,管壁的相对粗糙度愈大,管流维持水力光滑管的范围愈小。对于 $4 \times 10^3 < Re < 10^5$ 的这段范围,布拉修斯归纳的计算公式为

$$\lambda = f_2(Re) = \frac{0.3164}{Re^{0.25}} \tag{4.12}$$

当 $Re > 10^5$ 时,可采用卡门-普朗特公式

$$\frac{1}{\sqrt{\lambda}} = 2\lg(Re\sqrt{\lambda}) - 0.8 \tag{4.13}$$

当 $10^5 < Re < 3 \times 10^6$ 时,也可采用尼古拉兹归纳的计算公式

$$\lambda = 0.0032 + 0.221\,Re^{-0.237} \tag{4.14}$$

4. 水力光滑管区至阻力平方区的过渡区(水力粗糙管区)

$26.98\left(\dfrac{d}{\Delta}\right)^{8/7} < Re \leqslant 4160\left(\dfrac{d}{2\Delta}\right)^{0.85}$ 为紊流粗糙管过渡区,即水力粗糙管区。随着雷诺数 Re 的增大,紊流流动的层流底层逐渐减薄,以至于不能完全将管壁的粗糙峰盖住,管壁粗糙度对紊流核心区产生影响,原先为水力光滑管相继变为水力粗糙管,因而脱离水力光滑管区,而进入水力粗糙管区。管壁的粗糙度愈大,脱离水力光滑管区就愈早,而且随着 Re 的增大,λ 也增大。这一区域内的沿程阻力系数 λ 与雷诺数 Re 和相对粗糙度 $\dfrac{\Delta}{d}$ 有关,该区域内的 λ 可用以下公式计算:

柯尔布鲁克公式

$$\frac{1}{\sqrt{\lambda}} = -2\lg\left(\frac{\Delta}{3.7d} + \frac{2.51}{Re\sqrt{\lambda}}\right) \tag{4.15}$$

莫迪公式

$$\lambda = 0.0055\left[1 + \left(20000\,\frac{\Delta}{d} + \frac{10^6}{Re}\right)^{\frac{1}{3}}\right] \tag{4.16}$$

阿尔特索里公式

$$\lambda = 0.11\left(\frac{\Delta}{d} + \frac{68}{Re}\right)^{0.25} \tag{4.17}$$

洛巴耶夫公式

$$\frac{1}{\sqrt{\lambda}} = 1.42\lg\left(Re\,\frac{d}{\Delta}\right) \tag{4.18}$$

5. 紊流阻力平方区(完全粗糙区)

$Re > 4160\left(\dfrac{d}{2\Delta}\right)^{0.85}$ 为紊流阻力平方区。

随着雷诺数 Re 的进一步增大,紊流充分发展,层流底层的厚度几乎为零,流动的阻力主要取决于粗糙所引起的流动分离及旋涡的产生,流体黏性的影响可以忽略不计。因此,沿程阻力系数 λ 与雷诺数 Re 无关,而只与相对粗糙度 $\dfrac{\Delta}{d}$ 有关,在这一区域中,由于 λ 与 Re 无关,所以称此区为自动模化区。在该自模区内沿程阻力与平均流速的平方成正比,故此区亦称紊流阻力平方区。阻力平方区内的沿程阻力系数 λ 可按尼古拉兹归纳的公式进行计算,即

$$\lambda = \left(1.74 + 2\lg\frac{d}{2\Delta}\right)^{-2} \tag{4.19}$$

也可用谢夫雷索公式计算,即

$$\lambda = 0.11\left(\frac{\Delta}{d}\right)^{0.25} \tag{4.20}$$

流动阻力的另一种类型是局部阻力,它是指流体在流动过程中因遇到局部障碍而产生的阻力。如流体流过阀门、折管、弯头、三通、变径管件以及流道中设置的障碍物等时,由于流体的流向和流速发生变化而引起的流体与固体壁面的撞击、不等速流体内部的冲击以及在局部地区产生旋涡等,将产生流动阻力,都要消耗能量,造成能量损失。管道内流动的局部阻力为

$$h_j = K\,\frac{\overline{u}^2}{2g} \tag{4.21}$$

局部阻力系数除少数简单形状的管配件可用分析方法求得外,绝大部分是由实验测定的。渐缩管阻力系数为

当 $\alpha < 30°$ 时,

$$K_1 = \frac{k}{8\sin\dfrac{\alpha}{2}}\,(1 - A_1/A_2)^2 \tag{4.22}$$

当 $\alpha \geqslant 30°$ 时,

$$K_1 = \frac{k}{8\sin\frac{\alpha}{2}}(1 - A_1/A_2)^2 + \alpha/1000 \qquad (4.23)$$

其中,α 为扩管的夹角,k 为沿程阻力系数。

渐扩管阻力系数为

$$K_1 = k(1 - A_1/A_2)^2 \qquad (4.24)$$

常见局部阻力系数如表 4.3 所示。

表 4.3　常见局部阻力系数

渐扩管(α 为扩管的夹角)		活栓阀		蝶形阀	
α	k	α	阻力系数 k_1	α	阻力系数 k_1
7.5°	0.14	5°	0.05	5°	0.24
10°	0.16	10°	0.29	10°	0.52
15°	0.27	15°	0.75	15°	0.9
20°	0.43	20°	1.56	20°	1.54
30°	0.81	25°	3.1	25°	2.51
		30°	5.47	30°	3.91
		40°	17.3	40°	10.8
		50°	52.6	50°	32.6
		60°	206	60°	118

4.3.2　程序设计

首先依据流体流量、管道材质和流动介质等,计算流速、雷诺数、粗糙度等;再根据流速和粗糙度,确定流动类型,迭代计算出沿程阻力系数;然后根据局部阻力类型,有阀门、渐扩管等,求出局部阻力系数和阀门阻力系数;最后求出管道阻力损失。管道阻力损失计算程序流程如图 4.6 所示。

为了减小编程工作量,本算例提供了空气物性数据文件,包括不同温度下的密度、比热、导热系数、动力黏度、运动黏度和普朗特数,其数据格式为自定义类型,调用格式为

```
Type Physics
    t As Double '温度
    p As Double '密度
    cp As Double '比热
    r As Double '导热系数
```

```
    u As Double '运动黏度
    v As Double '动力黏度
    pr As Double '普朗特数
End Type
Type ExhCADData
    AirPhysics(24) As Physics '空气物性数据
End Type
```

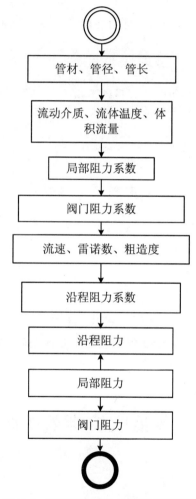

管材、管径、管长

流动介质、流体温度、体积流量

局部阻力系数

阀门阻力系数

流速、雷诺数、粗造度

沿程阻力系数

沿程阻力

局部阻力

阀门阻力

图 4.6　管道阻力损失计算程序流程图

　　该数据文件共有 24 个记录,读取该文件并把值赋给空气物性数组。然后根据空气的温度,通过插值法计算不同温度下物性参数。通过组合框和 Select Case 多条件选择语句选取确定不同材质的粗糙度。渐扩管局部阻力系数与渐扩角、数量和面积比有关,阀门阻力系数分两类,即活栓阀和蝶形阀。管道阻力损失计算界面设计与运行实例如图 4.7 所示。

输入：

- 材质：钢管，长度为 10000 mm，管径为 100 mm；
- 流动介质：水，温度为 50 ℃，流量 500 m³/h；
- 局部阻力类型：渐扩管，角度为 10°，个数为 2，面积比 $A_1/A_2 = 0.1$；
- 阀门类型：蝶阀，角度为 20°，个数为 2。

输出：

- 总压降：45.17 Pa；
- 沿程阻力损失：23.12 Pa；局部阻力损失：4.14 Pa；阀门压降：17.91 Pa。

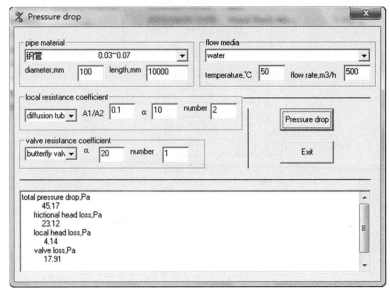

图 4.7　管道阻力损失计算界面设计与运行实例图

4.4　铜底吹炉㶲效率计算

4.4.1　计算原理与分析

富氧底吹熔池熔炼炉是火法炼铜工序的核心设备，也是能量消耗的主要设备，炼铜工业的节能研究，要围绕富氧底吹熔池熔炼炉来开展研究。因此，对富氧底吹熔池熔炼炉进行热力学用能分析,找出系统用能的薄弱环节和造成低效率的原因,提出节能方法和设备的改进措施,将会对炼铜工业的发展造成深远的影响。而㶲分析法是基于热力学第一定律和第二定律的分析方法,是反应物质做功能力大小的本质性参数;㶲分析法相对于热平衡分析法,它不单单是从数量上来判断系统的能量损失,而且可以从质量上判断系统的能量损失,还可以判断化学反应不可逆造成的损失,所以㶲分析法可以从根本上判断系统能量利用情况,能量损失部位及大小,㶲平衡计算分为㶲收入项计算和㶲支出项计算。㶲收入项计算包括氮氧空气化学㶲、氮氧空气压力㶲、铜精矿化学㶲、煤粉化学㶲和石英石化学㶲,㶲支出项计算包括冰铜物理㶲、冰铜的化学㶲、铜渣物理㶲、铜渣化学㶲、烟气物理㶲、烟气化学㶲、烟尘物理㶲和烟尘的化学㶲。

1. 氮氧空气化学㶲

$$E_{x,ch}^1 = \left(\sum n_i \right) \left(\sum \Psi_i E_{x,ch}^i + R_M T_0 \sum \Psi_i \ln \Psi_i \right) \tag{4.25}$$

$$\Psi_i = \frac{P_i}{P_n} \times 100\% \tag{4.26}$$

式中,$E_{x,ch}^i$ 为各组元气体的标准化学㶲,kJ/mol;Ψ_i 为各组元气体在氮氧空气中的物质的量百分比;n_i 为各组元气体的物质的量,mol;R_M:通用气体常数,8.3143 J/(mol·K);P_i 为氮氧空气各组元分压力,Pa;P_n 为氮氧空气总压力,Pa。

由于实际送入空气是富氧空气,该富氧空气包括纯氧和空气两部分。现场测试的实际入炉富氧空气量为 12410 m³/h,其中,纯氧气量为 8200 m³/h,空气量为 4210 m³/h,故其中氧气总量为 8200 + 4210 × 0.21 = 9084.1(m³/h),氮气总量为 3325.9 m³/h。氮氧空气各组分参数如表 4.4 表示。

表 4.4　氮氧空气各组分参数表

	氧气	氮气
标准㶲 $E_{x,ch}^i$ (kJ/mol)	3.95	0.69
Ψ_i	73.2%	26.8%
物质的量 n_i (kmol)	405.54	148.47

2. 氮氧空气压力㶲

$$E_{x,p}^1 = nRT \left[\ln \frac{P_n}{P_0} - \left(1 - \frac{P_0}{P_n} \right) \right] \tag{4.27}$$

其中氮氧空气总压力 $P_n = 0.5$ MPa;环境压力 $P_0 = 0.1$ MPa。

物料平衡如表 4.5 所示。

表 4.5　物料平衡表

		投　入					产　出				
		铜精矿	石英石	煤	富氧空气	合计	冰铜	炉渣	烟尘	烟气	合计
数量 (t·h⁻¹)		49.9	3.2	0.5	17.134	53.6	19.909	21.726	1.247	27.968	42.882
Cu	%	24.3				22.62	55.5	3.55	24.30		
Cu	t·h⁻¹	12.123				12.123	11.049	0.771	0.303		12.123
Fe	%	25.88				24.09	14.4	44.75	25.90		
Fe	t·h⁻¹	12.914				12.914	2.867	9.723	0.323		12.913
S	%	30.68		3.2			22.1	1.41	30.71		
S	t·h⁻¹	15.309		0.016		15.325	4.400	0.307	0.383		5.090
SiO₂	%	6.24	95					27.97	6.26		
SiO₂	t·h⁻¹	3.111	3.043			6.155		6.077	0.078		6.155
CaO	%	2.04						4.56	2.00		
CaO	t·h⁻¹	1.016				1.016		0.991	0.025		1.016
其他	%	1.086	5	96.8			8.00	17.75	23.34		
其他	t·h⁻¹	5.424	0.157	0.484			1.593	3.857	0.029		

3. 铜精矿化学㶲

$$E_{x,ch}^2 = \sum (n_i \cdot E_{x,ch}^i) \tag{4.28}$$

式中，n_i 为铜精矿各组分的物质的量，mol；$E_{x,ch}^i$ 为铜精矿各组分的标准化学㶲，kJ/mol。

铜精矿的各组分标准化学㶲等值如表 4.6 所示。

表 4.6　铜精矿的各组分标准化学㶲等值

组　分	Cu	Fe	S	CaO	SiO₂	H₂O	其他
质量 (t)	12.123	12.914	15.309	1.016	3.111	3.787	1.637
摩尔质量 (g/mol)	64	56	32	56	60	18	
物质的量 n_i (kmol)	189.422	230.607	478.406	18.143	51.850	210.389	
标准㶲 (kJ/mol)	143.9	355.43	603.192	110.33	167.54	8.597	

4. 石英石化学㶲

$$E_{x,ch\ 2}^2 = n \cdot E_{x,ch}$$ (4.29)

式中，$E_{x,ch}^i$ 为 SiO_2 标准㶲，kJ/mol；n 为 SiO_2 的物质的量，$kmol$。

5. 煤粉化学㶲

煤粉成分及所占比例如表 4.7 所示。

表 4.7　煤粉成分及所占比例

煤粉成分	C	H	O	S	N	W	A
质量(t)	0.315	0.031	0.04	0.016	0.018	0.005	0.075
物质的量 (10^3 mol)	26.35	31	2.5	0.5	1.286		
标准㶲 (kJ/mol)	410.8	117.69		603.192	0.334		

$$E_{x,f}^2 = Q_1 + rw$$ (4.30)

$$Q_1 = 4.187[81C + 246H - 26(O - S) - 6W]$$ (4.31)

式中，Q_1 为低位发热量，$27204\ kJ/kg$；r 为水的汽化潜热，$2257.2\ kJ/kg$；w 为燃料中水的质量分率。

入炉料的化学㶲为

$$E_{x,ch}^2 = E_{x,ch1}^2 + E_{x,ch2}^2 + E_{x,f}^2$$ (4.32)

6. 冰铜物理㶲

$$E_{x,ph}^3 = m_{冰铜} \cdot c_{p,Cu}\left[(T_{Cu} - T_0) - T_0 \ln \frac{T_{Cu}}{T_0}\right]$$ (4.33)

式中，$m_{冰铜}$ 为冰铜质量，kg；$c_{p,Cu}$ 为冰铜的定压比热容，$0.75\ kJ/(kg \cdot ℃)$；T_{Cu} 为粗铜出口温度，$1300\ ℃$；T_0 为环境温度，$20\ ℃$。

7. 冰铜化学㶲

$$E_{x,ch}^3 = n_{cu} \cdot E_{x,ch}^{Cu} + n_{Fe} \cdot E_{x,ch}^{Fe} + n_S \cdot E_{x,ch}^S$$ (4.34)

式中，$E_{x,ch}^{Cu}$ 为铜元素标准㶲；$E_{x,ch}^{Fe}$ 为铁元素标准㶲；$E_{x,ch}^S$ 为硫元素标准㶲；n_{Cu} 为铜元素标准物质的量；n_{Fe} 为铁元素标准物质的量；n_S 为硫元素标准物质的量。

8. 铜渣物理㶲

$$E_{x,ph}^4 = m_{铜渣} \cdot c_{p,4}\left[(T_4 - T_0) - T_0 \ln \frac{T_4}{T_0}\right]$$ (4.35)

式中，$m_{铜渣}$ 为铜渣质量，kg；$c_{p,4}$ 为铜渣的定压比热容，$1.26\ kJ/(kg \cdot ℃)$；T_4 为铜渣出口温度，$1300\ ℃$；T_0 为环境温度，$20\ ℃$。

9. 铜渣化学㶲

铜渣的各组分标准化学㶲等值如表 4.8 所示。

表 4.8　铜渣的各组分标准化学㶲等值

组分	Cu	Fe	S	CaO	SiO$_2$	其他
质量(t)	0.771	9.723	0.307	0.991	6.077	3.857
物质的量	12.047	173.625	9.594	17.696	101.283	
标准㶲	18.59	118.66	603.192	110.33	167.54	

$$E_{x,ch}^4 = \sum (n_i \cdot E_{x,ch}^i) \tag{4.36}$$

式中，n_i 为铜渣各组分的物质的量，mol；$E_{x,ch}^i$ 为铜渣各组分的标准化学㶲，kJ/mol。

10. 烟气物理㶲

烟气成分如表 4.9 所示。

表 4.9　烟气成分表

组　分	CO$_2$	H$_2$O	SO$_2$	N$_2$	O$_2$
体积(m^3)	994.4	5116.96	7165.2	9647.67	959.77
体积百分数	4.16%	21.43%	30%	40.39%	4.02%
标准㶲	20.332	8.597	306.52	0.69	3.95
摩尔分数	44.393	228.436	319.875	430.7	42.847
理想气体的平均摩尔定压热容(1200 ℃)	50.74	39.285	51.079	31.828	33.633

$$E_{x,ph}^5 = \sum n_i \left[c \left(T_5 - T_0 - T_0 \ln \frac{T_5}{T_0} \right) \right] \tag{4.37}$$

式中，T_5 为烟气出口温度，1200 ℃；T_0 为环境温度，20 ℃；n_i 为烟气各组分的物质的量，mol。

11. 烟气化学㶲

$$E_{x,ch}^5 = \left(\sum n_i \right) \left(\sum \psi_i E_{x,ch}^i + R_M T_0 \sum \psi_i \ln \psi_i \right) \tag{4.38}$$

12. 烟尘物理㶲

$$E_{x,ph}^6 = m_{烟尘} \cdot c_{p,6} \left[(T_6 - T_0) - T_0 \ln \frac{T_6}{T_0} \right] \tag{4.39}$$

式中，$m_{烟尘}$ 为烟尘质量，kg；$c_{p,6}$ 为烟尘的定压比热容，0.92 kJ/(kg·℃)；T_6 为烟尘出口温度，1200 ℃；T_0 为环境温度，20 ℃。

13．烟尘化学㶲

烟尘成分如表 4.10 所示。

表 4.10　烟尘成分表

组　分	Cu	Fe	S	CaO	SiO$_2$	其他
质量（t）	0.303	0.323	0.383	0.025	0.078	0.029
物质的量	4.697	5.768	11.969	0.446	1.3	
标准㶲	143.9	335.43	603.192	110.33	167.54	

$$E^6_{x,ch} = \sum (n_i \cdot E^i_{x,ch}) \tag{4.40}$$

不考虑散热㶲损失，输入㶲主要由氮氧空气化学㶲 $E^1_{x,ch}$、氮氧空气压力㶲 $E^1_{x,ph}$、入炉料的化学㶲 $E^2_{x,ch}$ 和入炉料物理㶲 $E^2_{x,ph}$ 组成。由于入炉料与环境温度、压力相同，所以相对于环境温度的入炉料物理㶲为 0 MJ/h，输入㶲表达式为

$$E_{in} = E^1_{x,ch} + E^1_{x,ph} + E^2_{x,ch} + E^2_{x,ph} \tag{4.41}$$

有效输出㶲主要是由冰铜化学㶲 $E^3_{x,ch}$、炉渣化学㶲 $E^4_{x,ch}$、烟气物理㶲 $E^5_{x,ph}$、烟气化学㶲 $E^5_{x,ch}$、烟尘化学㶲 $E^6_{x,ch}$ 组成。富氧底吹熔池熔炼炼铜炉的有效输出㶲表达式为

$$E_{out} = E^3_{x,ch} + E^4_{x,ch} + E^5_{x,ph} + E^5_{x,ch} + E^6_{x,ch} \tag{4.42}$$

总㶲损失为

$$E_{loss} = E_{in} - E_{out} \tag{4.43}$$

㶲效率为

$$exergy\% = \frac{E^5_{x,ph} + E^5_{x,ch}}{E_{in}} \tag{4.44}$$

4.4.2　程序设计

铜底吹炉㶲效率计算程序流程如图 4.8 所示，不考虑散热损失㶲、氮氧压力㶲，计算输入㶲和输出㶲，输入㶲包括 N$_2$-O$_2$ 化学㶲、铜精矿化学㶲、石英石化学㶲、煤粉化学㶲，输出㶲包括冰铜物理㶲、冰铜化学㶲、炉渣物理㶲、炉渣化学㶲、烟气物理㶲、烟气化学㶲、烟尘物理㶲、烟尘化学㶲，㶲效率为冰铜化学㶲和冰铜物理㶲之和与输入㶲的比值。铜渣中 FeS、Cu$_2$S 和 FeO 量根据元素守恒求出。炉渣比热按炉渣各成分加权求出，即 Cu$_2$S、FeS、FeO、SiO$_2$ 和 CaO 比热分别为 0.5736 kJ/(kg·K)、0.7369 kJ/(kg·K)、0.7704 kJ/(kg·K)、1.0761 kJ/(kg·K)、和 0.85 kJ/

（kg·K）。烟气的比热按混合气体中各气体比热加权求出，O_2、N_2、SO_2、H_2O 和 CO_2 比热分别为 $1.58 - 169.386/T$ kJ/（m³·K），$1.33 - 58.827/T$ kJ/（m³·K），$2.213 - 184.552/T$ kJ/（m³·K），$1.368 + 10.392/T$ kJ/（m³·K），$2.274 - 311.253/T$ kJ/（m³·K）。这里，T 为烟气温度。冰铜比热计算是为 $-2.53 - 0.00355 f_{Cu} + 0.478 \text{Log} T$，$f_{Cu}$ 为铜含量，T 为冰铜温度。

　　铜精矿化学㶲需要知道元素标准㶲和摩尔质量分数；煤粉物理㶲需要知道煤粉质量、低位发热量、各元素含量和水的质量和潜热；石英石物理㶲需要知道 SiO_2 的标准㶲和摩尔质量分数；烟气化学㶲需要知道烟气成分和各成分标准㶲、摩尔体积分数；烟气物理㶲需要知道烟气各成分比热及摩尔体积分数、烟气温度；冰铜物理㶲需要知道冰铜的质量、比热和温度；N_2、O_2 化学㶲需要知道 N_2、O_2 标准㶲、摩尔数、体积分数；炉渣㶲和烟尘㶲成分基本相同，只是含量不同而已，其中，炉渣或烟尘物理㶲需要知道其比热、质量和温度，化学㶲需要知道元素标准㶲和摩尔质量。㶲效率计算界面设计与运行实例如图4.9所示。

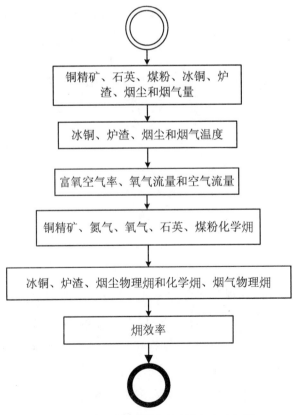

图 4.8　铜底吹炉㶲效率计算程序流程图

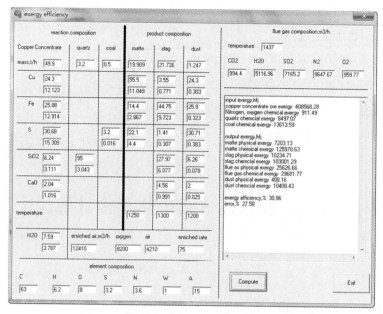

图 4.9 烟效率计算界面设计与运行实例图

输入参数有：

- 铜精矿：49.9 t/h，$W_{Cu}=24.3\%$，$W_{Fe}=5.88\%$，$W_S=30.68\%$，$W_{SiO_2}=6.24\%$，$W_{CaO}=2.04\%$，$W_{H_2O}=7.59\%$；
- 石英石：3.2 t/h，$W_{SiO_2}=95\%$；
- 煤粉：0.5 t/h，$W_C=63\%$，$W_H=6.2\%$，$W_O=8\%$，$W_S=3.2\%$，$W_N=3.6\%$，$W_W=1\%$，$W_A=15\%$；
- 冰铜：19.909 t/h，$W_{Cu}=55.5\%$，$W_{Fe}=14.4\%$，$W_S=22.1\%$，温度为 1250 ℃；
- 炉渣：21.726 t/h，温度为 1300 ℃，$W_{Cu}=3.55\%$，$W_{Fe}=44.75\%$，$W_S=1.41\%$，$W_{SiO_2}=27.97\%$，$W_{CaO}=4.56\%$；
- 烟尘：1.247 t/h，温度为 1200 ℃，$W_{Cu}=24.3\%$，$W_{Fe}=0.303\%$，$W_S=30.71\%$，$W_{SiO_2}=6.26\%$，$W_{CaO}=2\%$，$W_{H_2O}=7.59\%$；
- 烟气：m^3/h，温度为 1473 ℃，$W_{CO_2}=994.4$，$W_{H_2O}=5116.96$，$W_{SO_2}=7165.2$，$W_{N_2}=9647.67$，$W_{O_2}=959.77$。

输出参数有：

- 输入烟：MJ；
- 铜精矿化学烟 408568.28；
- N_2-O_2 化学烟 911.49；
- 石英石化学烟 8497.07；煤粉化学烟 13613.59。

- 输出㶲,MJ,
- 冰铜物理㶲 7203.13,冰铜化学㶲 125978.63;
- 炉渣物理㶲 10234.71,炉渣化学㶲 103001.29;
- 烟气物理㶲 25626.66,烟气化学㶲 29681.77;
- 烟尘物理㶲 408.16,烟尘化学㶲 10408.43;
- 㶲效率,30.86%。

4.5　蓄热式熔铝炉热平衡计算

4.5.1　计算原理与分析

铝及铝合金以其良好的力学性能(较高的比强度、比刚度)和较好的铸造性能,在工业中被广泛应用于运输、建筑、包装、电信电缆等领域。铝加工材是以电解铝和再生铝为原料的,熔铸是铝及铝合金加工的先头工序,熔炼工序能耗约占铝加工材总能耗的 32%,而排放的污染物与温室气体则占总排放物的 50%以上。通过对蓄热式熔铝炉进行热效率试验可确定蓄热式熔铝炉运行经济性,查找工业炉的节能潜力,分析影响蓄热式熔铝炉运行经济性的主要因素,明确节能方向,为公司运行管理的改进、提高能源利用率提供科学的依据。根据能量守恒原理,在炉子运行稳定时,单位时间内供入炉内的热量之和(热收入)应等于从炉内排出各种热量之和(热支出),即

$$\sum Q_{in} = \sum Q_{out} \tag{4.45}$$

其中热收入项包括:入炉物料带入热、空气带入热、天然气带入热以及燃烧反应生成热;热支出项包括:出炉物料带走热、物料熔化热、主烟道烟气带走热、辅烟道烟气带走热、炉渣带走热以及炉体散热等。各项计算方法如下:

1. 入炉物料带入热

$$Q_{rl} = M_{rl} t_{rl} c_{rl} \tag{4.46}$$

式中,M_{rl} 为物料的入炉质量,kg/炉;t_{rl} 为物料的入炉温度,℃;c_{rl} 为物料的入炉平均比热容,kJ/(kg · ℃)。

2. 空气带入热

$$Q_k = M_k t_k c_k \tag{4.47}$$

式中，M_k 为空气的入炉质量，kg/炉；t_k 为空气的入炉温度，℃；c_k 为空气的平均比热容，kJ/(kg·℃)。

3. 天然气带入热

$$Q_r = M_r t_r c_r \tag{4.48}$$

式中，M_r 为天然气的入炉总量，kg/炉；t_r 为天然气的入炉温度，℃；c_r 为天然气的平均比热容，kJ/(kg·℃)。

4. 燃烧反应生成热

$$Q_c = M_r Q_{dw} \tag{4.49}$$

式中，Q_{dw} 为燃气的低位发热值，kJ/kg。

5. 物料熔化热

物料熔化热包括三部分：从物料初始入炉温度升高至熔点所需热量，熔点温度下由固态物料熔化为相同温度的液态物料所需热量，从熔点温度升高到出炉温度所需热量。

（1）从物料初始入炉温度加热至熔点所需热量

$$Q'_{cl,1} = M'_{cl} c'_{cl,s} (t_m - t_{rl}) \tag{4.50}$$

式中，M'_{cl} 为出炉物料质量，kg/炉；$c'_{cl,s}$ 为物料在入炉温度与熔点间的平均比热容，kJ/(kg·℃)；t_m 为物料熔点温度，℃。

（2）熔化所需热量

$$Q'_{cl,2} = M'_{cl} L \tag{4.51}$$

式中，L 为物料的熔化潜热，kJ/kg。

（3）物料从熔点温度加热到出炉温度所需热量

$$Q'_{cl,3} = M'_{cl} c'_{cl,1} (t'_{cl} - t_m) \tag{4.52}$$

式中，$c'_{cl,l}$ 为物料在熔点与出炉温度间的平均比热容，kJ/(kg·℃)；t'_{cl} 为物料出炉温度，℃。则物料熔化热为

$$Q'_{cl} = Q'_{cl,1} + Q'_{cl,2} + Q'_{cl,3} \tag{4.53}$$

6. 烟气带走热

$$Q'_y = M_y t_y c_y \tag{4.54}$$

式中，M_y 为出炉烟气总质量，kg/炉；t_y 为烟气的温度，℃；c_y 为烟气的平均比热容，kJ/(kg·℃)。

7. 炉渣带走热

$$Q'_z = M_z t_z c_z \tag{4.55}$$

式中，M_z 为每炉的出渣量，kg/炉；t_z 为炉渣出炉时温度，℃；c_z 为炉渣的平均比热容，kJ/(kg·℃)。

8. 炉体散热

$$Q'_{s,i} = 36K_i(t_i - t_f)A_i\tau \tag{4.56}$$

式中，K_i 为外壁面对空气的总换热系数，$W/(m^2 \cdot ℃)$；t_i 为外壁面的温度，$℃$；t_f 为炉壁周围环境的空气温度，$℃$；A_i 为散热面面积，m^2。

热效率是评价炉窑能源利用水平的一项重要指标。蓄热式熔铝炉的热效率按下面的公式计算：

$$\eta = \frac{Q'_{cl} - Q_{rl}}{\sum Q} \times 100\% \tag{4.57}$$

式中，Q'_{cl} 为物料熔化热，Q_{rl} 为入炉物料带入热。

由于蓄热式熔铝炉有一部分烟气并未经过蓄热体从主烟道排出，而是直接由炉腔经辅助烟道排出，排烟温度很高，且有漏气现象，其排烟量无法直接测得，需要进行相应的计算：

辅助烟道排烟及漏气量＝总的烟气生成量－主烟道排烟量

总的烟气生成量可由相应的燃烧反应计算得到。

所用天然气成分如表 4.11 所示。

表 4.11　天然气摩尔成分

成分	CH_4	C_2H_6	C_3H_8	C_4H_{10}	C_5H_{12}	C_6H_{14}	C_7H_{16}	CO_2	N_2	合计
含量	94.747%	2.986%	0.988%	0.472%	0.177%	0.095%	0.202%	0.259%	0.074%	100%

燃烧反应方程式为

$$C_nH_m + \left(n + \frac{m}{4}\right)O_2 = nCO_2 + \frac{m}{2}H_2O \tag{4.58}$$

故 $1\ m^3$ 的天然气完全燃烧需要的理论空气量为

$$L_0 = 4.76\left[\left(\sum \frac{m}{4}\right)C_nH_m\right] \times 10^{-2} \tag{4.59}$$

$1\ m^3$ 的天然气燃烧的实际空气消耗量为

$$L_n = \frac{V_k}{V_r} \tag{4.60}$$

式中，V_k 为空气量，L_0 为燃气量。

空气过剩系数为

$$n = L_n/L_0 \tag{4.61}$$

式中，L_n 为实际空气消耗量，L_0 为理论空气需要量。

根据燃烧反应方程，由碳平衡，熔炼一炉所用的天然气完全燃烧生成的 CO_2 量为

$$V_{CO_2} = \left(CO_2 + \sum nC_nH_m\right) \times 10^{-2} \times V_r \times \tau \tag{4.62}$$

式中,τ 为炉窑操作周期。

由氢平衡,熔炼一炉所用的天然气完全燃烧生成的 H_2O 量为

$$V_{H_2O} = \left(\sum \frac{m}{2} C_n H_m \right) \times 10^{-2} \times V_r \times \tau \tag{4.63}$$

消耗空气中的 O_2 量为

$$V_{O_2,h} = \left[\sum \left(n + \frac{m}{4} \right) C_n H_m \right] \times 10^{-2} \times V_r \times \tau \tag{4.64}$$

剩余空气量为

$$V_{k,s} = V_k \times \tau - V_{O_2,h} \tag{4.65}$$

总的烟气生成量为

$$V_n = V_{CO_2} + V_{H_2O} + V_{k,s} \tag{4.66}$$

生成烟气的总质量为

$$M_n = V_n \rho_n \tag{4.67}$$

式中,ρ_n 为总的烟气密度,V_n 为总的烟气生成量。

主烟道排烟量为

$$M_{n,1} = V_{n,1} \rho_{n,1} \tau \tag{4.68}$$

式中,$V_{n,1}$ 为主烟道烟气体积流量,$\rho_{n,1}$ 为主烟道烟气密度。

辅助烟道排烟及漏气量为

$$M_{n,2} = M_n - M_{n,1} \tag{4.69}$$

辅助烟道排烟及漏气体积流量为

$$V_{n,2} = M_{n,2}/(\rho_{n,2} \tau) \tag{4.70}$$

式中,$\rho_{n,2}$ 为辅助烟道烟气密度。

4.5.2　程序设计

对蓄热式熔铝炉进行热平衡测试,可获取蓄热式熔铝炉实际运行工况下的各项热工参数。根据热平衡测试数据进行热平衡计算,了解其热流构成,探索提高蓄热式铝熔炼炉热效率的途径;为蓄热式熔铝炉熔炼过程的数值模拟的数学模型可靠性验证提供边界条件及验证数据。热平衡测定项目、方法和主要数据见表 4.12。

表 4.12　蓄热式熔铝炉热平衡测试项目及方法、数据

项　目		单位	测点位置	测定仪器与方法	测定数据
大气	温度	℃	系统环境位置	水银温度计	29.50
	压力	kPa		大气压力表	101
	相对湿度	%		干湿球温度计	11
入炉物料	铝　温度	℃	物料表面	表面热电偶	29.50
	铝　质量	kg/炉		抄表	37700
	铝　比热	kJ/(kg·℃)		查阅资料	0.9142
	镁　温度	℃		表面热电偶	29.50
	镁　质量	kg/炉		抄表	75
	镁　比热	kJ/(kg·℃)		查阅资料	1.006
助燃空气	入炉空气的温度	℃	助燃空气管道	烟尘平行分析仪	29.50
	入炉空气的流量	m³/h		烟尘平行分析仪	10959.33
	入炉空气的密度	kg/m³		烟尘平行分析仪	1.2027
	入炉空气的比热	kJ/(kg·℃)		查阅资料	1.306
天然气	天然气入炉温度	℃	燃料管道	热电偶	29.50
	天然气流量	m³/h		抄表	323.70
	天然气密度	kg/m³		查阅资料	0.616
	天然气比热	kJ/(kg·℃)		查阅资料	1.565
	天然气高位发热量	kJ/kg		查阅资料	55662
出炉物料	出炉物料温度	℃	合金出口处	红外线测温仪	747.5
	出炉物料量	kg/炉		经验值	37375
	出炉物料比热	kJ/(kg·℃)		查阅资料	1.090
主烟道烟气	烟气温度	℃	主烟道	烟尘平行分析仪	152.67
	烟气量	m³/h		烟尘平行分析仪	12725.75
	烟气密度	kg/m³		烟尘平行分析仪	0.800
	烟气比热	kJ/(kg·℃)		查阅资料	1.351
炉渣及杂质	炉渣及杂质的温度	℃	炉渣及杂质出口处	红外线测温仪	807
	炉渣及杂质的量	kg/炉		经验值	400
	炉渣及杂质的比热	kJ/(kg·℃)		查阅资料	1.05

续表

项　目		单位	测点位置	测定仪器与方法	测定数据
炉体散热	炉顶表面温度	℃	炉体表面	红外测温仪	71.80
	炉侧表面温度	℃		红外测温仪	65.21
	扒渣门表面温度	℃		红外测温仪	244.36
	炉顶面积	m²		查阅图纸	38.9
	炉侧面积				83.25
	扒渣门面积				1.86
	炉底面积				38.9
	炉顶传热系数	W/(m²·℃)		查阅资料	12.68
	炉侧传热系数				12.68
	炉门传热系数				16.75
其他	炉内气体温度	℃	熔炼炉内部	铠装热电偶	902.95
	每炉熔炼时间	h/炉		时钟	9.5
	物料熔化温度	℃		查阅资料	660
	物料熔化潜热	kJ/kg		查阅资料	393.5

主界面包括各项热收入或热支出的命令按钮、热量分布图,其子界面进行各项热平衡计算,计算过程还需知道不同温度下空气、天然气、烟气的密度、比热,和炉渣比热、炉衬导热系数和对流换热系数,需提供物性参数的查询方便计算,需查询的数据保存为 Access 数据库文件,包括空气物性表、各种气体物性表、炉衬物性表和炉渣物性表等,通过线性插值计算不同温度下物性数据,以弹出菜单形式表示各种类型的物性数据查询。还需对热平衡计算结果的直观处理与比较,包括热平衡表、技术指标等。主要功能如下:

(1) 热收入计算

输入热收入原始数据,进行热收入计算,包括物料带入热、添加剂带入热、助燃空气带入热、燃气带入热及燃烧反应生成热等计算。

(2) 热支出计算

输出热支出原始数据,进行热支出计算,包括物料带走热、物料熔化潜热、主烟道烟气带走热、辅烟道及漏气带走热及炉体散热等计算。

(3) 物性参数查询

可以进行空气、燃料及烟气的物性参数查询,铝、添加剂及炉渣的物性参数查询,以及炉壁对流传热系数查询,炉底导热系数的查询等,这样的话,在进行热收入和热支出计算时,可方便输入所需的物性参数值。

(4) 结果显示

根据热平衡计算结果,显示热量分布图(包括热收入分布图和热支出分布图)、热平衡表、主要技术指标表等。

不同温度下空气及天然气密度和比热如表 4.13 所示。

表 4.13　不同温度下空气及天然气密度和比热

温度 (℃)	空气		CH₄		C₂H₆		C₃H₈		C₄H₁₀	
	密度 (kg/m³)	比热 (kJ/kg·℃)	密度 (kg/m³)	比热 (kJ/kg·℃)	密度 (kg/m³)	比热 (kJ/kg·℃)	密度 (kg/m³)	比热 (kJ/kg·℃)	密度 (kg/m³)	比热 (kJ/kg·℃)
0	1.293	1.005	0.7168	2.1654	1.356	1.6471	2.0105	1.5841	2.7037	1.6426
100	0.946	1.005	0.525	2.4484	0.983	2.0674	1.4516	2.0121	1.9252	2.0436
200	0.747	1.026	0.414	2.8068	0.776	2.5012	1.1398	2.4404	1.5064	2.4593
300	0.616	1.047	0.342	3.1753	0.64	2.8696	0.9392	2.8195	1.2396	2.8262
400	0.524	1.068	0.291	3.5295	0.545	3.2138	0.7989	3.1474	1.0538	3.1425
500	0.456	1.093	0.253	3.856	0.474	3.519	0.6953	3.4323	0.9167	3.4163
600	0.404	1.114	0.224	4.1529	0.42	3.787	0.6154	3.6813	0.8305	3.6093
700	0.363	1.135								
800	0.328	1.156								
900	0.301	1.172								
1000	0.276	1.185								

不同温度下烟气密度和比热如表 4.14 所示。

表 4.14　不同温度下烟气密度和比热

温度 (℃)	CO		CO₂		H₂O		N₂		O₂		SO₂	
	密度 (kg/m³)	比热 (kJ/kg·℃)	密度 (kg/m³)	比热 (kJ/kg·℃)	密度 (kg/m³)	比热 (kJ/kg·℃)	密度 (kg/m³)	比热 (kJ/kg·℃)	密度 (kg/m³)	比热 (kJ/kg·℃)	密度 (kg/m³)	比热 (kJ/kg·℃)
0	1.25	1.0396	1.9768	0.8147	0.8	2.135	1.25	1.03	1.429	0.915	2.926	0.6071
100	0.916	1.0446	1.447	0.9136	0.588	2.102	0.916	1.034	1.05	0.934	2.14	0.6615
200	0.723	1.0584	1.143	0.9136	0.464	1.976	0.723	1.043	0.826	0.963	1.69	0.7118
300	0.596	1.0802	0.944	1.0567	0.384	2.014	0.597	1.06	0.682	0.995	1.395	0.7536
400	0.508	1.1057	0.802	1.1103	0.326	2.072	0.508	1.082	0.508	1.024	1.187	0.7829
500	0.442	1.1321	0.698	1.1547	0.284	2.135	0.442	1.106	0.504	1.048	1.033	0.8081
600	0.392	1.1568	0.618	1.192	0.252	2.206	0.392	1.129	0.447	1.069	0.916	0.8248
700	0.351	1.179	0.555	1.223	0.226	2.273	0.352	1.151	0.402	1.086	0.892	0.8374
800	0.317	1.1987	0.502	1.249	0.204	2.345	0.318	1.171	0.363	1.1	0.743	0.8499
900	0.291	1.2158	0.46	1.2715	0.187	2.416	0.291	1.188	0.333	1.112	0.681	0.8583
1000	0.268	1.2305	0.423	1.2715	0.172	2.483	0.268	1.203	0.306	1.123	0.636	0.8667

不同温度下金属比热和潜热如表 4.15 所示。

表 4.15　不同温度下金属比热和潜热

Al			Cu			Mg		
温度 (℃)	比热 (kJ/ kg・℃)	潜热 (kJ/ kg)	温度 (℃)	比热 (kJ/ kg・℃)	潜热 (kJ/ kg)	温度 (℃)	比热 (kJ/ kg・℃)	潜热 (kJ/ kg)
20	0.896		20	0.3806		20	0.996	
100	0.942		100	0.3986		100	1.072	
300	1.038		300	0.422		300	1.105	
400	1.059	393.5	600	0.4564	213.5	500	1.1537	372.6
500	1.101		900	0.4815		600	1.302	
600	1.143		1083	0.5326		700	1.189	
800	1.076					800	1.189	

炉渣比热如表 4.16 所示。

表 4.16　炉渣比热

炉渣	成分	Al_2O_3	CaO	FeO	MgO	SiO_2
	比热 (kJ/kg・℃)	0.871	0.72	0.557	1.013	0.766

不同温度下炉壁对流换热系数如表 4.17 所示。

表 4.17　不同温度下炉壁对流换热系数

温度 (℃)	对流换热系数(W/m²・℃)		
	静止 0 ℃空气	静止 20 ℃空气	流速 2 m/s,20 ℃空气
30	10.4	9.4	19.4
40	11	10.5	19.7
50	11.7	11.4	19.9
60	12.2	12.1	20.2
70	12.7	12.7	20.5
80	13.3	13.4	20.7
90	13.8	14	21.1
100	14.4	14.6	21.4
120	15.4	15.6	22.1

续表

温度 (℃)	对流换热系数(W/m² · ℃)		
	静止 0 ℃空气	静止 20 ℃空气	流速 2 m/s,20 ℃空气
140	16.4	16.7	22.8
160	17.6	17.8	23.6
180	18.6	19	24.4
200	19.8	20.4	25.5
250	23.7	23.4	27.9
300	27.3	26.7	30.8

　　蓄热式熔铝炉热平衡计算程序流程如图 4.10 所示。依次计算热收入、热支出,计算过程还需知道空气、烟气等物性数据,见表 4.13～表 4.17,可把这些表格数据建立数据库,再进行查询,然后显示热量分布图、热平衡表等。蓄热式熔铝炉热平衡计算界面设计与运行实例如图 4.11 所示。输入参数包括热平衡测试数据和物性数据,输出结果包括各项热收入和热支出,以及热效率、技术指标等,其中蓄热式熔铝炉热平衡如表 4.18 所示。

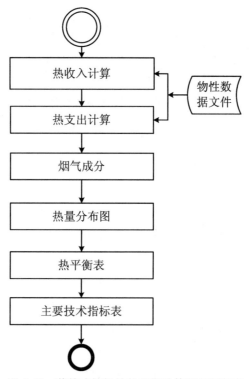

图 4.10　蓄热式熔铝炉热平衡计算程序流程图

表 4.18 蓄热式熔铝炉热平衡表

热收入			热支出		
项目	数值		项目	数值	
	kJ/炉	比例		kJ/炉	比例
物料带入热	1016727.53	0.92%	出炉物料带走热	30452215.63	27.23%
空气带入热	3676270.41	3.34%	物料熔化潜热	14707062.50	13.15%
燃气带入热	87454.74	0.08%	主烟道烟气带走热	19948306.58	17.84%
燃烧反应生成热	105440103.57	95.66%	辅烟道排烟及漏气带走热	43292560.61	38.71%
添加剂带入热	2225.78	0.00	炉渣带走热	338940.00	0.30%
			炉体散热	3098244.28	2.77%
			误差	1614547.57	1.44%
合计	110222782.03	100%	合计	111837329.60	100%
热效率	40.38				

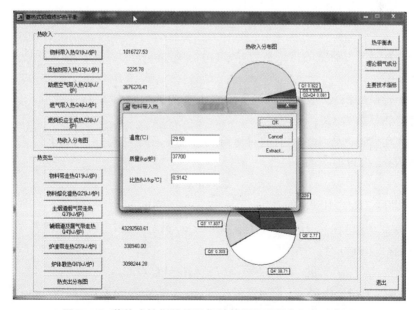

图 4.11 蓄热式熔铝炉热平衡计算界面设计与运行实例图

4.6　管状换热器设计计算

4.6.1　计算原理与分析

空气换热器的设计计算主要包括根据空气预热温度,求所需的换热器;校核计算是已知预热器的换热器的面积,求可能达到的预热温度。空气换热器的设计计算包括热力计算、阻力计算、初步的结构计算和施工设计四个方面的内容。换热器设计任务至少包括工作流体的种类及流量,进出口温度。详细的还包括允许的压降、尺寸、重量,以及其他的设计限制,如价格、材料、可供选择的换热器形式等。

计算金属换热器时,比值 δ/λ 甚小,通常不计,所以传热系数简化为

$$K = \frac{a_y a_k}{a_k + a_y} \tag{4.71}$$

式中, a_y 为烟气对器壁的传热系数,W/(m²·℃); a_k 为器壁对空气的传热系数,W/(m²·℃);

由于管壁的积灰、烟道吸冷风等不得因素的影响而引入 ξ,一般取 $0.8\sim0.9$,即此时传热系数为 ξK。

气体在管道内强制流动时的对流给热系数 $a_d(a_k = a_d)$ 可由如下公式计算:

当 $Re < 2300$ 时,

$$a_d = 3.656\lambda/d \tag{4.72}$$

当 $2300 < Re < 10000$ 时,

$$a_d = 0.116\lambda/d(Re^{\frac{2}{3}} - 125) \, Pr^{\frac{1}{3}} \, (\mu/\mu_b)^{0.14} \times \left[1 + (d/l)^{\frac{2}{3}}\right] \tag{4.73}$$

当 $Re > 10000$ 时,

$$a_d = 0.023\lambda/d \, Pr^{0.4} Re^{0.8} C_l C_t C_d \tag{4.74}$$

式中, d 为管子当量内径,m; l 为管子长度,m; λ 为空气导热系数,W/(m·℃); Pr 为普朗特数; μ、μ_b 为分别为空气温度和管壁温度下空气的动力黏度,kg/(m·s); C_t 为热流方向的修正系数。考虑热流方向不同时对放热的影响,当空气被加热时, $C_t = (T/T_b)^{0.5}$,其中 T 和 T_b 分别表示空气与管壁的温度(K);当烟气被冷却时, $C_t = 1$; C_l 为管束相对长度的修正系数。考虑流体在进口处放热较强的影响,其值决定于管束长度和当量直径的比值; C_d 为管径的修正系数。

烟气在管外横向冲刷管束换热系数 a_y 为对流传热系数 a_d 与辐射传热系数 a_f

之和,即

$$a_y = a_d + a_f \tag{4.75}$$

其中对流传热系数 a_d 计算式如下:

当管子为顺排时,

$$a_d = 0.2 C_n \lambda \, \mathrm{Pr}^{0.35} / D^{0.36} \, (w/v)^{0.64} \tag{4.76}$$

当管子为错排,且 $(S_1 - D)/(S_2 - D) \geqslant 0.7$ 时,

$$a_d = 0.334 C_n \lambda \, \mathrm{Pr}^{0.35} / D^{0.4} \left[(S_1 - D)/(S_2 - D) \right]^{0.25} \times (w/v)^{0.6} \tag{4.77}$$

当管子为错排,且 $(S_1 - D)/(S_2 - D) < 0.7$ 时,

$$a_d = 0.305 C_n \lambda \, \mathrm{Pr}^{0.35} / D^{0.4} \, (w/v)^{0.6} \tag{4.78}$$

式中,C_n 为烟气流向管排修正系数(当管排数小于是 10 时);λ 为烟气的热导率,W/(m²·℃);w 为烟气实际流速,m/s;D 为管子内径,m;v 为烟气的运动黏度,m²/s。

管排修正系数如表 4.19 所示。

表 4.19　管排修正系数

总排数	1	2	3	4	5	6	7	8	9	10
顺排	0.64	0.80	0.87	0.90	0.92	0.94	0.96	0.98	0.99	1
错排	0.68	0.75	0.83	0.89	0.92	0.95	0.97	0.98	0.99	1

当进入空气预热器的烟气温度较高时,在热力计算中必须考虑高温烟气的辐射影响,其传热系数 a_f 计算式为

$$a_f = 5.35(\varepsilon_{\mathrm{CO_2}} + \varepsilon_{\mathrm{H_2O}}) \left[(T_y/100)^4 - (T_b/100)^4 \right] / (T_y - T_b) \tag{4.79}$$

式中,$\varepsilon_{\mathrm{CO_2}}$、$\varepsilon_{\mathrm{H_2O}}$ 分别为 H_2O 与 CO_2 的黑度;T_y、T_b 分别为烟气与管壁的温度,K;$\varepsilon_{\mathrm{CO_2}}$ 与 $\varepsilon_{\mathrm{H_2O}}$ 的黑度分别按如下公式计算:

$$\varepsilon_{\mathrm{CO_2}} = 0.154 \, (p_{\mathrm{CO_2}} l)^{1/3} / T_y^{0.5} \tag{4.80}$$

$$\varepsilon_{\mathrm{H_2O}} = 0.07 p_{\mathrm{H_2O}}^{0.8} l^{0.6} / T_y \tag{4.81}$$

式中,$p_{\mathrm{CO_2}}$、$p_{\mathrm{H_2O}}$ 分别为烟气中 CO_2 与 H_2O 的分压,atm;l 为平均射线行程,m。

当 $(S_1 - S_2)/D \leqslant 0.7$ 时,

$$l = \left[1.87(S_1 + S_2)/D - 4.1 \right] D \tag{4.82}$$

当 $(S_1 - S_2)/D > 0.7$ 时,

$$l = \left[2.82(S_1 + S_2)/D - 10.6 \right] D \tag{4.83}$$

式中,S_1 为管子横向中心距,m;S_2 为管子纵向中心距,m;D 为管子外径,m。

对数平均温差可按下式计算:

$$\Delta t_p = \varepsilon (\Delta t' - \Delta t'') / \ln(\Delta t'' / \Delta t'') \tag{4.84}$$

式中,$\Delta t'$ 为预热器进口处烟气与被预热空气的温度差,顺流时,$\Delta t' = t_{y1} - t_{k1}$,逆流时,$\Delta t' = t_{y1} - t_{k2}$;$\Delta t''$ 为预热器出中处烟气与被预热空气的温度差,顺流时,

$\Delta t'' = t_{y2} - t_{k2}$，逆流时，$\Delta t'' = t_{y2} - t_{k1}$；$\varepsilon$ 为温差修正系数，由 P 和 R 决定。其值既与交叉次数、两流体流动的总趋势有关，也与各流体在流动过程中，在垂直于流动的方向上自身是否发生混合有关。在工程应用上，交叉流情况是我们常遇到的，特别是多次叉流型，下述两种情况更常遇到：一种流体为单程，另一种流体以串联形式与前一流体多次交叉，总趋势为逆流；或一种流体为单程，另一种流体流体以串联形式与前一流体多次交叉流，总趋势为顺流，如图 4.12 所示。

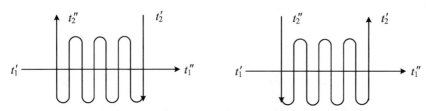

图 4.12　总趋势分别为逆流和顺流

对于上述两种情况，可得

$$\Psi = \Psi_i \frac{\ln \dfrac{1-P}{1-PR}}{n \ln \dfrac{1-P_i}{1-P_iR}} \tag{4.85}$$

式中，Ψ 为单元 I 段温差修正系数，$\Psi_i = f(P_i, R)$。

而对于总趋势为逆流的情况有

$$P_i = \frac{1 - \left[1 - P(1+R)\right]^{1/n}}{1+R} \tag{4.86}$$

对于总趋势为顺流的情况有

$$P_i = \frac{\left(\dfrac{1-P}{1-PR}\right)^{1/n} - 1}{R\left(\dfrac{1-P}{1-PR}\right)^{1/n} - 1} \tag{4.87}$$

只要求得到 P_i，即可按流体混合情况，借助相应一次交叉流型的分析式确定 Ψ_i，进而由上式确定 Ψ。当两种流体中一种流体发生横向混合，另一种流体不发生横向混合的一次交叉流型时，

$$\Psi = \frac{\ln \dfrac{1-P}{1-PR}}{(1-R)\ln\left[1 + \dfrac{1}{R}\ln(1-PR)\right]} \tag{4.88}$$

确定换热器器壁温度最高温度，通常是换热器计算必不可少的部分。这是因为，选定换热器的各项参数时，务必保证器壁温度不超过其材质的允许温度。若取换热器某一区段的传热面，其烟气平均温度为 t_y，空气的平均温度为 t_k，则在传热系数 k 的情况下，通过选定区段单位面积的传热量为

$$q = k(t_y - t_k), \quad \text{W/m}^2 \tag{4.89}$$

当换热器内已建立起热平衡时,这一热量便等于烟气传给器壁和由器壁传达室给空气的热量,亦即

$$q = a_y(t_y - t_b), \quad W/m^2 \tag{4.90}$$

$$q = a_k(t'_b - t_{kb}), \quad W/m^2 \tag{4.91}$$

式中,t_b 为烟气侧的器壁温度,℃;t'_b 为空气侧的器壁温度,℃;a_y、a_k 分别为烟气侧和空气侧的给热系数,$W/(m^2 \cdot ℃)$。

如前所述,金属换热器器壁的热阻可以略去不计,故可认为 $t_b = t'_b$。由上两式便可得出

$$a_y(t_y - t_b) = a_k(t_b - t_k) \tag{4.92}$$

由此求出壁温为

$$t_b = t_k + \frac{t_y - t_k}{1 + \dfrac{a_k}{a_y}} \tag{4.93}$$

空气在换热器中获得到的热量的计算式为

$$Q_k = V_k(c_{k2}t_{k2} - c_{k1}t_{k1})(1 + \beta)/2 \, (kJ/s) \tag{4.94}$$

式中,V_k 为预热空气量,m^3/s;t_{k1},t_{k2} 分别为空气进、出换热器时的温度,℃;c_{k1},c_{k2} 分别为 $0 \sim t_{k1}$ 和 $0 \sim t_{k2}$ 温度区间内空气的平均比热容,$kJ/(m^3 \cdot ℃)$;β 为漏风系数,1.05~1.3 或再大些。

烟气在换热器中放出的热量的计算式为(不考虑漏损)

$$Q_y = \varphi V_y(c_{y1}t_{y1} - c_{y2}t_{y1}) \tag{4.95}$$

式中,V_y 为烟气量,m^3/s;t_{y1},t_{y2} 分别为烟气进、出换热器时的温度,℃;c_{y1},c_{y2} 分别为 $0 \sim t_{y1}$ 和 $0 \sim t_{y2}$ 温度区间内空气的平均比热容,$kJ/(m^3 \cdot ℃)$;φ 为保温系数,0.9~1.0。

无论是设计计算还是校核计算,都是以每小时烟气的放热量或每小时的吸热量为计算基础。由此可得出预热器换热面的传热方程式为(不考虑漏损)

$$Q_t = 3600kF\Delta t \tag{4.96}$$

热平衡方程式为

$$Q_b = \varphi V_y(c_{y1}t_{y1} - c_{y2}t_{y2}) \tag{4.97}$$

$$Q_b = V_k(c_{k2}t_{k2} - c_{k1}t_{k1})(1 + \beta)/2 \tag{4.98}$$

式中,Q_t 为换热器换热面的传热量,kJ/h;k 为换热器换热面中,由管外烟气至管内空气的传热系数,$kW/(m^2 \cdot K)$;F 为换热器热面的计算传热面积,m^2;Δt 为平均温差,℃;Q_b 为在换热器换热面中,每小时烟气传给换热面的热量,kJ/h,在稳定情况下,它等于空气的吸热量,也等于经过换热面的传热量 Q_t。

由热平衡方程式

$$\varphi V_y(c_{y1}t_{y1} - c_{y2}t_{y2}) = V_k(c_{k2}t_{t2} - c_{k1}t_{k1})(1 + \beta)/2 \tag{4.99}$$

利用试算法求出烟气出口温度 t_{y2}。

平均温差和换热器两侧的烟气与空气的相对流向有关。对于单纯的顺流或逆流,可用对数平均温差

$$\Delta t = \frac{\Delta t_{\max} - \Delta t_{\min}}{\ln \dfrac{\Delta t_{\max}}{\Delta t_{\min}}} \qquad (4.100)$$

式中,$\Delta t_{\max}$,$\Delta t_{\min}$ 分别为换热器进、出口处的最大平均温差和最小平均温差,℃。

当 $\Delta t_{\max}/\Delta t_{\min} \leqslant 1.7$ 时,采用算术平均值已足够精确,即

$$\Delta t = (\Delta t_{\max} + \Delta t_{\min})/2 = t_y - t_k \qquad (4.101)$$

式中,t_y,t_k 分别为烟气和空气的平均温度,℃。

实际上,换热器中烟气和空气的流动往往不是纯逆流或顺流,而多数为交叉流动。交叉流动的平均温差为

$$\Delta t = \Psi \Delta t_{op} \qquad (4.102)$$

式中,Δt_{op} 为换热器为纯正逆流时的平均温差,℃;Ψ 为考虑到换热器不是纯逆流的温差修正系数,其关系式为

$$\Psi = f(P, R)$$

它与两个无因次参数有关:

$$P = \tau_l/(t_{y1} - t_{k1}), \quad R = \tau_g/\tau_l \qquad (4.103)$$

式中,τ_g、τ_l 分别为烟气进出口温差($t_{y1} - t_{y2}$)及被加热空气进出口温差($t_{k2} - t_{k1}$)中,温差较大者为 τ_g,温差较小者为 τ_l。

对于任何换热器,当 $\Delta t_{pa} \geqslant 0.92 \Delta t_{op}$ 时,则可用式

$$\Delta t = (\Delta t_{pa} + \Delta t_{op})/2 \qquad (4.104)$$

计算平均温差;式中,Δt_{op} 为换热器为纯顺流时的平均温差,℃。

对于金属管状换热器选定管子的直径、排列方式、管子间距以及空气和烟气的流速,忽略其管壁热阻时,传热系数可用下式确定:

$$k = \xi a_k a_y/(a_k a_y) \qquad (4.105)$$

换热器所需的传热面积可用下式求得

$$F = Q/k\Delta t \qquad (4.106)$$

则换热器管子长度为

$$\sum l = F/\pi d_m \qquad (4.107)$$

式中,$\sum l$ 为所需管子的长度,m;d_m 为管子的平均直径,m。

在空气流动方向上每根管子的长度 l 为

$$l = \frac{\sum l}{\dfrac{V_k}{\dfrac{\pi}{4} d_m^2 \upsilon_k \times 3600}} = \frac{2827 d_m^2 \upsilon_k \sum l}{V_k} \qquad (4.108)$$

根据 l 长度大小,选定空气的行程数 m,则空气每行程的管子长度 l_m 为

$$l_m = l/m \tag{4.109}$$

从而可得换热器管束的列数 Z_1 为

$$Z_1 = \frac{V_y}{3600 \upsilon_y l_m (S_1 - d)} \tag{4.110}$$

换热器管束的排数 Z_2 为

$$Z_2 = \frac{\sum l}{l_m Z_1} \tag{4.111}$$

当管壁两侧的面积近似相等时,由热平衡可知

$$a_y(t_y - t_b) = a_k(t_b - t_k) \tag{4.112}$$

则管壁温度为

$$t_b = \frac{a_k t_k + a_y t_y}{a_k + a_y} \tag{4.113}$$

空气换热器中烟气和空气的流动阻力主要包括磨擦阻力损失、局部阻力损失以及冲刷管束阻力损失。气体通过等截面管道时的磨擦阻力(包括气流纵向冲刷管束),可用式

$$\Delta h = \lambda l \upsilon^2 \rho / 2 d_e \tag{4.114}$$

表示。式中,Δh 为磨擦阻力,Pa;λ 为磨擦阻力系数;d_e 为管道截面的当量直径,m;l 为管道的长度,m;υ 为气体的流速,m/s;ρ 为气体的密度,kg/m^3;磨擦阻力系数 λ 可用下列经验公式求得

$$\lambda = \frac{A}{Re^n} \tag{4.115}$$

式中,A、n 为和管壁粗糙度有关的常数,可由表 4.20 查得。

表 4.20　不同管道的 A 和 n 值

	光滑管道	粗糙管道	砌砖管道
A	0.32	0.129	0.175
n	0.25	0.120	0.120

局部阻力损失表示为

$$\Delta h_2 = \xi \upsilon^2 \rho / 2 \tag{4.116}$$

式中,ξ 为局部阻力系数,当换热器进出口的阻力系数都是 0.5,一个 180 ℃ 转弯为 1.5。

横向冲刷管束时,阻力损失为

$$\Delta h_3 = Eu \frac{\upsilon^2 \rho}{2} Z_2 \tag{4.117}$$

式中,Δh_3 为横向冲刷管束时的阻力损失,Pa;Z_2 为管子排数;Eu 为欧拉数(即阻力系数)。豪森建议用如下公式计算管束的欧拉数:

对于顺列管束

$$Eu = Re^{-0.15}\left[0.176 + \frac{0.32\sigma_2}{(\sigma_1 - 1)^{(0.43+1.13/\sigma_2)}}\right] \qquad (4.118)$$

对于错列管束

$$Eu = Re^{-0.16}\left[1 + \frac{0.47}{(\sigma_1 - 1)^{1.08}}\right] \qquad (4.119)$$

4.6.2 程序设计

管状换热器设计计算程序流程如图 4.13 所示。依据空气进口温度、出口温度、空气量,求出换热量;由烟气入口温度和换热量,求出烟气出口温度。然后假设入口、出口壁温,依次计算入口、出口空气侧换热系数(对流换热)、烟气侧换热系数

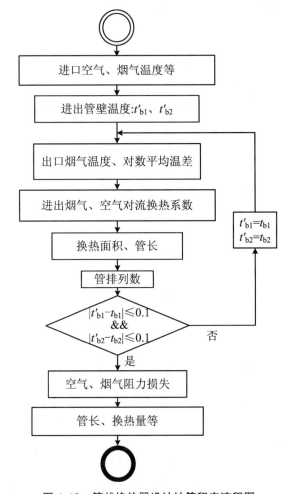

图 4.13 管状换热器设计计算程序流程图

（对流换热和辐射换热），迭代法计算总传热系数和出口壁温、管长、行程数、行数和列数，最后在求出烟气侧和空气侧阻力以及管重。

　　管状换热器设计计算界面设计与运行实例如图 4.14 所示。其中介质流向有顺流、错流和交叉流，管壁粗糙有光滑管道、粗糙管道和砌砖管道，管子排列方式有顺排和错排，这些都以组合框的形式由用户确定。另外，管子有多种材质，包括普通无缝钢管、低压无缝钢管、高压无缝钢管和不锈钢钢管。空气、烟气物性数据、管长修正数据和管排修正数据，都是用户自定义类型，并通过查询函数从文件获取数值。而管重则从 Access 数据库文件中不同表查询得到。

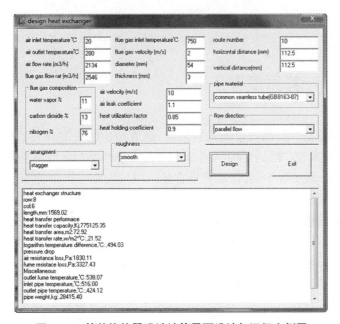

图 4.14　管状换热器设计计算界面设计与运行实例图

　　输入：

　　• 空气：入口温度为 20 ℃，出口温度为 280 ℃，流量为 2134 m³/h，流速为 10 m/s；

　　• 烟气：入口温度为 750 ℃，流量为 2546 m³/h，流速为 2 m/s；

　　• 管道：管径为 54 mm，壁厚为 3 mm，水平间距为 112.5 mm，垂直间距为 112.5 mm，行程数 10；

　　• 烟气成分：H_2O 占 11%，CO_2 占 13%，N_2 占 76%；

　　• 漏风系数为 1.1，热量利用系数为 0.85，保温系数为 0.9；

　　• 管材——普通无缝钢管，介质流向——顺流，排列方式——错排，粗糙度——光滑。

　　输出：

　　• 换热器结构：行数为 8，列数为 6，管长为 1569.02 mm；

　　• 换热性能：换热量为 775125.35 kJ，换热面积为 72.92 m²，换热系数为

$21.52 \ \mathrm{w/(m^2\,℃)}$，对数温差为 $494.03 \ ℃$；

· 流动阻力：烟气侧为 $3327.43 \ \mathrm{Pa}$，空气侧为 $1830.11 \ \mathrm{Pa}$；

· 其他：出口烟气温度为 $538.07 \ ℃$，入口壁温为 $516 \ ℃$，出口壁温为 $424.12 \ ℃$，管重为 $28415.4 \ \mathrm{kg}$。

4.7 板式换热器设计计算

4.7.1 计算原理与分析

板式换热器是一种高效紧凑式换热器，随着结构的改进和大型化制造技术的提高，已得到越来越广泛的应用。但是当前板式换热器的研究与应用领域主要集中在液-液与液-汽工况下，其流道当量直径小，耐温、承压能力弱，不适用于中温烟气-空气换热系统中。研究开发适用于全烧高炉煤气实现 $1250 \ ℃$ 高风温组合预热系统的新型焊接式板式换热器，将助燃空气温度预热到 $400 \ ℃$ 将空气两级预热简化为一级预热，从而在达到相同换热能力情况下，能够有效减少换热面积、降低造价成本、节省场地占用率、有利于场地布置，实现高炉风温达到 $1300 \ ℃$ 以上，达到降低高炉的燃料比、提高其喷煤量的目的。

板式换热器设计过程中一般烟气进口温度 t'_y、烟气质量流量 m_y、空气进口温度 t'_k、空气出口温度 t''_k、空气质量流量 m_k 为已知参数。依据上述已知参数求出烟气出口温度 t''_y、换热器的换热面积 A 及所需换热基本传热单元数个数 N_e 是换热器设计的最终目的。

由热平衡方程式

$$\varPhi = \overline{C_{pk}}q_k(t''_k - t_k') = \overline{C_{py}}q_y(t'_y - t''_y) \tag{4.120}$$

求出 t''_y 得

$$t''_y = t'_y - \frac{\overline{C_{pk}}q_k(t''_k - t'_k)}{\overline{C_{py}}q_y} \tag{4.121}$$

式中，$\varPhi$ 为每侧对流换热量，W；q_k，q_y 为工质的质量流量，$\mathrm{kg/s}$；t'_y 为烟气进口温度，$℃$；t''_y 为烟气出口温度，$℃$；t'_k 为空气进口温度，$℃$；t''_k 为空气出口温度，$℃$；$\overline{C_{py}}$ 为烟气平均定压比热容，烟气进口温度下的比热容与出口烟温的比热容的均值，$\mathrm{J/(kg \cdot K)}$；$\overline{C_{py}}$ 为空气的平均定压比热容，$\mathrm{J/(kg \cdot K)}$。

当量直径为

$$d_e = \frac{4A}{S} = \frac{2ab}{a+b} \tag{4.122}$$

流速为

$$u_k = \frac{q_k/\rho_k}{3600\,n_k A_{sk}}, \quad u_y = \frac{q_y/\rho_y}{3600\,n_{yk} A_{sy}} \tag{4.123}$$

已知空气质量流量 q_k、空气平均定压比热容 $\overline{C_{pk}}$、烟气质量流量 q_y、烟气平均定压比热容 $\overline{C_{py}}$，可以求出空气热容量 W_k、烟气热容量 W_y，空气 Re_k、空气 Pr_k、烟气 Re_y、烟气 Pr_k。热容比为

$$R_c = \frac{(MC_p)_{\min}}{(MC_p)_{\max}} \tag{4.124}$$

对于中温气气板式换热器，空气侧、烟气侧对流换热系数、综合传热系数 K 为

$$\begin{cases} h_k = 0.19448 Re_k^{0.59592} Pr_k^{0.4} \dfrac{\lambda_k}{d_k} \\ h_y = 5.6 Re_y^{0.27946} Pr_y^{1/3} \dfrac{\lambda_y}{d_y} \end{cases} \tag{4.125}$$

$$K = \frac{1}{\dfrac{1}{h_k} + \dfrac{1}{h_y} + \dfrac{\delta}{\lambda}} \tag{4.126}$$

此式适用的空气 $Re = 1800\sim10000$，$Pr = 0.67\sim0.7$，$t = 20\sim400\,℃$，$p = 0.8 \times10^5\sim1.5\times10^5\,\text{Pa}$，烟气 $Re = 1000\sim10^4$，$Pr = 0.617\sim0.67$，$t = 150\sim700\,℃$，$p = 0.6\times10^5\sim1.5\times10^5\,\text{Pa}$。$\lambda$ 为板片（不锈钢）导热系数，δ 为板厚。

对于中温气气板式换热器，空气侧阻力损失为

$$\Delta p_k = m_k Eu_k \rho_k u_k^2 = m_k \times 1.785145\,Re_k^{-0.07775} \times \rho_k u_k^2 \tag{4.127}$$

此式适用的空气 $Re = 1800\sim10000$，$Pr = 0.67\sim0.7$，$t = 20\sim400\,℃$，$p = 0.8 \times10^5\sim1.5\times10^5\,\text{Pa}$。

对于中温气气板式换热器，烟气侧阻力损失为

$$\Delta p_y = m_y Eu_y \rho_y u_y^2 = m_y \times 443.2659\,Re^{-0.74226} \times \rho_y u_y^2 \tag{4.128}$$

上式适用的烟气 $Re = 1000\sim10^4$，$Pr = 0.617\sim0.67$，$t = 150\sim700\,℃$，$p = 0.6\times 10^5\sim1.5\times10^5\,\text{Pa}$。

由实际传热量 Φ 和最大传热量 $\Phi_{\max}$，传热效能 ε 为

$$\begin{cases} \Phi = \overline{C_{pk}} m_k (t_k'' - t_k') = \overline{C_{py}} m_y (t_y' - t_y'') \\ \Phi_{\max} = (MC_p)_{\min} (t_y' - t_k') \\ \varepsilon = \dfrac{\Phi}{\Phi_{\max}} = \dfrac{M_k C_{pk} (t_k'' - t_k')}{(MC_p)_{\min} (t_y' - t_k')} \end{cases} \tag{4.129}$$

传热单元数 NTU 为

$$NTU = -\ln\left[1 + \frac{\ln(1 - \varepsilon R_c)}{R_c} \right] \tag{4.130}$$

综合对流换热面积为

$$A = \frac{(MC_p)_{\min} \cdot NTU}{K} \tag{4.131}$$

则基本传热单元的个数为

$$N_e = \text{Int}(A/A_0) + 1 \tag{4.132}$$

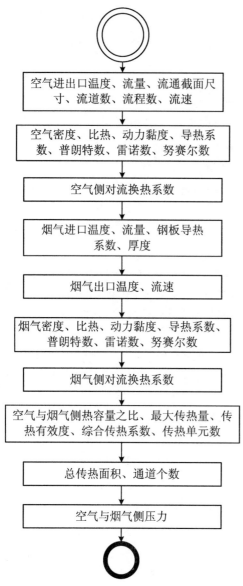

图 4.15　板式换热器设计计算程序流程图

4.7.2　程序设计

依次空气侧、烟气侧结构尺寸和操作参数以及物性参数,即空气与烟气侧流通通道尺寸、流道数、通道数、温度、流速、流量、比热、密度、动力黏度、导热系数、普朗特数、雷诺数,由热量平衡法算出烟气出口温度,根据传热准则数方程求出空气与烟气侧对流换热系数,还需知道钢板导热系数和厚度,确定综合传热系数、空气与烟气侧热容量之比、传热有效度和传热单元数,最后得到总面积和通道个数,由流动准则数方程求出空气与烟气侧压降。板式换热器设计计算程序流程如图 4.15 所示。

板式换热器设计计算界面设计与运行实例如图 4.16 所示。需要知道空气进口温度、空气出口温度、空气流量、烟气进口温度、烟气流量,还有空气与烟气进口截面尺寸,以及空气和烟气流通通道尺寸、单元传热面积、空气与烟气的流程数和流道数、钢板厚度和导热系数。

• 空气进口温度:20 ℃,空气出口温度:192 ℃,空气流量:265 ℃;

• 烟气进口温度:485 m³/h,烟气流量:250 m³/h;

• 空气进口长宽:159 mm×159 mm;

- 烟气进口长宽:219 mm×219 mm;
- 钢板厚度:1.5 mm,钢板导热系数:16.3 W/(m・℃);

每个传热单元面积 $A_0 = 0.15164$ m²,空气的流通通道 A_{sk} 是 10 mm×213 mm×340 mm 的矩形窄缝,烟气的流通通道 A_{sy} 是 15 mm×340 mm×213 mm 的矩形窄缝;

流程组合(流程数 m ×流道数 n)为 7×13/7×13。

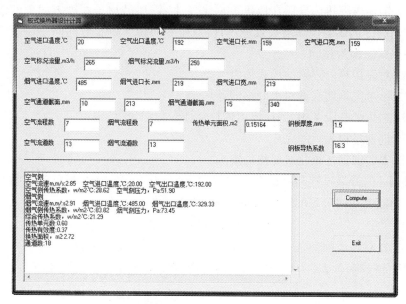

图 4.16　板式换热器设计计算界面设计与运行实例图

4.8　推钢式加热炉钢坯温度计算

4.8.1　计算原理与分析

1. 炉内传热分析

加热炉中钢坯的加热过程涉及气体流动、燃料燃烧、炉膛传热、钢坯导热以及氧化烧损等复杂的物理化学现象,与加热炉的结构和生产操作等诸多因素有关。就钢坯而言,传热包括钢坯内部热传导和外部炉膛热交换。内部热传导是非稳态导热问题,通常采用有限差分法或有限元法求解。与钢坯内部热传导相比,外部热交换是极其复杂的。这是由于炉膛内部气体流动和燃烧析热场、热交换场等因素的耦合作用,尤其是炉内辐射热交换的复杂性。通过对加热炉炉内传热的分析可见,炉内热工过程的机理相当复杂,为简化计算并且结果精确,提出如下假设:

(1) 炉膛温度为炉内热电偶所测温度,炉温沿炉长方向为分段线性分布,沿炉宽方向温度均匀一致;

(2) 钢坯内部热传导仅在厚度方向上发生,钢坯沿炉子宽度方向上的温度认为是均匀的。钢坯的传热端头效应不计,双排料时位于炉长方向同一位置的两块钢坯的热状态视为相同;

(3) 对流传热以辐射的形式加以考虑;

(4) 不考虑钢坯底部对水冷梁的导热;

(5) 加热炉分段考虑,同一段内传热特性参数均匀、稳定;

(6) 推钢过程为瞬间完成;

(7) 不考虑钢坯氧化对传热的影响。

对钢坯的升温过程起决定作用的炉膛热交换简化为由炉温、总括热吸收率及钢坯表面温度共同决定的钢坯表面热流来描述,即

$$q_s = \Phi_{CF}\sigma(T_f^4 - T_s^4) \tag{4.133}$$

式中,q_s 为钢坯表面热流密度,W/m^2;σ_0 为斯蒂芬-玻尔兹曼常数,$\sigma_0 = 5.67 \times 10^{-8}$ $W/(m^2 \cdot K)$;Φ_{CF} 为炉子对钢坯的总括热吸收率;T_f 为炉温,K;T_s 为钢坯表面温度,K。

为求得钢坯表面热流,只需确定 Φ_{CF}、T_f 和 T_s。其中 T_f 是炉温,可由热电偶测得;T_s 是所建立模型的解。因此,只需确定 Φ_{CF},则热流可确定。显然,Φ_{CF} 就是确定热流的至关重要的参数。

2. 炉内钢坯位置和数目的确定

由于加热炉种类繁多,不同炉子加热的料坯的形状和规格不同,并且炉子各段的长度也不一样。因此,有必要确定各段内钢坯的位置和数目。以三段式加热炉为例,将加热炉沿炉长方向分为 M 份,如图 4.17 所示,以每块钢坯的中心线为准,从进料端到出料端依次顺序编号为 $1, 2, 3, \cdots, M$。设每段的长度为 $l_预$、$l_加$、$l_均$,钢坯的宽度为 w,钢坯间距为 d。在预热段中,将预热段长度 $l_预$ 整除以钢坯宽度 w 和钢坯间距 d 之和,即

$$l_预 \div (w + d) = x \cdots y \tag{4.134}$$

假设整除以后的商为 x,余数为 y,则如果 $y < \dfrac{d}{2}$,则该段内的钢坯数目就等于 x;如果 $y \geqslant \dfrac{d}{2}$,则该段内的钢坯数目就是 $x + 1$。其他段的钢坯位置和数目的计算与此类似。

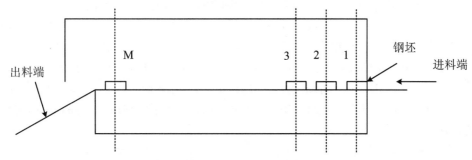

图 4.17　推钢计算模型

3. 炉温分布趋势模型

对加热炉而言,炉温是炉气、炉壁和加热物料三者之间的均衡温度沿炉长的变化规律,即炉温分布。只有已知炉温分布,才能确定炉内加热钢坯的温度分布。为了简化计算,在一般情况下,连续加热炉的炉温分布是根据炉内有限的热电偶的实测温度来分段线性描述加热炉内的温度分布,即将加热炉从入口处至出口处依据上、下炉膛的每根热电偶所在的位置,分成若干段(五段),以现场炉子各段热电偶的测量值建立炉温分布趋势模型如下:

上部炉膛

$$
t_{uf}(l) = \begin{cases}
\dfrac{l}{l_{上尾}} \times (t_7 - t_u) + t_u, & l \leqslant l_{上尾} \\[2mm]
\dfrac{(l - l_{上尾})}{(l_{上预} - l_{上尾})} \times (t_6 - t_7) + t_7, & l_{上尾} < l \leqslant l_{上预} \\[2mm]
\dfrac{(l - l_{上预})}{(l_{上加} - l_{上预})} \times (t_2 - t_6) + t_6, & l_{上预} < l \leqslant l_{上加} \\[2mm]
\dfrac{(l - l_{上加})}{(l_{上均} - l_{上加})} \times (t_1 - t_2) + t_2, & l_{上加} < l \leqslant l_{上均} \\[2mm]
t_1, & l_{上均} < l \leqslant l_f
\end{cases}
\tag{4.135}
$$

下部炉膛

$$
t_{bf}(l) = \begin{cases}
t_8, & l \leqslant l_{下尾} \\[2mm]
\dfrac{(l - l_{下尾})}{(l_{下预} - l_{下尾})} \times (t_5 - t_8) + t_8, & l_{下尾} < l \leqslant l_{下预} \\[2mm]
\dfrac{(l - l_{下预})}{(l_{下加} - l_{下预})} \times (t_4 - t_5) + t_5, & l_{下预} < l \leqslant l_{下加} \\[2mm]
\dfrac{(l - l_{下加})}{(l_{下均} - l_{下加})} \times (t_3 - t_4) + t_4, & l_{下加} < l \leqslant l_{下均} \\[2mm]
t_3, & l_{下均} < l \leqslant l_f
\end{cases}
\tag{4.136}
$$

式中,t_1 为上均热段热电偶温度,℃;t_2 为上加热段热电偶温度,℃;t_3 为下均热段热电偶温度,℃;t_4 为下加热段热电偶温度,℃;t_5 为预热段与下加热段交界处预热段热电偶温度,℃;t_6 为预热段与上加热段交界处预热段热电偶温度,℃;t_7 为炉尾上部热电偶温度,℃;t_8 为炉尾下部热电偶温度,℃;t_u 为上烟气出口温度,℃;$l_{上尾}$ 为上炉尾热电偶到炉尾的距离,m;$l_{上预}$ 为上预热段热电偶到炉尾的距离,m;$l_{上加}$ 为上加热段热电偶到炉尾的距离,m;$l_{上均}$ 为上均热段热电偶到炉尾的距离,m;$l_{下尾}$ 为下炉尾热电偶到炉尾的距离,m;$l_{下预}$ 为下预热段热电偶到炉尾的距离,m;$l_{下加}$ 为下加热段热电偶到炉尾的距离,m;$l_{下均}$ 为下均热段热电偶到炉尾的距离,m;l_f 为炉子总长度,m。

4. 钢坯导热模型

钢坯在连续加热炉中的加热过程是一个非稳态导热的过程,就推钢式炉和板坯步进式炉来说,物体的温度随时间的推移逐渐趋近于恒定。为求得钢坯的温度,需要对钢坯的受热状态进行数学描述,由傅里叶定律,可得出描述钢坯一维非稳态导热的偏微分方程为

$$\rho(t)c(t)\frac{\partial t(x,\tau)}{\partial \tau} = \frac{\partial}{\partial x}\left[\lambda(t)\frac{\partial t(x,\tau)}{\partial x}\right], \quad 0 \leqslant x \leqslant 2s, \ t \geqslant 0$$

(4.137)

式中,$t(x,\tau)$ 为钢坯沿厚度方向的温度分布,℃;$c(t)$ 为钢坯的比热,为钢坯温度的函数,kJ/(kg·K);$\rho(t)$ 为钢坯的密度,为钢坯温度的函数,kg/m³;$\lambda(t)$ 为钢坯的导热系数,为钢坯温度的函数,W/(m·K)。钢坯受热的热流边界条件为

$$\lambda(t)\frac{\partial t(x,\tau)}{\partial x}\bigg|_{x=0} = q_b$$

(4.138)

$$\lambda(t)\frac{\partial t(x,\tau)}{\partial x}\bigg|_{x=2s} = q_u$$

(4.139)

$$q_b = \Phi_b \sigma_0(T_{fb}^4 - T_b^4)$$

(4.140)

$$q_u = \Phi_u \sigma_0(T_{fu}^4 - T_u^4)$$

(4.141)

初始条件为

$$t(x,\tau)\big|_{t=0} = t_0$$

(4.142)

式中,q_u,q_b 分别为钢坯上、下表面的单位热流,W/m²;T_u,T_b 分别为钢坯上、下表面的温度,K;Φ_u,Φ_b 分别为钢坯上、下表面的总括热吸收率,W/(m²·K⁴);T_{fu},T_{fb} 分别为上、下炉膛温度,K;t_0 为钢坯的初始温度,℃;$2s$ 为钢坯的厚度,m;τ 为时间,s。

将非稳态导热方程及其相应的边界条件,通过时间和空间同时离散的方法,如图 4.18 所示,即将所研究的空间和时间范围各自等分成许多细小的间隔,其中,距离间隔 Δx 和时间间隔 Δt 分别称为距离步长和时间步长,则任意节点的温度可表示为

$$T(x,t) = T(i\Delta x, k\Delta t) = t_i^k$$

(4.143)

设炉内的钢坯具有相同的规格,钢坯厚度为 $2s$,并沿厚度方向等分成 $N-1$ 层 N 个节点,如图 4.19 所示,则 $\Delta x = 2s/(N-1)$,$i = 1,2\cdots,N(\Delta x$ 为空间步长,i

为空间节点)。

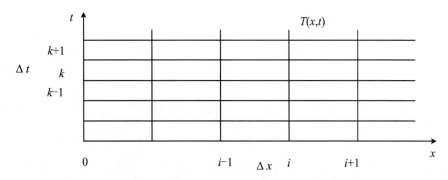

图 4.18　非稳态导热问题的空间、时间离散

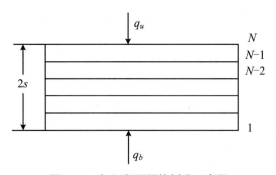

图 4.19　钢坯断面网格划分示意图

以 k 为时间节点,将钢坯在某一位置的停留时间 e 等分,则

$$e = \frac{\tau}{\Delta \tau}, \quad k = 0, 1, 2, \cdots, e \tag{4.144}$$

式中,$\Delta \tau$ 为时间步长,s;k 为时间节点。

对式(4.137)应用显式差分格式,得出

$$\rho c \frac{t_i^{k+1} - t_i^k}{\Delta t} = \lambda(t) \frac{t_{i-1}^k - 2t_i^k + t_{i+1}^k}{\Delta x^2} \tag{4.145}$$

整理后得

$$t_i^{k+1} = t_i^k + Fo(t_{i-1}^k - 2t_i^k + t_{i+1}^k), \quad i = 2, 3, \cdots, N-1 \tag{4.146}$$

对于边界点 N,取 q_u 的方向为正方向,由式(4.139)

$$\lambda(t) \frac{\partial t(x, \tau)}{\partial x}\bigg|_{x=2s} = q_u \rightarrow \lambda \frac{t_n^k - t_{n-1}^k}{\Delta x} = q_u \rightarrow t_n^k = t_{n-1}^k + \frac{\Delta x q_u}{\lambda} \tag{4.147}$$

同理可得

$$t_{n+1}^k = t_n^k + \frac{\Delta x q_u}{\lambda} \tag{4.148}$$

联合式(4.147)和式(4.148)

$$t_{n+1}^k = t_{n-1}^k + \frac{2q_u \Delta x}{\lambda} \tag{4.149}$$

将式(4.149)代入式(4.146),则有

$$t_n^{k+1} = (1 - 2 \cdot Fo) \cdot t_n^k + 2 \cdot Fo \cdot t_{n-1}^k + \frac{2\Delta x}{\lambda} Fo \cdot q_u \tag{4.150}$$

同理,对于边界 1 点,根据式(4.138)可得其差分方程为

$$t_1^{k+1} = t_1^k(1 - 2 \cdot Fo) + 2 \cdot Fo \cdot t_2^k + \frac{2\Delta x}{\lambda} Fo \cdot q_b \tag{4.151}$$

综合起来,对厚度为 $2s$ 的钢坯,适合数值解法的非稳态导热差分方程为

$$t_n^{k+1} = t_n^k(1 - 2 \cdot Fo) + 2 \cdot Fo \cdot t_{n-1}^k + \frac{2\Delta x}{\lambda} Fo \cdot q_u \tag{4.152}$$

$$t_i^{k+1} = t_i^k(1 - 2 \cdot Fo) + Fo \cdot t_{i+1}^k + Fo \cdot t_{i-1}^k \tag{4.153}$$

$$t_1^{k+1} = t_1^k(1 - 2 \cdot Fo) + 2 \cdot Fo \cdot t_2^k + \frac{2\Delta x}{\lambda} Fo \cdot q_b \tag{4.154}$$

式中,Fo 为傅里叶准数,即

$$Fo = \frac{a \cdot \Delta \tau}{(\Delta x)^2}$$

对于采用一种差分算法求解实际问题,应考虑其稳定性和收敛性,如果在任一时间层上引入的误差在其后的计算中能得到控制,即逐渐消失或保持有界,则称差分格式是稳定的;当时间和空间网格均趋于零时,若在所有网格节点上差分方程的解与该节点上微分方程精确解的偏差趋于零,则称差分格式是收敛的。

因此,对于金属内部节点,差分格式的稳定性条件为

$$Fo < \frac{1}{2} \tag{4.155}$$

如果在界面存在换热,为了使数值解稳定,应保证:

$$Fo < \frac{1}{[2(1 + Bi)]} \tag{4.156}$$

式中,Bi 为毕渥准数,即

$$Bi = \frac{h \cdot s}{\lambda}$$

对于钢坯在炉内的加热过程,只要知道钢坯开始加热时的初始温度、沿炉长方向的总括热吸收率值 Φ_{CF} 和对应的炉温分布,经递推计算就可求出钢坯在炉内任意位置任意时刻的温度分布。

5. 钢坯表面平均热流

钢坯在加热炉内的加热过程,如果按钢坯在炉内的受热条件,可划分为几个独立温度段。在每一段中,加热炉都有独立的供热条件和相对均匀一致的温度分布。在每一独立的段中,炉内加热条件的变化比较简单。这样根据传热学原理,可以近似把每一段中钢坯的加热过程看作是正规状态的等热流过程,即传热学中热

传导的第二类边界条件。根据传热学原理,在热传导第二类边界条件下(即等热流条件)。钢坯在该环境中的加热过程,相当于一维无限大平板在第二类边界条件下的加热过程。对于厚度为 $2s$ 的钢坯,当采用对称加热,不计边端影响,而且开始时断面上温度均匀。根据傅里叶定律,可写出其导热微分方程,如式(4.157),此问题的解为

$$t(x,\tau) - t_0 = \frac{q_c}{\lambda}\left[\frac{a\tau}{s} - \frac{s^2 - 3x^2}{6s} + s\sum_{n=1}^{\infty}(-1)^{n+1}\frac{2}{\mu_n^2}\cos\mu_n\frac{x}{s}\exp(-\mu_n^2 Fo)\right]$$

$$(4.157)$$

对式(4.157)作具体分析后可知,随着 Fo 的增加,该式右边的级数项迅速的减少,并且在 $Fo = \dfrac{a\tau}{s^2} \geqslant 0.3$(对于平板)时,与式(4.157)的前两项相比较成无限小,可略去不计。这时,即得

$$t = t_0 + \frac{q_表 s}{2\lambda}\left[\frac{2a\tau}{s^2} + \left(\frac{x}{s}\right)^2 - \frac{1}{3}\right]$$

$$(4.158)$$

当 $x = \pm s$ 时,$t = t_表$,表面温度为

$$t_表 = t_0 + \frac{q_表 s}{2\lambda}\left[\frac{2a\tau}{s^2} + \frac{2}{3}\right]$$

$$(4.159)$$

当 $x = 0$ 时,$t = t_中$,中心温度为

$$t_中 = t_0 + \frac{q_表 s}{2\lambda}\left[\frac{2a\tau}{s^2} - \frac{1}{3}\right]$$

$$(4.160)$$

表面与中心温度差为

$$\Delta t = t_表 - t_中 = \frac{q_表 s}{2\lambda}$$

$$(4.161)$$

由此可见,钢坯在定热流条件下加热,当进入正规加热阶段后,物体各点的温度与时间成直线变化,即以同样加热速度升温;物体断面上温度沿厚度方向呈抛物线分布,且断面温差在加热过程中是个常数,这就是所谓进入正规加热阶段,按此规律求算断面上的平均温度 $\bar{t}$ 为

$$\bar{t} = t_表 - \frac{2}{3}\Delta t$$

$$(4.162)$$

由式(4.159)得

$$q_表 = \frac{2\lambda(t_表 - t_0)}{\dfrac{2a\tau}{s} + \dfrac{2}{3}s}$$

$$(4.163)$$

式中,

$$a = \frac{\lambda}{\rho c}$$

$$(4.164)$$

由此可以看出,在第二类边界条件下,当达到正规加热阶段后,钢坯的表面热流仅和钢坯的表面温升、加热时间、厚度和物性参数有关。在某一特定的段内,钢

坯的厚度不会发生变化;在某一特定的生产率下,加热时间相对固定。在确定钢坯的物性参数的前提下,根据钢坯的表面温升就可求出钢坯的表面平均热流。

6. 变物性的处理

观察式(4.163)和式(4.164),这两个式子中含有导热系数 λ,钢坯密度 ρ 和钢坯的比热 c。由于在加热炉内加热的整个过程中,钢坯的温度变化很大,而导热系数 λ 和钢坯的比热 c 都是随着温度的变化而变化的。因此,为了提高计算的精度,根据文献有

$$\lambda(t) = \lambda_0 + a_1\left(\frac{t}{100}\right) - \frac{a_2}{cha_3\left[(t-t_0)/100\right]} \tag{4.165}$$

常数 λ_0, a_1, a_2, a_3 及 t_0,对不同钢种的数值为

$$c_m(t) = c_{m0} + a_1\left(\frac{t}{100}\right)^n + \frac{a_2}{cha_3\left[(t-t_0)/100\right]} \tag{4.166}$$

表 4.21　导热系数的参数表

钢　种	λ_0	a_1	a_2	a_3	$t_0(℃)$
低碳钢[(0.05%~0.2%)C]	54.3	0.0	31.7	0.245	975
中碳钢[(0.2%~0.6%)C]	48.1	0.0	26.9	0.285	935
高碳钢[(0.6%~1.3%)C]	48.3	0.0	27.2	0.235	900
低合金钢	42.0	0.0	18.5	0.240	950
镍铬钢[(0.05%~0.2%)C]	12.0	1.4	0.0		

包含的常数 c_{m0}, a_1, a_2, a_3, n 及 t_0,对各钢种其数值如表 4.22 所示。

表 4.22　比热的参数表

钢　种	c_{m0}	a_1	a_2	a_3	n	$t_0(℃)$
碳钢[(0.05%~1.3%)C]	0.116	0.0023254	0.022	0.85	1.19	855
亚共析钢[(0.09%~0.83%)C]	0.113	0.0013681	0.02245	0.84	1.455	870
过共析钢[(0.83%~1.4%)C]	0.117	0.0013847	0.022	0.86	1.36	840
镍铬钢[(15%~22%)Cr; (8%~15%)Ni]	0.118	0.00286	0.0		0.85	

钢坯密度随温度的变化不大,可取为常数。

7. 表面平均热流的获取

将加热炉沿炉长方向分成相对独立的若干段,每一供热或不供热段分为一段。从预热段开始,已知钢坯的入炉温度 t_0,结合在该段末尾由温度计测得的钢坯上表面温度 $t_{预上}$ 和下表面温度 $t_{预下}$,求出钢坯在预热段加热过程中的上平均热流 $\overline{q}_{预上}$ 和下平均热流 $\overline{q}_{预下}$。

在加热段,已知 $\bar{q}_{预上}$,求出在预热段末尾的钢坯上表面与中心的温差 $\Delta t_{预上}$。已知 $t_{预上}$ 和 $\Delta t_{预上}$,求出在预热段末尾即加热段入口处的钢坯上半部分的平均温度 $\bar{t}_{预上}$。根据在加热段末尾用温度计测得的钢坯上表面温度 $t_{加上}$,并结合 $\bar{t}_{预上}$,计算出钢坯在加热段加热过程中的上平均热流 $\bar{q}_{加上}$。同理,可以计算得到钢坯在加热段加热过程中的下平均热流 $\bar{q}_{加下}$。其他各段的表面平均热流的计算与加热段类似,依次类推。

求出各段的初算热流后,根据这些热流计算出各段上、下炉膛沿炉长方向上的总括热吸收率 $\Phi_{CF上}(x)$ 和 $\Phi_{CF下}(x)$,即

$$\Phi_{CF} = \frac{\bar{q}}{\sigma_0(T_f^4 - T_s^4)} \tag{4.167}$$

再将 $\Phi_{CF上}(x)$ 和 $\Phi_{CF下}(x)$ 代入钢坯导热模型,结合当前的炉温分布计算整个炉膛内的钢坯温度分布,同时比较计算结果与对应测点的实测钢坯上、下表面温度。如果计算结果逼近或等于实测的温度,则这些初算热流就可以看作各段内钢坯表面的真实热流。否则,就必须对这些初算热流进行二分法修正,直到各段末尾的钢坯上、下表面的计算温度逼近或等于对应测点的实测钢坯上、下表面温度。

采用二分法对钢坯的初算表面平均热流进行修正收敛后,在每一段,都可以得到最终的上平均热流 $\bar{q}_{终上}$ 和下平均热流 $\bar{q}_{终下}$。将 $\bar{q}_{终上}$ 和 $\bar{q}_{终下}$ 分别代入式

$$\Phi'_{CF上} = \frac{\bar{q}_{终上}}{\sigma_0(T_{f上}^4 - T_{s上}^4)} \tag{4.168}$$

$$\Phi'_{CF下} = \frac{\bar{q}_{终下}}{\sigma_0(T_{f下}^4 - T_{s下}^4)} \tag{4.169}$$

中,炉温由炉温分布趋势确定,钢坯上、下表面温度由钢坯表面温度的分段线性假设得到。经过计算,得到沿炉长方向上每块钢坯所对应的上、下总括热吸收率 $\Phi'_{CF上}(x)$ 和 $\Phi'_{CF下}(x)$。如此获得的总括热吸收率,比较真实地反映了炉内各种传热条件下的实际综合效果,用于在线跟踪钢坯温度具有较高的准确性,能够满足工程应用的要求。

4.8.2　程序设计

为了实现连续加热炉钢坯温度求解,将连续加热炉划分为若干段,各段近似看作等热流段,且各段内钢坯的表面温度近似为线性升温。利用安装在各段末尾的温度计分别测出对应位置钢坯的表面温度。根据钢坯的入炉温度和测得的表面温度,初步计算加热炉各段内钢坯表面的平均热流,由初算热流求得沿炉长方向分布的总括热吸收率。再将总括热吸收率代入钢坯导热模型,结合炉温分布计算整个炉膛内的钢坯温度分布,同时比较计算结果与对应测点的实测钢坯表面温度,根据

误差大小判断是否采用二分法对各初算热流进行修正,最终获得的热流视为各段内钢坯表面的真实热流。然后,根据各段最终获得的钢坯表面的平均热流求出最终总括热吸收率值,用于模拟钢坯在连续加热炉内的加热过程。连续加热炉钢坯温度计算流程如图 4.20 所示。

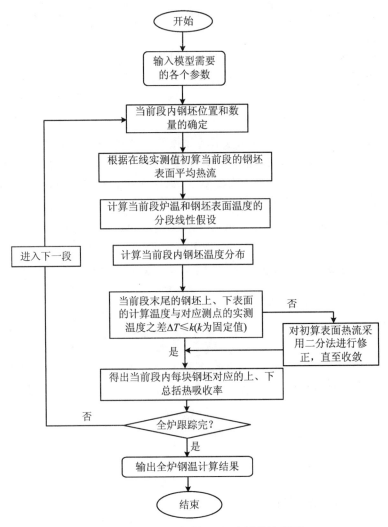

图 4.20　连续加热炉钢坯温度计算流程图

　　首先确定连续加热炉钢坯温度计算相关参数,比如炉子结构、钢坯尺寸、数值计算格式等,即预热段、加热段、均热段长度,钢坯宽度、厚度、长度和间隔、推钢时间、钢坯节点数、空间步长、时间步长,由此计算出钢坯中心节点、预热段、加热段和均热段各段钢坯数目和位置。根据钢坯入炉温度、预热段、加热段、均热段钢坯上下表面温度,计算当前段的钢坯表面平均热流。根据尾部、预热段、加热段、均热段热电偶至炉尾距离,以及尾部、预热段、加热段、均热段热电偶温度,计算出当前段炉温和钢坯表面温度。根据钢坯位置、时间节点和钢坯空间节点,计算出当前段的钢坯内部温度分布。通过二分法钢坯表面热流修正法反复计算比较当前段末尾钢坯上下温度与实测温度,直到误差达到允许范围之内,最终获得当前段钢坯的总括热吸收系数,继续下一段钢坯温度的计算,直到全炉跟踪完毕,输出连续加热炉内钢坯温度分布。

某中板厂轧钢加热炉为推钢式板坯加热炉,炉型结构如图 4.21 所示,具体参数如下:

- 炉子总长为 25.198 m;
- 预热段长度为 14.934 m;
- 加热段长度为 7.264 m;
- 均热段长度为 3 m;
- 加热钢坯的钢种包括普碳钢、优质碳结构钢、不锈钢复合板、低合金钢;
- 钢坯规格为 155 mm×1100 mm×1500 mm;
- 推钢间隔时间为 320 s,钢坯间隔为 0 。

该加热炉总共有 8 根热电偶,上、下炉膛各 4 根。

炉膛上部:

- 炉尾上部热电偶到炉尾距离为 4.19 m;
- 上预热段热电偶到炉尾距离为 12.31 m;
- 上加热段热电偶到炉尾距离为 19.27 m;
- 上均热段热电偶到炉尾距离为 23.9 m。

炉膛下部:

- 炉尾下部热电偶到炉尾距离为 4.54 m;
- 下预热段热电偶到炉尾距离为 11.73 m;
- 下加热段热电偶到炉尾距离为 17.08 m;
- 下均热段热电偶到炉尾距离为 21.78 m。

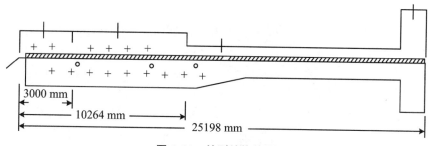

图 4.21 炉型结构简图

连续加热炉钢坯温度计算界面设计与运行实例如图 4.22 所示。需要知道炉子总长度、预热段、加热段、均热段长度,钢坯长度、宽度和厚度,钢坯间隔和层数,钢坯入炉温度、推钢时间,空间和时间步长等。以位置、内部节点和时间节点三维数组来表示钢坯温度沿炉长和时间的变化趋势情况。还要确定炉尾、预热段、加热段、均热段上卜炉腔的测定热电偶的距炉尾距离和温度,以及上下钢坯表面温度。

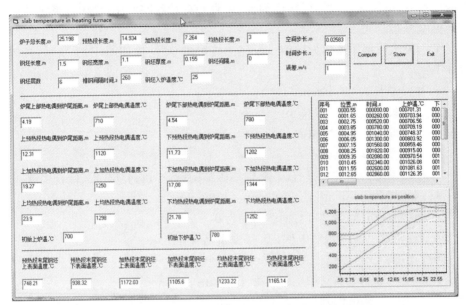

图 4.22　连续加热炉钢坯温度计算界面设计与运行实例图

输出结果包括不同位置和时间下上(下)炉温、钢温(差)、钢坯中心温度、热流、总括热吸收系数。

【提示】　可在文本框控件的预先输入默认数值,这样方便调试,而且节省用户时间。另函数的返回值可以是自定义数据结构,注意要对自定义结构体内变量赋值返回。

4.9　水泥窑余热锅炉热力计算

4.9.1　计算原理与分析

1. 锅炉容积和焓
余热锅炉的容积和焓计算与燃煤锅炉的燃烧产物计算相似,假如余热锅炉含有辅助燃烧装置,只是在锅炉低负荷下运行,我们可以不必算入辅助燃烧装置产生的烟气量。

锅炉的容积计算主要包括从工业上游来的余热烟气量,锅炉的密封性并不是百分百的,也会漏进空气,锅炉定期对受热面各个管道进行吹灰,会进入吹灰介质。锅炉的烟气容积 V_y 的计算公式如下:

$$V_y = V'_y + \Delta\alpha \cdot V'_y + V_{ch} + V_{zx} \tag{4.170}$$

式中,V'_y 为从水泥窑熟料煅烧工艺来的烟气量,m^3/h;$\Delta\alpha$ 为余热锅炉炉墙的漏风系数,具体余热锅炉本体漏风系数按表 4.23 查取;V_{ch} 为余热锅炉中吹灰器的吹灰介质带入锅炉内的气体容积,m^3/h;V_{zx} 为余热锅炉再循环烟气量,m^3/h。

表 4.23　余热锅炉漏风系数

锅炉部位	结构特征	$\Delta\alpha$
辐射冷却室	全密封式水冷壁	0.05
	全水冷壁,带双层金属护板	0.07
	全水冷壁,带衬转及单层金属护板	0.08
	全水冷壁,不带金属护板	0.1
对流区	双层金属护板	0.1
	衬转,单层金属护板	0.12
	不带金属护板	0.15

烟气焓是进入余热锅炉烟气中各组成气体所具有的焓值,但是余热锅炉中含有大量的烟尘,因此飞灰焓也需要算入。烟气焓 h_y 表示为

$$h_y = h'_y + h_h \tag{4.171}$$

式中,h'_y 为进入锅炉余热烟气的焓,kJ/m^3;h_h 为每立方烟气中飞灰的焓,kJ/m^3。余热锅炉中烟气组成气体的容积份额焓的和就是余热锅炉烟气焓。

$$h'_y = h_{CO_2} + h_{SO_2} + h_{N_2} + h_{O_2} + h_{CO} + h_{H_2O} + \cdots = \sum V_q C_q t'_q \tag{4.172}$$

式中,h_{CO_2} 为二氧化碳的焓,kJ/m^3;h_{SO_2} 为二氧化硫的焓,kJ/m^3;h_{N_2} 为氮气的焓,kJ/m^3;h_{O_2} 为氧气的焓,kJ/m^3;h_{CO} 为一氧化碳的焓,kJ/m^3;h_{H_2O} 为水蒸气具有的焓,kJ/m^3;V_q 为某种气体的容积,m^3/m^3;C_q 为锅炉余热烟气中某个气体的温度,$kJ/(m^3 \cdot ℃)$;t'_q 为某种气体的温度,$℃$。

锅炉烟气中飞灰 h_h 计算公式为

$$h_h = 0.8\mu C_h t_h \tag{4.173}$$

式中,μ 为余热锅炉中烟尘浓度,kg/m^3;C_h 为烟气中飞灰比热容,一般可以取 $0.586\ kJ/(m^3 \cdot ℃)$;t_h 为灰的温度,$℃$。

2. 锅炉热平衡计算

锅炉热平衡计算可以确定锅炉的有效利用热和各项损失热,得到有效利用热

可以计算得到余热锅炉的产汽量。锅炉热平衡计算公式为

$$Q' = Q_1 + Q_2 + Q_3 + Q_4 + Q_5 + Q_6 \tag{4.174}$$

式中，Q' 为余热烟气带入余热锅炉的总热量，kJ/h；Q_1 为烟气的有效利用热，kJ/h；Q_2 为烟气流出余热锅炉带走的排烟热损失，kJ/h；Q_3 为余热锅炉中燃料燃烧不充分而带走的热损失，kJ/h；Q_4 为余热锅炉飞灰和灰渣含有为燃尽的部分造成的热损失，kJ/h；Q_5 为从锅炉本体向周围环境散热造成的散热损失，kJ/h；Q_6 为从余热锅炉渣口排出炉渣，炉渣带走的排渣损失，kJ/h。

进入余热锅炉总热量 Q'，包括从上游来的烟气带入的热量 Q_y；烟气中飞灰的热量 Q_h；蒸汽吹灰带入的热量 Q_{ch}；漏进冷空气带入的热量 Q_{lk}，带有烟道再循环系统的锅炉烟气再循环带入的热量 Q_{zx}，有的余热锅炉带有辐射室会有炉口辐射热量 Q_f，即

$$Q' = Q_y + Q_h + Q_{ch} + Q_{lk} + Q_{zx} + Q_f \tag{4.175}$$

炉口辐射热量 Q_f 是指工业炉排烟口向余热锅炉辐射传递的热量，计算公式为

$$Q_f = \alpha_f C_0 A_{lk} \left[\left(\frac{T_f}{100} \right)^4 - \left(\frac{T_b}{100} \right)^4 \right] \tag{4.176}$$

式中，α_f 为辐射体黑度，0.6～0.9；C_0 为绝对黑体的辐射系数，20.43；A_{lk} 为余热锅炉炉口截面积和工业炉出口截面积二者中较小值，m^2；T_f 为高温辐射体的绝对温度，K；T_b 为余热锅炉管壁的绝对温度，K。

吹灰介质带入的热量 Q_{ch} 只有在使用蒸汽作为吹灰介质，并且连续运行时才予以考虑计入，其热量按式

$$Q_{ch} = G_{ch}(h_{zq} - 2512) \tag{4.177}$$

计算。式中，G_{ch} 为连续吹灰时的蒸汽消耗量，kg/h；h_{zq} 为吹灰蒸汽的焓，kJ/kg；Q_{zx} 是余热锅炉装有烟气再循环装置时，再循环烟气带入锅炉的热量，按式

$$Q_{zx} = V_{zx} C_{zx} t'_{zx} \tag{4.178}$$

计算。式中，V_{zx} 为再循环烟气量，m^3/h；C_{zx} 为再循环烟气的比热，kJ/($m^3 \cdot ℃$)；t'_{zx} 为再循环烟气的温度，℃。

水泥厂余热锅炉一般都是采用定期机械振打装置来清除余热锅炉管壁上的积灰，不考虑锅炉吹灰器带入锅炉的热量。并且余热锅炉不带有烟气再循环系统，在进行余热锅炉总热量计算时，不考虑通过再循环系统带入锅炉的热量。

余热锅炉热损失包括余热锅炉尾部烟道的排烟热损失 Q_2，排烟热损失是所有热损失中最大的。例如，在制酸余热锅炉中，其排烟温度在 350～400 ℃ 之间；在合成氨余热锅炉中，其排烟温度在 200～300 ℃ 之间。通常排烟热损失占各项热损失总量约 30%，排烟热损失计算公式为

$$q_2 = \frac{Q_2}{Q'} = \frac{h''_y V''_y}{Q'} \times 100\% \tag{4.179}$$

式中，h''_y 为排烟温度下烟气的焓，kJ/m^3；V''_y 为排烟处的烟气容积，m^3/h（包括吹灰

介质流量及锅炉漏风量、再循环烟气量)。

　　余热锅炉的散热损失在一般情况下会与锅炉内的炉温和锅炉外墙的保温措施有关,一般是依据余热锅炉外壁温度与环境温度之差和锅炉的外表面积来确定余热锅炉的散热损失。如果缺少余热锅炉的保温系数和散热量时,也可以根据简易公式计算出余热锅炉散热量,其计算公式为

$$Q_5 = h_r A(t_1 - t_2) \tag{4.180}$$

式中,h_r 为放热系数,kJ/(m²·h·℃);A 为散热(保温层外壁)的面积,m²;t_1 为余热锅炉炉墙保温层外壁温度,℃;t_2 为周围环境温度,℃。

　　由于烟气中的飞灰会沉降到锅炉底部的灰斗里而损失的热量就是灰渣热损失 Q_6。灰渣热损失与烟尘的量和温度有关,一般从辐射室出来的烟尘温度大约为 600 ℃,从锅炉对流受热面出来的烟尘温度范围在 200～300 ℃之间,而烟气中的烟尘沉降量与烟气流速,烟尘颗粒大小和余热锅炉的结构有关,一般有 40%～60% 的烟尘在锅炉内沉降。其计算公式为

$$q_6 = \frac{Q_6}{Q'} = \frac{G_h C_h t_h}{Q'} \times 100\% \tag{4.181}$$

式中,G_h 为余热锅炉内烟尘沉降量,kg/h;C_h 为烟尘比热,kJ/(kg·℃);t_h 为烟尘温度,℃。

　　如果水泥窑余热锅炉利用的是窑尾排出的废气,本体锅炉没有辅助燃烧装置,所以不用计算化学燃烧不完全热损失和机械燃烧热损失。

3. 热回收率及锅炉蒸发量

　　通过热平衡计算和热损失计算结果,可以进一步得出余热锅炉的热回收率,其公式为

$$\eta = 100 - \sum q = 100 - q_2 - q_5 - q_6 \tag{4.182}$$

式中,q_2 为余热锅炉中的排烟热损失,q_5 为余热锅炉中的散热热损失,q_6 为灰渣热损失。

　　余热锅炉中饱和蒸汽的产气量计算公式为

$$D_{bz} = \frac{\eta Q'}{i_{bz} - i_{gs}} \tag{4.183}$$

式中,i_{bz} 为饱和蒸汽焓,kJ/kg;i_{gs} 为余热锅炉给水焓,kJ/kg;η 为热回收率,% 。

4. 有效辐射层厚度

　　锅炉炉膛内的烟气对周围炉膛的辐射,看作是半球形的烟气对锅炉炉膛的辐射,我们定义这个半球形的半径叫作有效辐射层厚度,即

$$S = 3.6 \frac{V_L}{A_L} \tag{4.184}$$

式中,V_L 为容积,m³;A_L 为炉墙面积,m²。

　　对于不同受热面管束结构,锅炉的有效辐射厚度有不同的计算公式。

$$S = 0.9d\left(\frac{4}{\pi}\frac{S_1 S_2}{d^2} - 1\right) \tag{4.185}$$

式中,S_1 为余热锅炉管子横向节距,m;S_2 为余热锅炉管子纵向节距,m;d 为余热锅炉受热面管子的外径,m。

屏式受热面的有效热辐射计算公式为

$$S = \frac{1.8}{\frac{1}{A} + \frac{1}{B} + \frac{1}{C}} \tag{4.186}$$

式中,A、B、C 分别为余热锅炉内相邻屏之间的高、宽、深。

有效辐射层的厚度,按照辐射室的形式,从表 4.24 列出算式得出,也可以依据辐射室形状、辐射室的几何尺寸比例关系,管束的排列方法等因素,从表 4.25 代表长度及系数项的乘积得出。

表 4.24　不同形状辐射空间的辐射层厚度

空间或管束形状	计 算 公 式
球体	$S = 2/3 \times$ 球的直径
无限长的圆柱体	$S = $ 圆柱直径
无限大的平行板间的烟气空间	$S = 1.8 \times$ 板间距
顺列管束:管子直径等于管子表面间的距离时	$S = 2.8 \times$ 管间距
顺列管束:管子直径等于管子表面间的距离一半时	$S = 3.8 \times$ 管间距
边长为 $1:2:6$ 平行六面体辐射到宽面	$S = 1.3 \times$ 最短边长
正六面体	$S = 0.667 \times$ 边长

表 4.25　不同辐射空间形状的辐射层厚度计算

空间形状	受热面	代表长度	系数
球	球面	直径	0.6
高度与直径一样的圆筒	底面中央	直径	0.77
	全面	直径	0.6
无限长圆柱体	周围壁面	直径	0.9
	底面中央	直径	0.9
无限长平面空间	一个方向面	直径	1.8

5. 锅炉对流受热面计算

余热锅炉对流受热面计算主要包括换热计算和热平衡计算。

余热锅炉换热方程为

$$Q = 3600KA\Delta t \tag{4.187}$$

式中,Q 为余热锅炉受热面以对流方式和辐射方式吸收的热量,kW;K 为锅炉中的受热面的传热系数,kW /(m² · ℃);A 为锅炉中受热面积,m²;Δt 为锅炉中各个受热面的温差,℃。

余热锅炉中烟气放出的热量会被余热锅炉中管子内的工质吸收,因此可以得到烟气热量计算公式为

$$Q = \varphi(h' - h'' + \Delta \alpha h_{lk})V_y \tag{4.188}$$

式中,h' 为受热面入口烟气焓,kJ/m³;h'' 为受热面出口烟气焓,kJ/m³;$\Delta \alpha h_{lk}$ 为漏风带入的热量,kJ/m³;V_y 为受热面入口烟气量,m³/h;φ 为保温系数,其计算公式为

$$\varphi = \frac{1}{1 + \dfrac{q_5}{\eta}} \tag{4.189}$$

式中,q_5 为散热损失;η 为热回收利用率。

工质吸热量为

$$Q = D(i'' - i') - Q_{nf} \tag{4.190}$$

式中,D 为受热面内工质流量,kg/h;i'、i''为受热面中进出口工质所含有的焓,kJ/kg;Q_{nf} 为以辐射方式从冷却室获得热量,kJ/kg;当受热面以纯对流方式存在时,$Q_{nf} = 0$。

余热锅炉内的热烟气通过辐射传热及对流换热的方式对锅炉中各受热面的管子壁面放热,同时管子壁面会向管子内工质传递传热。锅炉长时间运行,锅炉受热面管子的内壁会有水垢,管子的外壁会形成灰垢,甚至会在管屏间挂焦,这些污垢会影响烟气对管子的传热系数。计算公式为

$$K = \frac{1}{\dfrac{1}{\alpha_1} + \dfrac{\delta_h}{\lambda_h} + \dfrac{\delta_b}{\lambda_b} + \dfrac{\delta_{sg}}{\lambda_{sg}} + \dfrac{1}{\alpha_2}} \tag{4.191}$$

式中,α_1 为烟气对受热面管壁的放热系数,kW/(m² · K);α_2 为受热面管壁对管内工质的放热系数,kW/(m² · K);δ_h,δ_b,δ_{sg} 分别为灰垢、管壁以及管子内部附着污垢所具有的厚度,m;λ_h,λ_b,λ_{sg} 分别为管子灰垢的传热系数、管壁传热系数及管子内部水垢传热系数,kW/(m² · K)。

余热锅炉中一般是高温烟气,然而管壁热阻远远小于高温烟气侧热阻,所以在计算受热面传热系数时可以忽略管壁的换热热阻,而管内的水垢,在锅炉正常运行中,锅炉的给水都会经过化学处理去掉水中的有害离子和杂质,所以管内的水垢不会一直增加,而使热阻和管壁温度急剧升高,因此在计算受热面传热系数时也可以忽略管内水垢对换热系数的影响。进一步简化后的传热系数计算式为

$$K = \frac{\varphi}{\dfrac{1}{\alpha_1} + \dfrac{1}{\alpha_2}} \tag{4.192}$$

烟气对管壁的放热系数可按下式计算:

$$\alpha_1 = \xi(\alpha_d + \alpha_f) \tag{4.193}$$

式中，ξ 为可利用系数，即锅炉内烟气可能对受热面有些地方没有冲刷到，如果余热锅炉内的烟气横向冲刷管子时 ξ 可以取 1，在余热锅炉中烟气混向冲刷管子时 ξ 一般取 0.95，余热锅炉内对流受热面的传热系数 K 如表 4.26 所示。

表 4.26　余热锅炉内对流受热面传热系数 K

锅炉过热器			锅炉蒸发器和省煤器		
错　排		顺　排	错　排		顺　排
燃煤	燃油	燃煤、燃气	燃煤	燃油	燃煤、燃气
$\dfrac{1}{\dfrac{1}{\alpha_1}+\varepsilon+\dfrac{1}{\alpha_2}}$	$\varphi \cdot \dfrac{1}{\dfrac{1}{\alpha_1}+\varepsilon+\dfrac{1}{\alpha_2}}$	$\varphi \cdot \dfrac{1}{\dfrac{1}{\alpha_1}+\varepsilon+\dfrac{1}{\alpha_2}}$	$\dfrac{1}{\dfrac{1}{\alpha_1}+\varepsilon}$	$\varphi\alpha_1$	$\varphi\alpha_1$

6. 锅炉烟气流速和蒸汽流速

余热锅炉烟气会横向或纵向冲刷余热锅炉内的光管或者膜式管束，一般采用最小截面原则，即流通面积为余热锅炉烟道截面积与锅炉光管或翅片管投影面积之差。

介质横向冲刷受热面管束的流通面积为

$$A = ab - n_1 l d \tag{4.194}$$

式中，a,b 为烟道截面尺寸，m；n_1 为单排管的管子根数；l 为单根管子长度，m；d 为受热面管径，m。

介质纵向冲刷光管管束，若介质在管内流动为

$$A = n\frac{\pi d_n^2}{4} \tag{4.195}$$

若介质在管间流动为

$$A = ab - n\frac{\pi d_n^2}{4} \tag{4.196}$$

式中，d_n 为管子内径，m；n 为管束中管子根数。

当锅炉受热面由不同的几段组成时，且受热面结构特性、冲刷特性均相同的情况下，其平均流通截面积按各个烟道所具有受热面积加权平均。

根据锅炉流动方式得出锅炉的流通截面面积，就可以计算锅炉烟气的流速为

$$v_y = \frac{V_y(\theta + 273)}{273A} \tag{4.197}$$

式中，V_y 为烟气量，m³/h；θ 为所求受热面的平均温度，℃。

管内蒸汽及管内水流速为

$$v = \frac{DV_{pj}}{f} \tag{4.198}$$

式中，D 为工质的质量流量，kg/s；V_{pj} 为工质的比容，m³/kg；f 为工质的流通面

积,m^2。

7. 烟气对流放热系数

锅炉受热面放热系数包括对流放热系数和辐射放热系数,对流放热系数除与介质流速有关外,还与受热面结构特性、冲刷方式等因素有关。在锅炉各对流受热面中,过热器、再热器、省煤器、凝渣管等多为横向冲刷,管式空气预热器空气侧也为横向冲刷。烟气横向冲刷顺列管束的对流放热系数为

$$\alpha_d = 0.2c_s c_n \frac{\lambda}{d} Re^{0.65} Pr^{0.33} \qquad (4.199)$$

式中,Re 为雷诺数;Pr 为普朗特数;c_s 为考虑管束相对节距影响的修正系数,按式

$$c_s = \left[1 + (2\sigma_1 - 3)\left(1 - \frac{\sigma_2}{2}\right)^3\right]^{-2} \qquad (4.200)$$

计算。式中,S_1 为横向节距,m;σ_1 为横向相对节距,$\sigma_1 = \dfrac{S_1}{d}$;$S_2$ 为纵向节距,m;σ_2 为纵向相对节距,$\sigma_2 = \dfrac{S_2}{d}$;$c_n$ 为沿烟气行程方向管排数修正系数,当 $n_2 < 10$ 时,$c_n = 0.91 + 0.0125(n_2 - 2)$;当 $n_2 \geqslant 10$ 时,$c_n = 1$。当 $\sigma_2 \geqslant 2$ 或 $\sigma_1 \leqslant 1.5$ 时,$c_s = 1$。

烟气横向冲刷叉排光滑管束时的对流放热系数为

$$\alpha_d = c_s c_n \frac{\lambda}{d} Re^{0.6} Pr^{0.33} \qquad (4.201)$$

式中,c_s 为节距修正系数,根据 σ_1 和 $\varphi = \dfrac{\sigma_1 - 1}{\sigma_2 - 1}$ 确定:当 $0.1 < \varphi \leqslant 1.7$ 时,$c_s = 0.34\varphi^{0.1}$;当 $1.7 < \varphi \leqslant 1.5$,$\sigma_1 < 3$ 时,$c_s = 0.275\varphi^{0.5}$;当 $1.7 < \varphi \leqslant 1.5$,$\sigma_1 \geqslant 3$ 时,$c_s = 0.34\varphi^{0.1}$;σ_2' 为斜向相对节距,$\sigma_2' = \sqrt{S_2^2 + \left(\dfrac{S_1}{2}\right)^2}/d$;$c_n$ 为管排数修正系数,根据管束纵向排数 n_2 和 σ_1 来确定:当 $n_2 < 10$,$\sigma_1 < 3$ 时,$c_n = 3.12n_2^{0.05} - 2.5$;当 $n_2 < 10$,$\sigma_1 \geqslant 3$ 时,$c_n = 4n_2^{0.02} - 3.2$;当 $n_2 \geqslant 10$ 时,$c_n = 1$。

锅炉受热面管内的汽水工质均为纵向冲刷,管外烟气作纵向冲刷的受热面包括空气预热器烟气侧、屏式过热器或省煤器等。纵向冲刷时的对流换热系数为

$$\alpha_d = 0.2c_t c_d c_l \frac{\lambda}{d_e} Re^{0.8} Pr^{0.4} \qquad (4.202)$$

式中,d_e 为当量直径。当介质在非圆形通道内流动时,则

$$d_e = \frac{4A}{U} \qquad (4.203)$$

式中,A 为通道截面积,m^2;U 为湿周长度,m。

对于布置有屏和对流管束的矩形烟道,当量直径可有

$$d_e = \frac{4\left(ab - n\dfrac{\pi d^2}{4}\right)}{2(a + b) + n\pi d} \qquad (4.204)$$

式中,d 为管径,a、b 为烟道横截面尺寸,单位为 m;n 为管子数;c_t 为温压修正系

数,取决于流体和壁面温度:

$$c_t = \left(\frac{T}{T_b}\right)^n \tag{4.205}$$

当气体被加热时,$n = 0.5$;当气体被冷却时,$n = 0$;在过热蒸汽或水冲刷时,内壁与介质温度差很小,取 $c_t = 1$;c_d 为环形通道单面受热修正系数,环形通道双面受热或非环形通道时,$c_d = 1$;c_l 为相对管长修正系数,仅在 $l/d < 50$ 时,管道入口无圆形导边时才修正。

8. 烟气辐射放热系数

高温烟气中含有三原子气体,例如二氧化碳、二氧化硫、水蒸气、二氧化氮等,三原子气体将以热辐射的形式向锅炉受热面传递热量,余热锅炉受热面的总有效放热系数有两部分组成:烟气纯对流放热系数和三原子辐射折算的辐射放热系数。因为锅炉烟气中的三原子气体和锅炉管子都不是纯黑体,其辐射吸收过程极其复杂,辐射热量不是被锅炉管子一次吸收的。由于其过程的复杂性,在计算辐射放热系数时为了方便计算,在计算过程中我们忽略多次吸收和反射过程,认为三原子气体和管壁之间一次吸收辐射能。假如把余热锅炉中的烟气和管子视为两个黑体。可以得到含灰烟气的辐射放热系数公式为

$$\alpha_f = 5.67 \times 10^{-11} \alpha_y T_y^3 \frac{1 - \left(\dfrac{T_{hb}}{T_y}\right)^4}{1 - \dfrac{T_{hb}}{T_y}} \tag{4.206}$$

式中,α_f 为烟气中三原子气体辐射系数,$kW/(m^2 \cdot K)$;α_y 为烟气黑度;T_y 为烟气温度,K;T_{hb} 为受热面管外灰壁温度,K。

烟气黑度的计算公式为

$$\alpha_y = 1 - e^{-kpS} \tag{4.207}$$

式中,p 为受热面烟气的绝对压力,余热锅炉通常取 $p = 0.1\,MPa$;k 为辐射减弱系数,即

$$k = k_q r_q + k_h \mu_h \tag{4.208}$$

式中,k_q 为三原子气体的辐射减弱系数,$m^{-1} \cdot MPa$,即

$$k_q = 10\left[\frac{0.78 + 1.7 r_{H_2O}}{\sqrt{10 p_q S}} - 0.1\right]\left(1 - 0.37\frac{T_1''}{1000}\right) \tag{4.209}$$

式中,r_{H_2O} 为烟气中的水蒸气体积分数;p_q 为三原子气体分压力,MPa;T_1'' 为受热面出口烟气温度,$℃$;S 为炉膛有效辐射层厚度;r_q 为烟气中的三原子气体体积分数;k_h 为烟气中飞灰颗粒的辐射减弱系数,$m^{-1} \cdot MPa^{-1}$,即

$$k_h = \frac{55900}{\sqrt[3]{(T_1'')^2 (d_h)^2}} \tag{4.210}$$

式中,d_h 为飞灰颗粒的平均直径,m;μ_h 为烟气中飞灰的质量浓度,对于不含灰气流为 0。

有时候还要考虑锅炉管子前或者管束间烟室的辐射,这时候我们考虑把辐射放热系数增大的方法,α'_f 的计算式为

$$\alpha'_f = \alpha_f \left[1 + A \left(\frac{T_{gs}}{1000} \right)^{0.25} \left(\frac{l_{kj}}{l_{gz}} \right)^{0.07} \right] \tag{4.211}$$

式中,α'_f 为考虑锅炉管子前或者管束间烟室辐射的辐射放热系数,$kW/(m^2 \cdot K)$;A 为计算系数,燃油和天然气为 0.3,燃烟煤或无烟煤为 0.4,褐煤为 0.5;l_{kj} 为烟气空间深度,m;l_{gz} 为管束在烟气流动方向深度,m;T_{gs} 为管束前烟气温度,K。

由于余热锅炉烟气中含有大量的飞灰,飞灰会沉积在锅炉受热管表面上形成灰垢,灰垢的导热热阻大,导致管子的外壁温度较高,对屏式过热器、对流过热器、再热器及包覆过热器,则有

$$T_{hb} = t + \left(\xi + \frac{1}{\alpha_2} \right) \frac{Q}{3600 \times H} + 273 \tag{4.212}$$

式中,Q 为受热面总传热量,kJ/h;H 为对流受热面的面积,m^2;t 为管内工质的温度,℃;ξ 为污染系数,$m^2 \cdot K/kW$,水泥窑使用燃煤煅烧熟料,余热锅炉管束采用顺排,一般取 4.3,对于燃用液体燃料,锅炉管束采用顺排布置时,取其 2.6。受热面中工质为水或沸腾状态的水时,由管壁到工质对流换热系数很大,热阻常忽略不计,只要管内工质为空气或过热蒸汽时,才把这项热阻计入,必须考虑其对流换热系数。

余热锅炉中的烟气温度大于 400 ℃,采用单级布置的省煤器和双级布置的二级省煤器,锅炉受热面管束灰壁温度为 $T_{hb} = t + 353$。余热锅炉中的烟气温度小于或等于 400 ℃,采用单级省煤器和双级布置一级省煤器的灰壁温度为 $T_{hb} = t + 333$。当余热锅炉燃用气体燃料时,余热锅炉所有受热面灰壁温度为 $T_{hb} = t + 298$。

9. 受热面污染系数和热有效系数

烟气中含有大量的烟尘,锅炉受热面表面会形成积灰层。锅炉的积灰是非常复杂的过程,它与锅炉燃烧燃料的种类、烟气含尘量和烟尘物理性质、锅炉受热面的布置方式、锅炉的运行状况等因素有关,所以锅炉受热面污染系数和热有效系数是通过试验和锅炉运行的条件下测得数据,而得出的经验计算公式。

当锅炉使用煤作为燃料时且烟气横向冲刷叉排管束的污染系数,其定义为

$$\xi = \frac{1}{K} - \frac{1}{K_0} \tag{4.213}$$

式中,K、K_0 分别为锅炉管壁上有灰垢和无灰垢的传热系数,$kW/(m^2 \cdot K)$。

当由水泥窑燃煤产生的烟气冲刷叉排管束的污染系数为

$$\xi = c_d c_{kl} \xi_0 + \Delta \xi \tag{4.214}$$

式中,ξ_0 为基准污染系数,可以通过试验获得。$\Delta \xi$ 为附加修正值,可由表 4.27 查得。

表 4.27 污染系数附加值

受热面名称	积灰松的煤	无烟煤		褐煤 有吹灰设备
		无吹灰设备	有吹灰设备	
省煤器	0	0	1.72	0
再热器	1.72	1.72	4.3	2.58
过热器	2.58	2.58	4.3	3.44

当燃用重油时屏式过热器污染系数为 $5.2 \ m^2 \cdot K/kW$；当锅炉燃用气体燃料时，屏式过热器污染系数取 0。燃用固体燃料产生的烟气对带有翅片的管束冲刷时，污染系数可按相关图表选取。当燃用重油时，污染系数为 $17.19 \ m^2 \cdot K/kW$；当燃用气体燃料时，污染系数为 $4.29 \ m^2 \cdot K/kW$。

由工业上游燃煤产生的烟气，烟气流经顺列布置管束及燃用液体和气体燃料布置的管束时，锅炉管子外表面积灰污染对传热的影响用热有效系数定义：

$$\varphi = \frac{K}{K_0} \tag{4.215}$$

式中，K，K_0 为锅炉中积灰管和清洁管的传热系数，$kW/(m^2 \cdot K)$，依据实验和锅炉运行时对流受热面热平衡实验，我们可以得到不同的 K，K_0，如表 4.28 所示。

表 4.28　燃用固体燃料热有效系数 φ

受热面名称	燃料种类	φ
顺列布置过热器 工业炉管束	贫煤、无烟煤	0.6
	烟煤、褐煤	0.65
	油页岩	0.5

表 4.29　燃用气体燃料热有效系数 φ

受热面名称	烟气温度	φ
过热器、凝渣管和工业 锅炉锅炉管束	$\leqslant 400 \ ℃$	0.9
	$> 400 \ ℃$	0.85

10. 平均温压计算

锅炉的对流换热过程中，其烟气和管内工质彼此不互相接触，由于烟气分布的不均匀和管子布置形式的不同，因此把烟气和管内工质在受热面上的平均温度作为温压。温压与烟气和管内工质的温度及它们的流动方式有关。

（1）顺流和逆流的平均温压计算

锅炉内的烟气和管内的工质反向流动时为逆流，锅炉内的烟气和管内的工质同向流动时为顺流。顺流和逆流的温压可以按对数平均温压计算：

$$\Delta t = \frac{\Delta t_d - \Delta t_x}{\ln \dfrac{\Delta t_d}{\Delta d_x}} \tag{4.216}$$

式中,Δt_d,Δt_x 为余热锅炉烟气进出口温度与管内工质进出口温度差值的最大值和最小值。

当 $\Delta t_d / \Delta t_x \leqslant 1.7$ 时,我们还可以用算术平均温压来代替对数平均温压,即

$$\Delta t' = \frac{\Delta t_d + \Delta t_x}{2} \tag{4.217}$$

(2) 混合流的平均温压计算

混合流是即不是逆流也不是顺流的布置方式,如按顺流计算得到的平均温压为 Δt_s 和按逆流计算得到的平均温压为 Δt_n,且 $\Delta t_s \geqslant 0.92 \Delta t_n$,那么

$$\Delta t'' = \frac{\Delta t_s + \Delta t_n}{2} \tag{4.218}$$

式中,$\Delta t''$ 为锅炉混合流的平均温压,℃。

4.9.2　程序设计

余热锅炉设计计算过程为:依据锅炉初始设计参数,确定锅炉结构特性,进行烟气焓值计算和热平衡计算,计算出锅炉的蒸发量后,再进行辐射和对流传热计算得到每个受热面参数。余热锅炉设计计算过程,由于计算过程多,处理的数据也多,最后得到的结果与设计参数之间存在着误差,对计算的准确性要求严格是非常没有必要的。只要换热方程计算得到的受热面吸热量 Q_x 和按照热平衡方程计算烟气对各个受热面放热量 Q_w 比值在 $1 \sim 1.15$ 之间都是合理的,也就是说最大误差不超过 15%,可以忽略误差的影响,计算完成。假如锅炉附件受热面的面积不超过主要受热面面积的 5% 以上,通常的做法是将附加受热面放在其串联管束上。

水泥窑余热锅炉热力计算程序流程如图 4.23 所示。热平衡计算包括热收入和热支出计算,热收入主要有烟气热,忽略空气热、炉口热辐射、吹灰介质热,热支出主要有排烟热损失、尘渣热损失,然后计算热效率,得到有效吸收热,并计算锅炉蒸发量、和各级受热面吸热量。计算热效率需知道烟气热、排烟热和灰渣热,热收入需要知道烟气质量流量、烟气入口温度、排烟温度,和该温度下的烟气成分、密度和焓,热支出需要知道灰渣比热、温度和烟尘质量分数。蒸发量计算需要确定给水压力和温度、过热蒸汽温度、排污系数、有效吸热量,算出过热器、蒸发器和省煤器的吸热量,以及饱和蒸汽温度、省煤器出口温度。热平衡计算之后,要依次对过热器、五级蒸发器和省煤器进行热力计算,计算过程分述如下。

1. 过热器

需要知道过热器宽度、长度,管径、壁厚、内径,横向节距、纵向节距、纵向管排

数、受热面前空间长度,计算横向管排数、过热器高度、横向相对节距、纵向相对节距,受热面积,烟气有效辐射系数,水蒸气对流换热系数、烟气对流换热系数、烟气辐射换热系数、换热量等。水蒸气对流换热系数计算需要知道过热蒸汽压力、过热蒸汽温度、蒸汽流通面积、蒸发量、受热面(过热器)纵向长度、管径、内径、饱和蒸汽温度,受热面中工质为水或沸腾状态的水时,由管壁到工质对流换热系数很大,热

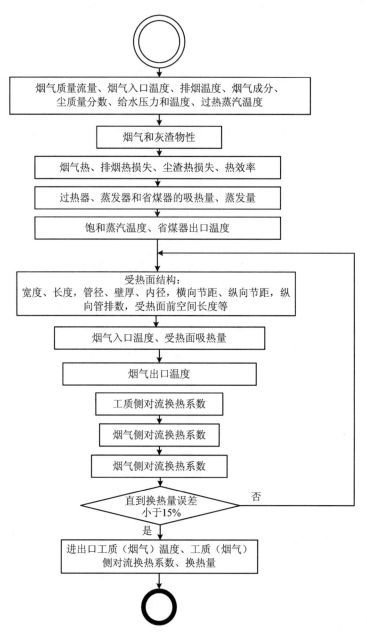

图 4.23　水泥窑余热锅炉热力计算程序流程图

阻常忽略不计,只要管内工质为空气或过热蒸汽时,才把这项热阻计入,必须考虑其对流换热系数。烟气对流换热系数计算需要知道过热器吸热量、烟气入口温度、烟气成分、烟气流量、烟气流通面积、横向相对节距、纵向相对节距、纵向管排数、内径、烟气出口温度。烟气辐射换热系数计算需要知道烟气温度,工质温度,烟气 CO_2、H_2O 成分,烟尘质量分数,有效辐射厚度过热器吸热量,受热面面积,受热面纵向长度,受热面前空间长度,烟气入口温度,工质侧对流换热系数(空气或过热蒸汽)。换热量计算需要知道烟气侧对流换热系数,烟气侧辐射换热系数、热有效系数、烟气入口温度、工质进口温度、烟气出口温度、工质出口温度、受热面面积、工质侧对流换热系数。其中,计算过程还需知道水蒸气、烟气的物性参数,比如比热、密度、导热系数、焓等。

2. 五级蒸发器

五级蒸发器需要知道其热量分配系数,从而确定各级蒸发器的吸热量。工质平均温度为水蒸气饱和温度,不可虑工质的对流换热系数。计算各级蒸发器的烟气对流换热系数和辐射换热系数,以及换热量。对于烟气对流换热系数来说,需要知道烟气入口焓、质量流量,再根据各级蒸发器的焓降得到烟气出口温度,然后得到烟气平均温度下的密度、导热系数、动力黏度和比热等物性,计算管节距修正系数和管排修正系数,算出烟气对流换热系数。对烟气辐射换热系数来说,需要知道三原子气体容积份额,和三原子气体辐射减弱系数、灰粒辐射减弱系数,得到烟气辐射减弱系数,算出烟气黑度,由灰壁温度得到含灰烟气侧辐射换热系数,并进行管束前辐射系数的修正。对于换热量来说,由有效利用系数和烟气换热系数,得到各级蒸发器换热系数,计算对流平均温压,最后算出换热量,直到换热量误差小于允许范围之内为止。

3. 省煤器

需要知道给水温度、省煤器出口温度和省煤器吸热量,烟气入口温度,根据经省煤器的烟气焓降,计算得到烟气出口温度,然后计算烟气对流换热系数、烟气辐射换热系数和换热量。

以某水泥厂 3200 t/d 的生产线排出的高温烟气作为烟气条件,烟气条件如表 4.30 所示,以该烟气条件为依据设计水泥窑窑尾余热锅炉,其锅炉参数具体如下:额定蒸发量为 18.1 t/h;额定压力为 1.6 MPa;给水温度为 127 ℃;排污率为 2%;过热蒸气温度为 330 ℃;冷空气温度为 20 ℃。

表 4.30　余热锅炉烟气条件

序列	名　称	符　号		单　位
1	余热锅的炉烟气量	V	240000	m^3/h
2	余热锅炉入口烟温	t_{in}	350	℃
3	余热锅炉出口烟温	t_{out}	223	℃

续表

序列	名称	符号		单位
		烟气成分		
4	N_2	r_{N_2}	65.29	%
5	O_2	r_{O_2}	5.52	%
6	SO_2	r_{SO_2}	0	%
7	H_2O	r_{H_2O}	4.01	%
8	CO_2	r_{CO_2}	25.18	%
9	三原子容积份额	$\sum r$	29.19	%
10	烟尘量	r_{ash}	80	g/m^3
11	烟尘质量分数	$\alpha_{Ash,m}\alpha_{ash,m}$	6	%

本设计的水泥窑窑尾余热锅炉采用立式布置,烟气流动方向为由上往下流动,依次经过一级过热器、五级蒸发器和一级省煤器。过热器管为 38 mm 光管,管子材料为 20/GB3087,用双管圈顺列布置。五级蒸发器采用直径为 42 mm 光管,管子材料为 20/GB3087,用双管圈顺排布置。在锅炉的每个受热面两侧布置机械振打装置来清理受热面上的积灰。余热锅炉的炉墙采用轻型炉护板炉墙,可以大大降低锅炉漏进冷空气的量。由于现在锅炉密封效果非常好,计算时忽略锅炉的漏风系数。通过组合框来确定用户选择计算哪种受热面,根据选择的受热面确定具体的结构参数和计算方法。水泥窑余热锅炉热力计算界面设计与运行实例如图 4.24 所示。

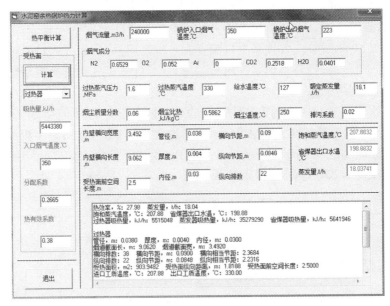

图 4.24　水泥窑余热锅炉热力计算界面设计与运行实例图

输入参数有:烟气质量流量、烟气入口温度、排烟温度、烟气成分、过热蒸汽压力和温度、烟尘质量分数和温度、排污系数,各级受热面的吸收热量、分配系数、热有效系数,以及受热面结构,包括宽度、长度、管径、壁厚、内径,横向节距、纵向节距、纵向排数、受热面前空间长度。

计算结果有:热效率、蒸发量、各级受热面吸热量、饱和蒸汽温度、省煤气出口温度,管径、厚度、内径、烟道截面长、烟道截面宽、横向排数、横向节距、横向相当节距、纵向排数、纵向节距、纵向相当节距、受热面积、受热面纵向距离、受热面前空间长度、进出口工质温度、进出口烟气温度、烟气侧对流换热系数、工质侧对流换热系数、换热量。热平衡计算如表 4.31 所示。

表 4.31　热平衡计算

序号	名　称	符号	单位	计算及来源	结果
1	冷空气的焓	h_0	kJ/m²	$C_p \times T_{lk}$,C_p 查焓温表	25.96
2	进口烟气焓	h_{in}	kJ/m²	烟气焓计算	613.7
3	出口烟气焓	h_{out}	kJ/m²	烟气焓计算	304.61
4	烟气带入锅炉的热量	Q_y	kJ/h	$h_{in} \times V$	218477200
5	吹灰介质带入的热量	Q_{ch}	kJ/h	机械振打	0
6	空气带入的热量	Q_{lk}	kJ/h	全密封	0
7	炉口辐射热量	Q_f	kJ/h	温度低,暂忽略	0
8	进入余热锅炉的热量	Q'	kJ/h	$Q_y + Q_{ch} + Q_{lk} + Q_f$	218477200
9	排烟热损失	q_2	%	$h_{out} \times V / Q'$	49.63
10	灰渣比热容	q_6	kJ/(kg·℃)		0.5862
11	排尘渣热损失	q_4	%		2.06
12	散热损失	q_5	%	假设	0.1
13	各项损失之和	$\sum q_i$	%	$q_2 + q_4 + q_5$	52.69
14	余热锅炉热效率	η	%	$1 - \sum q_i$	47.3
15	有效吸热量	Q_1	kJ/h	$Q' \times \eta$	103352418
16	给水压力	P_{gs}	MPa	$P_{gr} \times 1.08 \times 1.06 + 0.1$	2.96
17	给水温度	T_{gs}	℃	已知	105
18	保温系数	φ	1	$\eta/(\eta + q_5)$	0.9793
19	给水焓	i_{gs}	kJ/kg	查取	441.617
20	锅筒压力	P_g	MPa	$P_{gr} \times 1.08 + 0.1$	2.8

续表

序号	名　　称	符号	单位	计算及来源	结果
21	饱和温度	T_b	℃	查取	230.1
22	饱和蒸汽焓	i_{bq}	kJ/kg	查取	2803.1
23	过热蒸汽焓	i_{gs}	kJ/kg	查取	3120.94
24	饱和水焓	i_{bs}	kJ/kg	查取	990.4
25	接近点温度	Δ_t	℃	假设	9
26	余热锅炉蒸发量	D	t/h	$Q_1/\left[(i_{gr}-i_{gs})+p(i_{bs}-i_{gs})\right]/100$	37.9
27	省煤器出口水温	t'	℃	$T_B-\Delta t$	221.1
28	省煤器出口焓	i_{sm}	kJ/kg	查取	942.17
29	过热器的吸热量	Q_{gr}	kJ/h	$D\times(i_{gr}-i_{bq})\times1000$	12048010
30	省煤器的吸热量	Q_{sm}	kJ/h	$D\times(i_{sm}-i_{gd})\times1000$	18973909
31	蒸发受热面的吸热量	Q_{zf}	kJ/h	$Q_1-Q_{gr}-Q_{sm}$	72330499

过热器结构和热力计算如表 4.32 所示。

表 4.32　过热器结构和热力计算

编号	名　　称	符号	单位	计算及来源	结果
1	内壁横向宽度	a	m	设计	7.2
2	内壁横向长度	b	m	设计	9
3	管子规格	d	m	设计	0.038
4	厚度	δ	m	设计	0.004
5	内径	d_{in}	m	设计	0.03
6	横向节距	S_1	m	设计	0.093
7	横向排数	z_1		$\text{Int}(a/S_1)$	77
8	横向相对距离	σ_1		S_1/d	2.45
9	纵向排数	z_2		假设	14
10	纵向节距	S_2	m	设计	0.08
11	受热面纵向长度	l_{gz}	m	$S_1(z_2-1)+d$	1.433
12	受热面空间长度	l_{kj}	m	设计	2.5
13	纵向相对节距	σ_2		S_2/d	2.11
14	烟气有效辐射层厚度	s	m	$0.9d(4S_1S_2/\pi d^2-1)$	0.190

续表

编号	名　称	符号	单位	计算及来源	结果
15	受热面积	H	m^2	$z_1 z_2 \pi d b$	1157.64
16	烟气流通面积	H_y	m^2	$ab - z_1 d b$	38.466
17	蒸汽流通面积	H_x	m^2	$2 z_1 \pi d_{in}^2 / 4$	0.108
18	过热蒸汽压力	P_{gr}	MPa	已知	2.7
19	出口过热蒸汽温度	T_{gr}	℃	已知	350
20	出口过热蒸汽焓	i_{gr}	kJ/kg	已知	3120.94
21	进口饱和蒸汽温度	T_b	℃	已知	230.1
22	饱和蒸汽焓	i_{bq}	kJ/kg	已知	2803.1
23	蒸汽焓增	Δi	kJ/kg	$i_{gr} - i_{bq}$	317.84
24	蒸汽平衡吸热	Q	kJ/h	已知	12048010
25	出口过热蒸汽压力	P_{out}	MPa	已知	2.7
26	锅筒工作压力	P_{gt}	MPa	已知	2.8
27	蒸汽进口比容	C_{in}	m^3/kg	查取	0.0714
28	蒸汽进口流速	ω_{in}	m/s	DC_{in} / H_x	24.875
29	蒸汽出口比容	C_{out}	m^3/kg	查取	0.1049
30	蒸汽出口流速	ω_{out}	m/s	DC_{out} / H_x	36.54
31	蒸汽平均温度	T_{pj}	℃	$(T_{gr} - T_b)/2$	290.05
32	蒸汽平均压力	P_{pj}	MPa	$(P_{gt} + P_{out})/2$	2.75
33	蒸汽平均比容	C_{pj}	m^3/kg	查取	0.0901
34	蒸汽平均流速	ω_{pj}	m/s	$D C_{pj} / H_x$	31.39
35	蒸汽热导率	λ_z	kW/(m·℃)	查取	4.73×10^{-5}
36	蒸汽运动黏度	υ_z	m^2/s	查取	1.77×10^{-6}
37	蒸汽雷诺数	Re_z		$\omega d_{in} / \upsilon$	532042.89
38	蒸汽普朗特数	Pr_z		查取	1.097
39	蒸汽侧对流放热系数	α_{zq}	kW/(m^2·℃)	$0.023(\lambda/d)$ $Re^{0.8} Pr^{0.4} C_r C_d C_l$	1.059
40	过热器进口烟气温度	t_{in}	℃	已知	400
41	进口烟气焓	h_{in}	kJ/m^3	查焓温表	613.7
42	出口烟气焓	h_{out}	kJ/m^3	$(h_{in} V - Q)/V$	579.85

续表

编号	名　称	符号	单位	计算及来源	结果
43	过热器出口烟气温度	t_{out}	℃	查焓温表	378
44	烟气平均温度	t_{pj}	℃	$(t_{in}+t_{out})/2$	389
45	烟气流速	ω	m/s	$V/H_y \cdot [(273+t_{pj})/273]$	6.23
46	烟气热导率	λ	kW/(m・℃)	查取	5.56×10^{-5}
47	节距修正系数	c_s		$\sigma_2>2$,取 1	1
48	排数修正系数	c_z		排数>10，取 1	1
49	烟气雷诺数	Re		$\omega d_{in}/\upsilon$	3341.56
50	烟气普朗特数	Pr		查取	0.641
51	烟气侧对流放热系数	α_{yq}	kJ/(m²・℃)	$0.2\,c_s c_z(\lambda/d)Re^{0.65}Pr^{0.33}$	0.0497
52	三原子气体分压力	p_q	MPa	$0.1\sum r$	0.029
53	三原子气体辐射减弱系数	k_q	1/(m・MPa)	$10[(0.78+1.7r_{h20})/(10p_q\cdot s)^{0.5}-0.1](1-0.37t_{pj}/1000)$	26.93
54	灰粒辐射减弱系数	k_h	1/(m・MPa)	$55900/(t_{pj}^2\cdot d_h^2)^{1/3}$	81.42
55	烟气辐射减弱系数	k	1/(m・MPa)	$\sum rk_h+k_h\alpha_{Ash,m}$	17.58
56	烟气黑度	α_y		$1-e^{-\kappa ps}$	0.284
57	污染系数	ε	kW/(m²・℃)	选取	4.3
58	灰壁温度	t_{hb}	℃	$T_{Pj}+(\xi+1/\alpha_2)\cdot(Q/3600\times H)$	305.2
59	烟气侧辐射减弱系数	α_f	kW/(m²℃)	$5.67\times10^{-11}\alpha_y(t_{pj}+273)[(1-(t_{hb}+273/t_{pj}+273)^4/1-t_{hb}+273/t_{pj}+273$	0.0153
60	修正后的辐射减弱系数	α'_f	kW/(m²・℃)	$a_f\{1+0.4[(t_{in}+273)/1000]^{0.25}(l_{kj}/l_{gz})^{0.07}\}$	0.0211
61	烟气侧放热系数	α_1	kW/(m²・℃)	$\alpha'_f+\alpha_{yq}$	0.0709
62	热有效系数	Ψ		考虑入口气流不均匀取较小值	0.415
63	传热系数	k	kW/(m²・℃)	$\Psi/(1/\alpha_1+1/\alpha_2)$	0.0275

续表

编号	名　称	符号	单位	计算及来源	结果
64	逆流大温压	Δt_d	℃	$t_{out} - T_b$	147.9
65	逆流小温压	Δt_x	℃	$t_{in} - T_{gr}$	50
66	逆流温压	Δt	℃	$(\Delta t_d - \Delta t_x)/$ $\ln(\Delta t_d - \Delta t_x)$	90.27
67	传热量	Q_h	kJ/h	$36000k\Delta tH$	11495146
68	相对	ΔQ		$(Q_h - Q)/Q$	−0.045

蒸发器热量分配如表 4.33 所示。

表 4.33　蒸发器热量分配

名称	总吸热量	第一级	第二级	第三级	第四级	第五级
分配系数	1	0.2665	0.2895	0.2	0.14	0.104
吸收热量（kJ/h）	72330499	19276078	20939679	14466099	10126269	7522371

第一级蒸发器热力计算如表 4.34 所示。

表 4.34　第一级蒸发器热力计算

编号	名　称	符号	单位	计算及来源	结果
1	内壁横向宽度	a	m	设计	7.2
2	内壁横向长度	b	m	设计	9
3	管子规格	d	m	设计	0.042
4	厚度	ζ	m	设计	0.0035
5	内径	d_{in}	m	设计	0.035
6	横向节距	S_1	m	设计	0.09
7	横向排数	z_1		$Int(a/S_1)$	80
8	横向相对节距	σ_1		S_1/d	2.140
9	纵向排数	z_2		假设	12
10	纵向节距	S_2	m	设计	0.095
11	受热面纵向长度	l_{gz}	m	$S_1(z_2 - 1) + d$	1.032
12	受热面前空间长度	l_{kj}	m	设计	1
13	纵向相对节距	σ_2		S_2/d	2.26
14	烟气有效辐射层厚度	s	m	$0.9d(4S_1S_2/\pi d^2 - 1)$	0.195
15	受热面积	H	m²	$z_1 z_2 \pi db$	1139.44

编号	名　称	符号	单位	计算及来源	结果
16	烟气流通面积	H_y	m²	$ab - z_1 db$	34.56
17	蒸汽流通面积	H_x	m²	$2 z_1 \pi d_{in}^2 /4$	0.1538
18	进,出口工质压力	P_{gt}	MPa	锅筒压力	2.8
19	出口蒸汽温度	T_{out}	℃	饱和温度	230.1
20	出口蒸汽焓	i_{out}	kJ/kg	已知	2803.01
21	进口工质温度	T_{in}	℃	饱和温度	230.1
22	进口工质焓	i_{in}	kJ/kg	已知	990.41
23	焓增	Δi	kJ/kg	$i_{out} - i_{in}$	1812.69
24	蒸汽平衡吸热量	Q	kJ/h	已知	19276078
25	进口烟气温度	t_{in}	℃	过热器出口烟气温度	378
26	进口烟气焓	h_{in}	kJ/m³	焓温表	579.61
27	出口烟气焓	h_{out}	KJ/m³	$(h_{in} V - Q)/V$	525.46
28	出口烟气温度	t_{out}	℃	焓温表	358
29	烟气平均温度	t_{pj}	℃	$(t_{in} + t_{out})/2$	368
30	烟气流速	ω	m/s	$V/H_y \cdot [(273 + t_{pj})/273]$	6.71
31	烟气热导率	λ	kW/(m·K)	查取	5.44×10^{-5}
32	节距修正系数	c_s		$\sigma_2 > 2$,取1	1
33	排数修正系数	c_z		排数>10, 取1	1
34	烟气雷诺数	Re		$\omega d_{in}/\upsilon$	5324.05
35	烟气普朗特数	Pr		查取	0.642
36	烟气侧对流放热系数	α_{yq}	kJ/(m²·℃)	$0.2 c_s c_z (\lambda/d)$ $Re^{0.65} Pr^{0.33}$	0.0587
37	三原子气体分压力	p_q	MPa	$0.1 \sum r$	0.029
38	三原子气体辐射减弱系数	k_q	1/(m·MPa)	$10[(0.78 + 1.7 r_{h20})/$ $(10 p_q \cdot s)^{0.5} - 0.1]$ $(1 - 0.37 t_{pj}/1000)$	26.83
39	灰粒辐射减弱系数	k_h	1/(m·MPa)	$55900/(t_{pj}^2 \cdot d_h^2)^{1/3}$	83.17
40	烟气辐射减弱系数	k	1/(m·MPa)	$\sum r_{kq} + k_h \alpha_{Ash,m}$	17.76
41	烟气黑度	a_y		$1 - e^{-\kappa ps}$	0.293
42	污染系数	ε	m²·℃/kW	选取	4.3

编号	名　称	符号	单位	计算及来源	结果
43	灰壁温度	t_{hb}	℃	$T_{PJ} + (\xi + 1/\alpha_2) \cdot$ $(Q/3600 \times H)$	255.1
44	烟气辐射放热系数	α_f	kJ/(m²·℃)	$5.67 \cdot 10^{-11} \alpha_y \cdot$ $(t_{pj} + 273)^3 \cdot$ $[1 - (t_{hb} + 273)/$ $(t_{pj} + 273)^4]$ $/[1 - (t_{hb} + 273)/$ $(t_{pj} + 273)]$	0.0134
45	修正后的辐射放热系数	α_f'	kJ/(m²·℃)	$a_f\{1 + 0.4[(t_{in} + 273)/$ $1000]^{0.25}$ $(l_{kj}/l_{gz})^{0.07}\}$	0.0182
46	烟气侧放热系数	α_1	kJ/(m²·℃)	$\alpha_f' + \alpha_{yq}$	0.0769
47	热有效系数	Ψ		考虑入口气流不均匀取较小值	0.440
48	传热系数	k	kJ/(m²·℃)	$\Psi/(1/\alpha_1)$	0.0338
49	逆流大温压	Δt_d	℃	$t_{out} - T_b$	147.9
50	逆流小温压	Δt_x	℃	$t_{in} - T_{gr}$	127.9
51	逆流温压	Δt	℃	$(\Delta t_d - \Delta t_x)/$ $\ln(\Delta t_d - \Delta t_x)$	137.66
52	传热量	Q_h	kJ/h	$36000 k \Delta t H$	19116875
53	相对误差	ΔQ		$(Q_h - Q)/Q$	−0.00825

第二级蒸发器热力计算如表 4.35 所示。

表 4.35　第二级蒸发器热力计算

编号	名　称	符号	单位	计算及来源	结果
1	内壁横向宽度	a	m	设计	7.2
2	内壁横向长度	b	m	设计	9
3	管子规格	d	m	设计	0.042
4	厚度	ζ	m	设计	0.0035
5	内径	d_{in}	m	设计	0.035
6	横向节距	S_1	m	设计	0.09
7	横向排数	z_1		$\text{Int}(a/S_1)$	80
8	横向相对节距	σ_1		S_1/d	2.140

编号	名　称	符号	单位	计算及来源	结果
9	纵向排数	z_2		假设	18
10	纵向节距	S_2	m	设计	0.095
11	受热面纵向长度	l_{gz}	m	$S_1(z_2-1)+d$	2.202
12	受热面前空间长度	l_{kj}	m	设计	1
13	纵向相对节距	σ_2		S_2/d	2.260
14	烟气有效辐射层厚度	s	m	$0.9d(4\,S_1\,S_2/\pi d^2-1)$	0.195
15	受热面积	H	m^2	$z_1\,z_2\pi db$	1709.16
16	烟气流通面积	H_y	m^2	$ab-z_1db$	34.56
17	蒸汽流通面积	H_x	m^2	$2\,z_1\pi d_{in}^2/4$	0.153
18	工质平衡吸热量	Q	kJ/h	已知	20939679
19	进口烟气温度	t_{in}	℃	第一级蒸发器出口烟气温度	358
20	进口烟气焓	h_{in}	kJ/m^3	焓温表	524.75
21	出口烟气焓	h_{out}	kJ/m^3	$(h_{in}V-Q)/V$	465.93
22	出口烟气温度	t_{out}	℃	焓温表	319.45
23	烟气平均温度	t_{pj}	℃	$(t_{in}+t_{out})/2$	338.725
24	烟气流速	ω	m/s	$V/H_y\cdot[(273+t_{pj})/273]$	6.41
25	烟气热导率	λ	kW/(m·K)	查取	5.18×10^{-5}
26	节距修正系数	c_s		$\sigma_2>2$,取1	1
27	排数修正系数	c_z		排数>10, 取1	1
28	烟气雷诺数	Re		$\omega d_{in}/\upsilon$	5518.19
29	烟气普朗特数	Pr		查取	0.642
30	烟气侧对流放热系数	α_{yq}	kJ/(m^2·℃)	$0.2\,c_s c_z(\lambda/d)Re^{0.65}Pr^{0.33}$	0.05765
31	三原子气体分压力	p_q	MPa	$0.1\sum r$	0.029
32	三原子气体辐射减弱系数	k_q	1/(m·MPa)	$10[(0.78+1.7r_{h20})/(10p_q\cdot s)^{0.5}-0.1]$ $(1-0.37t_{pj}/1000)$	27.21
33	灰粒辐射减弱系数	k_h	1/(m·MPa)	$55900/(t_{pj}^2\cdot d_h^2)^{1/3}$	85.779
34	烟气辐射减弱系数	k	1/(m·MPa)	$\sum r_{kq}+k_h\alpha_{Ash,m}$	18.185
35	烟气黑度	a_y		$1-e^{-\kappa ps}$	0.299

编号	名　称	符号	单位	计算及来源	结果
36	污染系数	ε	$m^2 \cdot \text{℃}/kW$	选取	4.3
37	灰壁温度	t_{hb}	℃	$T_{Pj} + (\xi + 1/\alpha_2) \cdot$ $(Q/3600 \times H)$	255.1
38	烟气侧辐射放热系数	α_f	$kJ/(m^2 \cdot \text{℃})$	$5.67 \cdot 10^{-11}\alpha_y \cdot$ $(t_{pj}+273)^3 \cdot$ $[1-(t_{hb}+273)$ $/(t_{pj}+273)^4]$ $/[1-(t_{hb}+273)$ $/(t_{pj}+273)]$	0.0126
39	修正烟气侧辐射放热系数	α'_f	$kJ/(m^2 \cdot \text{℃})$	$a_f\{1+0.4[(t_{in}+273)$ $/1000]^{0.25}(l_{kj}$ $/l_{gz})^{0.07}\}$	0.0169
40	烟气侧放热系数	α_1	$kJ/(m^2 \cdot \text{℃})$	$\alpha'_f + \alpha_{yq}$	0.074
41	热有效系数	Ψ		考虑入口气流不均匀取较小值	0.44
42	传热系数	k	$kJ/(m^2 \cdot \text{℃})$	$\Psi/(1/\alpha_1)$	0.0328
43	逆流大温压	Δt_d	℃	$t_{out} - T_b$	127.9
44	逆流小温压	Δt_x	℃	$t_{in} - T_{gr}$	89.35
45	逆流温压	Δt	℃	$(\Delta t_d - \Delta t_x)/$ $\ln(\Delta t_d - \Delta t_x)$	107.47
46	传热量	Q_h	kJ/h	$36000k\Delta tH$	21719965
47	相对误差	ΔQ		$(Q_h - Q)/Q$	0.037

第三级蒸发器热力计算如表 4.36 所示。

表 4.36　第三级蒸发器热力计算

编号	名　称	符号	单位	计算及来源	结果
1	内壁横向宽度	a	m	设计	7.2
2	内壁横向长度	b	m	设计	9
3	管子规格	d	m	设计	0.042
4	厚度	ζ	m	设计	0.0035
5	内径	d_{in}	m	设计	0.035
6	横向节距	S_1	m	设计	0.09

编号	名　称	符号	单位	计算及来源	结果
7	横向排数	z_1		$\text{Int}(a/S_1)$	80
8	横向相对节距	σ_1		S_1/d	2.140
9	纵向排数	z_2		假设	18
10	纵向节距	S_2	m	设计	0.095
11	受热面纵向长度	l_{gz}	m	$S_1(z_2-1)+d$	1.572
12	受热面前空间长度	l_{kj}	m	设计	1
13	纵向相对节距	σ_2		S_2/d	2.260
14	烟气有效辐射层厚度	s	m	$0.9d(4S_1S_2/\pi d^2-1)$	0.195
15	受热面积	H	m²	$z_1z_2\pi db$	1709.164
16	烟气流通面积	H_y	m²	$ab-z_1db$	34.56
17	蒸汽流通面积	H_x	m²	$2z_1\pi d_{in}^2/4$	0.15386
18	工质平衡吸热量	Q	kJ/h	已知	14466099
19	进口烟气温度	t_{in}	℃	第二级蒸发器出口烟气温度	319.45
20	进口烟气焓	h_{in}	kJ/m³	焓温表	465.15
21	出口烟气焓	h_{out}	kJ/m³	$(h_{in}V-Q)/V$	424.51
22	出口烟气温度	t_{out}	℃	焓温表	293.4
23	烟气平均温度	t_{pj}	℃	$(t_{in}+t_{out})/2$	306.42
24	烟气流速	ω	m/s	$V/H_y \cdot [(273+t_{pj})/273]$	6.07
25	烟气热导率	λ	kW/(m·K)	查取	4.86×10^{-5}
26	节距修正系数	c_s		$\sigma_2>2$,取1	1
27	排数修正系数	c_z		排数>10,取1	1
28	烟气雷诺数	Re		$\omega d_{in}/\upsilon$	5731.88
29	烟气普朗特数	Pr		查取	0.648
30	烟气侧对流放热系数	α_{yq}	KJ/(m²·℃)	$0.2c_sc_z(\lambda/d)Re^{0.65}Pr^{0.33}$	0.0556
31	三原子气体分压力	p_q	MPa	$0.1\sum r$	0.029

编号	名　称	符号	单位	计算及来源	结果
32	三原子气体辐射减弱系数	k_q	$(\mathrm{m \cdot MPa})^{-1}$	$10[(0.78+1.7r_{h20})$ $/(10p_q \cdot s)^{0.5}-0.1]$ $(1-0.37t_{pj}/1000)$	27.635
33	灰粒辐射减弱系数	k_h	$(\mathrm{m \cdot MPa})^{-1}$	$55900/(t_{pj}^2 \cdot d_h^2)^{1/3}$	88.90
34	烟气辐射减弱系数	k	$(\mathrm{m \cdot MPa})^{-1}$	$\sum r_{kq}+k_h\alpha_{Ash,m}$	18.68
35	烟气黑度	a_y		$1-\mathrm{e}^{-kps}$	0.306
36	污染系数	ε	$\mathrm{m^2 \cdot {}^\circ C/kW}$	选取	4.3
37	灰壁温度	t_{hb}	$^\circ C$	$T_{pj}+(\xi+1/\alpha_2)$ $\cdot(Q/3600\times H)$	255.1
38	烟气侧辐射放热系数	α_f	$\mathrm{kJ/(m^2 \cdot {}^\circ C)}$	$5.67 \cdot 10^{-11}\alpha_y \cdot$ $(t_{pj}+273)^3[(1-(t_{hb}+273)$ $/(t_{pj}+273)^4]$ $/[1-(t_{hb}+273)$ $/(t_{pj}+273)]$	0.0118
39	修正烟气侧辐射放热系数	α_f'	$\mathrm{kJ/(m^2 \cdot {}^\circ C)}$	$a_f\{1+0.4$ $[(t_{in}+273)/1000]^{0.25}$ $(l_{kj}/l_{gz})^{0.07}\}$	0.0158
40	烟气侧放热系数	α_1	$\mathrm{kJ/(m^2 \cdot {}^\circ C)}$	$\alpha_f'+\alpha_{yq}$	0.0714
41	热有效系数	Ψ		考虑入口气流不均匀取较小值	0.44
42	传热系数	k	$\mathrm{kJ/(m^2 \cdot {}^\circ C)}$	$\Psi/(1/\alpha_1)$	0.0314
43	逆流大温压	Δt_d	$^\circ C$	$t_{out}-T_b$	89.35
44	逆流小温压	Δt_x	$^\circ C$	$t_{in}-T_{gr}$	63.3
45	逆流温压	Δt	$^\circ C$	$(\Delta t_d-\Delta t_x)/$ $\ln(\Delta t_d-\Delta t_x)$	75.017
46	传热量	Q_h	$\mathrm{kJ/h}$	$36000k\Delta tH$	14512847
47	相对误差	ΔQ		$(Q_h-Q)/Q$	0.00323

第四级蒸发器热力计算如表 4.37 所示。

表 4.37　第四级蒸发器热力计算

编号	名　称	符号	单位	计算及来源	结果
1	内壁横向宽度	a	m	设计	7.2
2	内壁横向长度	b	m	设计	9
3	管子规格	d	m	设计	0.042
4	厚度	ζ	m	设计	0.0035
5	内径	d_{in}	m	设计	0.035
6	横向节距	S_1	m	设计	0.09
7	横向排数	z_1		$\text{Int}(a/S_1)$	80
8	横向相对节距	σ_1		S_1/d	2.140
9	纵向排数	z_2		假设	18
10	纵向节距	S_2	m	设计	0.095
11	受热面纵向长度	l_{gz}	m	$S_1(z_2-1)+d$	1.572
12	受热面前空间长度	l_{kj}	m	设计	1
13	纵向相对节距	σ_2		S_2/d	2.260
14	烟气有效辐射层厚度	s	m	$0.9d(4S_1S_2/\pi d^2-1)$	0.195
15	受热面积	H	m²	$z_1z_2\pi db$	1709.16
16	烟气流通面积	H_y	m²	$ab-z_1db$	34.56
17	蒸汽流通面积	H_x	m²	$2z_1\pi d_{in}^2/4$	0.1538
18	工质平衡吸热量	Q	kJ/h	已知	10126269
19	进口烟气温度	t_{in}	℃	第三级蒸发器出口烟气温度	292.4
20	进口烟气焓	h_{in}	kJ/m³	焓温表	424.514
21	出口烟气焓	h_{out}	kJ/m³	$(h_{in}V-Q)/V$	396.06
22	出口烟气温度	t_{out}	℃	焓温表	273.1
23	烟气平均温度	t_{pj}	℃	$(t_{in}+t_{out})/2$	283.25
24	烟气流速	ω	m/s	$V/H_y\cdot$ $[(273+t_{pj})/273]$	5.83
25	烟气热导率	λ	kW/(m·K)	查取	4.67×10^{-5}
26	节距修正系数	c_s		$\sigma_2>2$，取 1	1
27	排数修正系数	c_z		排数＞10，取 1	1
28	烟气雷诺数	Re		$\omega d_{in}/\upsilon$	6106.411

续表

编号	名　称	符号	单位	计算及来源	结果
29	烟气普朗特数	Pr		查取	0.653
30	烟气侧对流放热系数	α_{yq}	kJ/(m²·℃)	$\dfrac{0.2\,c_s c_z (\lambda/d)}{Re^{0.65} Pr^{0.33}}$	0.0558
31	三原子气体分压力	p_q	MPa	$0.1\sum r$	0.029
32	三原子气体辐射减弱系数	k_q	1/(m·MPa)	$10[(0.78+1.7 r_{h20})$ $/(10 p_q \cdot s)^{0.5}-0.1]$ $(1-0.37 t_{pj}/1000)$	27.93
33	灰粒辐射减弱系数	k_h	1/(m·MPa)	$55900/(t_{pj}^2 \cdot d_h^2)^{1/3}$	91.33
34	烟气辐射减弱系数	k	1/(m·MPa)	$\sum r_{kq} + k_h \alpha_{Ash,m}$	19.061
35	烟气黑度	a_y		$1 - e^{-\kappa ps}$	0.311
36	污染系数	ε	m²·℃/kW	选取	4.3
37	灰壁温度	t_{hb}	℃	$T_{pj} + (\xi + 1/\alpha_2)$ $\cdot (Q/3600 \times H)$	255.1
38	烟气侧辐射放热系数	α_f	kJ/(m²·℃)	$5.67 \cdot 10^{-11} \alpha_y \cdot$ $(t_{pj}+273)^3 \cdot$ $[1-(t_{hb}+273)$ $/(t_{pj}+273)^4]$ $/[1-(t_{hb}+273)$ $/(t_{pj}+273)]$	0.01125
39	修正烟气侧辐射放热系数	α_f'	kJ/(m²·℃)	$a_f\{1+0.4[(t_{in}+273)/$ $1000]^{0.25}(l_{kj}/l_{gz})^{0.07}\}$	0.01494
40	烟气侧放热系数	α_1	kJ/(m²·℃)	$\alpha_f' + \alpha_{yq}$	0.07077
41	热有效系数	Ψ		考虑入口气流不均匀取较小值	0.44
42	传热系数	k	kJ/(m²·℃)	$\Psi/(1/\alpha_1)$	0.0311
43	逆流大温压	Δt_d	℃	$t_{out} - T_b$	63.3
44	逆流小温压	Δt_x	℃	$t_{in} - T_{gr}$	43
45	逆流温压	Δt	℃	$(\Delta t_d - \Delta t_x)/$ $\ln(\Delta t_d - \Delta t_x)$	52.092
46	传热量	Q_h	kJ/h	$36000 k \Delta t H$	9981404.1
47	相对误差	ΔQ		$(Q_h - Q)/Q$	-0.014

第五级蒸发器热力计算如表 4.38 所示。

表 4.38　第五级蒸发器热力计算

编号	名　称	符号	单位	计算及来源	结果
1	内壁横向宽度	a	m	设计	7.2
2	内壁横向长度	b	m	设计	9
3	管子规格	d	m	设计	0.042
4	厚度	ζ	m	设计	0.0035
5	内径	d_{in}	m	设计	0.035
6	横向节距	S_1	m	设计	0.09
7	横向排数	z_1		Int(a/S_1)	80
8	横向相对节距	σ_1		S_1/d	2.140
9	纵向排数	z_2		假设	20
10	纵向节距	S_2	m	设计	0.095
11	受热面纵向长度	l_{gz}	m	$S_1(z_2-1)+d$	1.752
12	受热面前空间长度	l_{kj}	m	设计	1
13	纵向相对节距	σ_2	—	S_2/d	2.260
14	烟气有效辐射层厚度	s	m	$0.9d(4S_1S_2/\pi d^2-1)$	0.1955
15	受热面积	H	m²	$z_1z_2\pi db$	1899.072
16	烟气流通面积	H_y	m²	$ab-z_1db$	34.56
17	蒸汽流通面积	H_x	m²	$2z_1\pi d_{in}^2/4$	0.15386
18	工质平衡吸热量	Q	kJ/h	已知	7522371
19	进口烟气温度	t_{in}	℃	第四级蒸发器出口烟气温度	273.1
20	进口烟气焓	h_{in}	kJ/m³	焓温表	395.156
21	出口烟气焓	h_{out}	kJ/m³	$(h_{in}V-Q)/V$	375.03
22	出口烟气温度	t_{out}	℃	焓温表	259
23	烟气平均温度	t_{pj}	℃	$(t_{in}+t_{out})/2$	266.08
24	烟气流速	ω	m/s	$V/H_y\cdot[(273+t_{pj})/273]$	5.65
25	烟气热导率	λ	kW/(m·K)	查取	4.52×10^{-5}
26	节距修正系数	c_s		$\sigma_2>2$,取1	1
27	排数修正系数	c_z		排数>10, 取1	1
28	烟气雷诺数	Re		$\omega d_{in}/\upsilon$	6053.79

续表

编号	名　称	符号	单位	计算及来源	结果
29	烟气普朗特数	Pr		查取	0.656
30	烟气侧对流放热系数	α_{yq}	kJ/(m^2·℃)	$0.2\,c_s\,c_z\,(\lambda/d)$ $Re^{0.65}Pr^{0.33}$	0.0538
31	三原子气体分压力	p_q	MPa	$0.1\sum r$	0.029
32	三原子气体辐射减弱系数	k_q	1/(m·MPa)	$10[(0.78+1.7r_{h20})$ $/(10p_q\cdot s)^{0.5}-0.1]$ $(1-0.37t_{pj}/1000)$	28.16
33	灰粒辐射减弱系数	k_h	1/(m·MPa)	$55900/(t_{pj}^2\cdot d_h^2)^{1/3}$	93.24
34	烟气辐射减弱系数	k	1/(m·MPa)	$\sum rk_q+k_h\alpha_{Ash,m}$	19.355
35	烟气黑度	a_y		$1-e^{-\kappa ps}$	0.315
36	污染系数	ε	m^2·℃/kW	选取	4.3
37	灰壁温度	t_{hb}	℃	$T_{Pj}+(\xi+1/\alpha_2)$ $\cdot(Q/3600\times H)$	255.1
38	烟气侧辐射放热系数	α_f	kJ/(m^2·℃)	$5.67\cdot10^{-11}\alpha_y\cdot$ $(t_{pj}+273)^3\cdot$ $[1-(t_{hb}+273)$ $/(t_{pj}+273)^4]$ $/[1-(t_{hb}+273)$ $/(t_{pj}+273)]$	0.0108
39	修正烟气侧辐射放热系数	α_f'	kJ/(m^2·℃)	$a_f\{1+0.4[(t_{in}+273)$ $/1000]^{0.25}(l_{kj}$ $/l_{gz})^{0.07}\}$	0.0144
40	烟气侧放热系数	α_1	kJ/(m^2·℃)	$\alpha_f'+\alpha_{yq}$	0.06827
41	热有效系数	Ψ		考虑入口气流不均匀取较小值	0.44
42	传热系数	k	kJ/(m^2·℃)	$\Psi/(1/\alpha_1)$	0.030
43	逆流大温压	Δt_d	℃	$t_{out}-T_b$	43.06
44	逆流小温压	Δt_x	℃	$t_{in}-T_{gr}$	28.9
45	逆流温压	Δt	℃	$(\Delta t_d-\Delta t_x)/$ $\ln(\Delta t_d-\Delta t_x)$	35.51
46	传热量	Q_h	kJ/h	$3600k\Delta tH$	7293253
47	相对误差	ΔQ		$(Q_h-Q)/Q$	-0.0304

省煤器热力计算如表 4.39 所示。

表 4.39　省煤器热力计算

编号	名　称	符号	单位	计算及来源	结果
1	内壁横向宽度	a	m	设计	7.2
2	内壁横向长度	b	m	设计	9
3	管子规格	d	m	设计	0.038
4	厚度	ζ	m	设计	0.004
5	内径	d_{in}	m	设计	0.03
6	横向节距	S_1	m	设计	0.09
7	横向排数	z_1		$Int(a/S_1)$	80
8	横向相对节距	σ_1		S_1/d	2.370
9	纵向排数	z_2		假设	28
10	纵向节距	S_2	m	设计	0.095
11	受热面纵向长度	σ	m	$S_1(z_2-1)+d$	1.928
12	受热面前空间长度	l_{kj}	m	设计	1
13	纵向相对节距	σ_2		S_2/d	2.5
14	烟气有效辐射层厚度	s	m	$0.9d(4S_1S_2/\pi d^2-1)$	0.223
15	受热面积	H	m²	$z_1z_2\pi db$	2405.49
16	烟气流通面积	H_y	m²	$ab-z_1db$	37.44
17	蒸汽流通面积	H_x	m²	$2z_1\pi d_{in}^2/4$	0.1130
18	出口工质压力	P_{out}	MPa	锅筒压力	2.8
19	出口工质温度	T_{out}	℃	饱和温度	221.1
20	出口工质焓	i_{out}	kJ/kg	已知	942.17
21	给水温度	T_{gs}	℃	已知	105
22	给水焓	i_{gs}	kJ/kg	已知	441.617
23	工质含增	Δt	kJ/kg	$i_{out}-i_{gs}$	500.553
24	工质平衡吸热	Q	KJ/h	已知	18973909
26	工质平均温度	T_{pj}	℃	$(T_{gs}+T_{out})/2$	163.05
27	工质平均压力	P_{pj}	MPa	$(P_{gs}+P_{out})/2$	2.88
28	工质平均比容	C_{pj}	m³/kg	查取	0.0011

编号	名　称	符号	单位	计算及来源	结果
29	工质平均流速	ω_{pj}	m/s	DC_{pj}/H_x	0.368
30	工质热导率	λ_z	kW/(m·℃)	查取	0.0007
31	工质运动黏度	υ_z	m²/s	查取	1.87×10^{-7}
32	工质雷诺数	Re_z		$\omega pj\,d_{in}/\upsilon$	59176.18
33	工质普朗特数	Pr_z		查取	1.07
34	工质侧对流放热系数	α_{zq}	kW/(m²·℃)	$0.023(\lambda/d)Re^{0.8}Pr^{0.4}$ $C_rC_dC_l$	3.623
35	进口烟气温度	t_{in}	℃	第五级蒸发受热面 出口烟温	259
36	进口烟气焓	h_{in}	kJ/m³	查焓温表	375.03
37	出口烟气焓	h_{out}	KJ/m³	$(h_{in}V-Q)/V$	321.73
38	出口烟气温度	t_{out}	℃	查焓温表	218.05
39	烟气平均温度	t_{pj}	℃	$(t_{in}+t_{out})/2$	238.52
40	烟气流速	ω	m/s	$V/H_y\cdot$ $[(273+t_{pj})/273]$	4.94
41	烟气热导率	λ	kW/(m·K)	查取	4.34×10^{-5}
42	节距修正系数	c_s		$\sigma_2>2$,取1	1
43	排数修正系数	c_z		排数>10,取1	1
44	烟气雷诺数	Re		$\omega d_{in}/\upsilon$	5209.45
45	烟气普朗特数	Pr		查取	0.662
46	烟气侧对流放热系数	α_{yq}	kJ/(m²·℃)	$0.2\,c_sc_z(\lambda/d)$ $Re^{0.65}Pr^{0.33}$	0.0519
47	三原子气体分压力	p_q	MPa	$0.1\sum r$	0.029
48	三原子气体辐射 减弱系数	k_q	1/(m·MPa)	$10[(0.78+1.7r_{h20})/$ $(10p_q\cdot s)^{0.5}-0.1]$ $(1-0.37t_{pj}/1000)$	26.859
49	灰粒辐射减弱系数	k_h	1/(m·MPa)	$55900/(t_{pj}^2\cdot d_h^2)^{1/3}$	99.16
50	烟气辐射减弱系数	k	1/(m·MPa)	$\sum rk_q+k_h\alpha_{Ash,m}$	19.68
51	烟气黑度	a_y		$1-e^{-\kappa ps}$	0.356
52	污染系数	ε	m²·℃/kW	选取	4.3

编号	名　称	符号	单位	计算及来源	结果
53	灰壁温度	t_{hb}	℃	$T_{pj} + (\xi + 1/\alpha_2)$ $\cdot (Q/3600 \times H)$	175.810
54	烟气侧辐射放热系数	α_f	kJ/(m²·℃)	$5.67 \cdot 10^{-11} \alpha_y \cdot$ $(t_{pj} + 273)^3 [1 - (t_{hb} + 273)$ $/(t_{pj} + 273)^4]$ $/[1 - (t_{hb} + 273)$ $/(t_{pj} + 273)]$	0.00898
55	修正后的辐射放热系数	α_f'	kJ/(m²·℃)	$a_f \{1 + 0.4[(t_{in} + 273)$ $/1000]^{0.25} (l_{kj}/$ $l_{gz})^{0.07}\}$	0.0119
56	烟气侧放热系数	α_1	kJ/(m²·℃)	$\alpha_f' + \alpha_{yq}$	0.0638
57	热有效系数	Ψ		考虑入口气流不均匀取较小值	0.5
58	传热系数	k	kJ/(m²·℃)	$\Psi/(1/\alpha_1)$	0.0319
59	逆流大温压	Δt_d	℃	$t_{out} - T_b$	113.05
60	逆流小温压	Δt_x	℃	$t_{in} - T_{gr}$	37.9
61	逆流温压	Δt	℃	$(\Delta t_d - \Delta t_x)/$ $\ln(\Delta t_d/\Delta t_x)$	68.82
62	传热量	Q_h	kJ/h	$3600 k \Delta t H$	18985685
63	相对误差	ΔQ		$(Q_h - Q)/Q$	0.0006

4.10　重力式萘热管传热计算

4.10.1　计算原理与分析

1. 重力式萘热管传热特点

热管是一种具有很高传热性能的元件,能够在小的温度梯度下就能把热量从一处传往另一处,通过在全封闭真空管内的液体的蒸发与凝结来传递热量。热管可分为蒸发段、绝热段和冷凝段三个部分,当热源在蒸发段对其供热时,工质自热源吸热汽化变为蒸汽,蒸汽在压差的作用下沿中间通道高速流向另一端,在冷凝段向冷源放出潜热后冷凝成液体;工质在蒸发段蒸发时液态工质在管芯毛细力作用下又返回蒸发段,继续吸热蒸发,如此循环往复,工质的蒸发和冷凝便把热量不断地从热端传递到冷端。热管在实现这一热量转移的过程中,包含了以下 6 个相互关联的主要过程:

(1) 热量从外部热源传至蒸发段,通过管壁和浸满工质吸液芯的热传导使工质的温度上升。

(2) 液体在蒸发段内的液 - 汽分界面上蒸发,直至达到饱和蒸汽压。

(3) 蒸汽通过蒸汽通道流向低压部分,即流向温度较低的冷凝段。

(4) 蒸汽在冷凝段的汽-液界面上冷凝。

(5) 热量从汽-液分界面通过充满工质的吸液芯和管壁的热传导,由管子外表面传给冷源。

(6) 冷凝的液体通过吸液芯靠毛细力回流到蒸发段。

重力热管(或两项闭式热虹吸管)是热管的一种类型。它与普通热管一样,利用工质的蒸发和冷凝来传递热量,不需要外加动力而工质自行循环。它与普通热管的不同之处在于,重力热管内没有吸液芯,冷凝液依靠自身的重力从冷凝段返回到蒸发段。一般而言,重力式热管管内工质流动可能会出现液膜干涸、液膜和液池连续、液池超过蒸发段和液池占满蒸发段的几种情况。萘具有较高的汽化潜热和表面张力、黏度小等优点,且价格不高,原料充足,适合作为中温热管的工质。以萘为工质的热管,其工作温度在 250～400 ℃之间,其对应的饱和蒸汽压力是 $1.98 \times 10^5 \sim 18.2 \times 10^5$ Pa 之间,这对工业上中温区的余热回收具有重大的意义。考虑到萘的特性,因此重力式萘热管管内工质流动选用如图 4.25(d)所示的情况,其传热过程分为冷凝段的膜状冷凝过程和液池内的沸腾传热过程两个部分。

2. 冷凝段数学模型

热管内部的冷凝液膜和热管的内径比起来很薄,因此研究热管内部的凝结换热可以简化成研究大平板表面的凝结换热处理,这样可以使问题变得简单化。只考虑竖直方向,其他方向不考虑,如图 4.26 所示。同时为了简化分析,作以下几点假设:

(1) 蒸汽及液膜的热物性是常数。

(2) 液膜的惯性力可以忽略(即控制方程中的对流项可以忽略不计)。

(3) 汽液界面上无温差,界面上液膜温度等于饱和温度。

(4) 膜内的温度分布是线性的,即认为液膜内的热量转移只有导热,而无对流作用。

(5) 忽略不凝气体的影响。

(6) 液膜表面平整无波动。

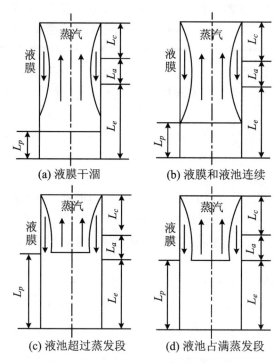

(a) 液膜干涸　　　　　　　(b) 液膜和液池连续

(c) 液池超过蒸发段　　　　(d) 液池占满蒸发段

图 4.25　重力热管管内工质流动形式

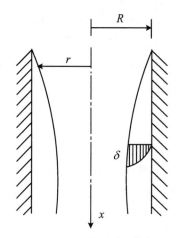

图 4.26　重力热管冷凝段模型

液膜在竖直管内的连续性方程、轴向动量方程和能量方程如下：

连续性方程

$$\frac{\partial u_l}{\partial x} + \frac{1}{r}\frac{\partial}{\partial r}(rv) = 0 \tag{4.219}$$

轴向动量方程

$$\frac{\partial(\rho u_l u_l)}{\partial x} + \frac{1}{r}\frac{\partial(\rho r v u_l)}{\partial r} = -\frac{\partial p}{\partial x} + \rho_l g + \mu_l\left[\frac{\partial}{\partial x}\left(\frac{\partial u_l}{\partial x}\right) + \frac{1}{r}\frac{\partial}{\partial r}\left(r\frac{\partial u_l}{\partial r}\right)\right]$$

$$\text{(4.220)}$$

应用假定②,式(4.220)左边可以舍去。$\dfrac{\mathrm{d}p}{\mathrm{d}x}$ 为液膜在 x 方向的压力梯度,可按照 $r=\delta$ 处液膜表面蒸汽的压力梯度计算。若以 ρ_v 表示蒸汽密度,则有 $\dfrac{\mathrm{d}p}{\mathrm{d}x} = \rho_v g$,这样就可以得到动量方程的简化形式

$$\mu_l\frac{1}{r}\frac{\partial}{\partial r}\left(r\frac{\partial u_l}{\partial r}\right) + (\rho_l - \rho_v)g = 0 \tag{4.221}$$

动量方程的边界条件为

$$r = R, u_l = 0 \tag{4.222}$$

$$r = R - \delta, \quad \tau_\delta = \mu_l\frac{\partial u_l}{\partial r} \tag{4.223}$$

式中,u_l 为冷凝液膜的流动速度,m/s;μ_l 为冷凝液膜的动力黏度,Pa·s。

液膜速度的分布式为

$$\mu_l = \frac{\rho_l - \rho_v}{4\mu_l}g(R^2 - r^2) + \left[(R - \delta)\frac{\tau_i}{\mu_l} + \frac{\rho_l - \rho_v}{2\mu_l}g(R - \delta)^2\right]\ln\frac{r}{R}$$

$$\text{(4.224)}$$

汽液界面处液膜的流动速度即为 $r = R - \delta$ 时的 u_l 值,则有

$$\mu_{li} = \frac{\rho_l - \rho_v}{4\mu_l}g(2R - \delta)\delta + \left[(R - \delta)\frac{\tau_i}{2\mu_l}g(R - \delta)^2\right]\ln\frac{R - \delta}{R}$$

$$\text{(4.225)}$$

能量方程

$$\frac{\partial(\rho_l c_p u_l T)}{\partial x} + \frac{1}{r}\frac{\partial(\rho c_p r v T)}{\partial r} = \lambda_l\left[\frac{\partial}{\partial x}\left(\frac{\partial T}{\partial x}\right) + \frac{1}{r}\frac{\partial}{\partial r}\left(r\frac{\partial T}{\partial r}\right)\right] \tag{4.226}$$

由假定④,膜内温度分布是线性的,可以得到能量方程的简化形式

$$\frac{1}{r}\frac{\partial}{\partial r}\left(r\frac{\partial T}{\partial r}\right) = 0 \tag{4.227}$$

其对应的边界条件为

$$r = R, \quad T = T_w \tag{4.228}$$

$$r = R - \delta, \quad T = T_v \tag{4.229}$$

液膜内的温度分布为

$$T = \frac{T_w - T_v}{\ln R - \ln(R - \delta)}\ln r + \frac{\ln R - T_w\ln(R - \delta)}{\ln R - \ln(R - \delta)} \tag{4.230}$$

控制体能量守恒方程如图 4.27 所示,在冷凝液膜内取一控制体,对该控制体进行能量平衡分析有

$$d\dot{m} \times i_g + \int_0^\delta \rho_l u_l\left[i_f + c_p(T - T_v)\right]r\mathrm{d}r = -R\left[-\lambda_l\left(\frac{\partial T}{\partial r}\right)_{r=R}\mathrm{d}x\right] +$$

$$\int_0^\delta \rho_l u_l [i_f + c_p(T - T_v)] r \mathrm{d}r + \frac{\mathrm{d}}{\mathrm{d}x} \left\{ \int_0^\delta \rho_l u_l [i_f + c_p(T - T_v)] r \mathrm{d}r \right\} \mathrm{d}x$$

$$(4.231)$$

式中,i_f 为 T_v 温度下饱和液膜的焓值,kJ/kg;i_g 为 T_v 温度下饱和蒸汽的焓值,kJ/kg;$\dot{m}$ 为凝结液单位宽度质量流量,kg/(m·s)。

$$\dot{m} = \int_0^\delta \rho_l u_l r \mathrm{d}r \tag{4.232}$$

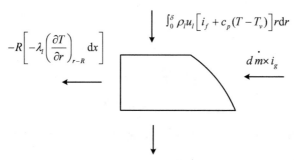

图 4.27　控制体热量传递分析图

由于 T_v 温度下饱和液膜的焓值 i_f 是定值,因此

$$\frac{\mathrm{d}}{\mathrm{d}x} \left(\int_0^\delta \rho_l u_l i_f r \mathrm{d}r \right) = i_f \times d\dot{m} \tag{4.233}$$

因为液膜内为纯导热,则有

$$- R \left[- \lambda_l \left(\frac{\partial T}{\partial r} \right)_{r=R} \mathrm{d}x \right] = \lambda_l \frac{T_v - T_w}{\delta} R \mathrm{d}x \tag{4.234}$$

将式(4.233)和(4.234)代入式(4.231)得

$$d\dot{m} \times i_g = \frac{\lambda_l}{\delta}(T_v - T_w) R \mathrm{d}x + d\dot{m} \times i_f + \frac{\mathrm{d}}{\mathrm{d}x} \left\{ \int_0^\delta \rho_l u_l c_p(T - T_v) r \mathrm{d}r \right\} \mathrm{d}x$$

$$(4.235)$$

由于

$$h_{fg} = i_g - i_f \tag{4.236}$$

这里 h_{fg} 为汽化潜热。

将式(4.236)代入(4.235)中,可以得到

$$d\dot{m} \times h_{fg} = \frac{\lambda_l}{\delta}(T_v - T_w) R \mathrm{d}x + \frac{\mathrm{d}}{\mathrm{d}x} \left\{ \int_0^\delta \rho_l u_l c_p(T - T_v) r \mathrm{d}r \right\} \mathrm{d}x$$

$$(4.237)$$

将式(4.224)代入 $\dot{m} \int_0^\delta \rho_l u_l \mathrm{d}r$ 中,并化简可以得到

$$\dot{m} = \rho_l \frac{\rho_l - \rho_v}{4\mu_l} g \times \frac{(2R - \delta)^2 \delta^2}{4} + \rho_l \left[(R - \delta) \frac{\tau_\delta}{\mu_l} + \frac{\rho_l - \rho_v}{2\mu_l} g (R - \delta)^2 \right]$$

$$\times \left[\frac{\delta^2 - 2R\delta}{4} - \frac{(R - \delta)^2}{2} \ln \frac{(R - \delta)}{R} \right] \tag{4.238}$$

若考虑 $\rho_l \gg \rho_v$，并考虑到液膜厚度远小于热管半径，利用级数展开，式(4.238)可以写成

$$\dot{m} = \frac{1}{3} \frac{\rho_l^2 g}{\mu_l} R \delta^3 + \frac{\rho_l R \tau_i}{\mu_l} \left(-\frac{\delta^2}{2} + \frac{\delta^3}{6R} - \frac{\delta^4}{4R^2} \right) \tag{4.239}$$

利用无量纲的方法对控制体能量守恒方程进行处理，得到

$$\left[\frac{C_1}{4} \left(1 - \frac{\rho_v}{\rho_l} \right) + \frac{3C_2}{32} \left(1 - \frac{\rho_v}{\rho_l} \right) \right] \overline{\delta}^4 - \left(\frac{C_1}{3} \overline{\tau_i} + \frac{C_2}{9} \overline{\tau_i} \right) \overline{\delta}^3 = \overline{x} \tag{4.240}$$

式中，$\overline{\delta}$ 为无量纲液膜厚度，$\overline{\delta} = \delta (g/v_l^2)^{1/3}$；$\overline{\tau_i}$ 为无量纲剪切应力，$\overline{\tau_i} = \dfrac{\tau_i}{\mu_i (g^2/v_l)^{1/3}}$；$\overline{x}$ 为无量纲液膜下降高度，$\overline{x} = x(g/v_l^2)^{1/3}$。

整理得液膜厚度、界面剪切应力以及液膜下降高度三个变量之间的关系式为

$$\left(\frac{C_1}{4} + \frac{3}{32} C_2 \right) C_3 \delta^4 - \frac{\tau_i}{\mu_l v_l} \left(\frac{C_1}{3} + \frac{C_2}{9} \right) \delta^3 = x \tag{4.241}$$

式中，$C_1 = \dfrac{\mu_l h_{fg}}{\lambda_l (T_v - T_w)}$，$C_2 = \dfrac{\mu_l c_p}{\lambda_l}$，$C_3 = \dfrac{\rho_l - \rho_v}{\mu_l v_l} g$。

热管在正常运行时，蒸汽和冷凝液的流动方向相反，汽液界面上存在摩擦力。该摩擦力由两部分构成：一部分是黏性摩擦引起的切应力，另一部分是蒸汽在液膜表面凝结后，将蒸汽分子的动量传递给液膜所产生的切应力，用方程表示为

$$\tau_i = \tau_m + \tau_f \tag{4.242}$$

式中，τ_i 为界面切应力，N/m^2；τ_m 为相变切应力，N/m^2；τ_f 为摩擦切应力，N/m^2。

相变切应力 τ_m 可以表示为

$$\tau_m = \xi (U_v + u_{li}) = \left[\frac{\lambda_l (T_v - T_w)}{h_{fg} \delta} \right] (U_v + u_{li}) \tag{4.243}$$

式中，ξ 为径向质量交换率，$\xi = \dfrac{\lambda_l (T_v - T_w)}{h_{fg} \delta}$；$U_v$ 为蒸汽平均流速，m/s；u_{li} 为汽液界面上液膜速度，m/s。

根据质量平衡关系，来计算蒸汽平均流速 U_v。热管稳态工作时，近似认为在同一水平截面上汽液两相的质量流量相平衡，则有

$$\pi D \dot{m} = \pi \left(\frac{D}{2} \right)^2 U_v \rho_v \tag{4.244}$$

整理得：

$$U_v = \frac{4\dot{m}}{\rho_v D} \tag{4.245}$$

式中，D 为热管的内直径，m。式(4.245)即为蒸汽平均速度与凝结液膜质量流量之间的关系。

摩擦切应力 τ_f 可以表示为

$$\tau_f = \frac{c_f}{2}\rho_v(U_v + u_{li})^2 \tag{4.246}$$

式中，c_f 为摩擦系数。

对于无吸入的管流，建议 c_f 取值为

$$c_f = \frac{16}{Re_v}, \quad Re_v \leqslant 2000$$

$$c_f = \frac{Re_v^{0.33}}{1525}, \quad 2000 < Re_v \leqslant 4000 \tag{4.247}$$

$$c_f = 0.079 Re_v^{-0.25}, \quad 4000 < Re_v \leqslant 3000$$

$$c_f = 0.046 Re_v^{-0.2}, \quad 30000 < Re_v \leqslant 10^6$$

式中，$Re_v = \dfrac{\rho_v D(U_v + u_{li})}{\mu_v}$。

根据能量平衡可以得到热管局部冷凝换热系数为

$$h_x(T_v - T_w) = \lambda_l \left(\frac{\partial T}{\partial r}\right)_{r=R} \tag{4.248}$$

又因为

$$\lambda_l \left(\frac{\partial T}{\partial r}\right)_{r=R} = \lambda_l \frac{T_v - T_w}{\delta}$$

于是有

$$h_x = \frac{\lambda_l}{\delta} \tag{4.249}$$

则总的冷凝换热系数为

$$h_c = \frac{\sum_{i=1}^n h_x \cdot \Delta x}{n \cdot \Delta x} = \frac{\sum_{i=1}^n h_x}{n} \tag{4.250}$$

3. 液池沸腾换热模型

在通常热管工作条件下，靠近壁面的液体有足够的过热度使其核化产生气泡，因此可以认为液池内为核态沸腾传热，开敞空间热管沸腾传热系数的经验关联式为

$$\alpha = C q^m \left(\frac{\Delta T_s}{\Delta T}\right)^n \tag{4.251}$$

在此基础上，应用以下无量纲物理量 $\dfrac{qD}{\lambda \Delta T}$，$\dfrac{qD\rho_1}{h_{fg}\rho_v \mu_l}$，$\dfrac{q}{h_{fg}\rho_v \sqrt{gD}}$，$\dfrac{\Delta T_s}{\Delta T}$，$\dfrac{\rho_v}{\rho_l}$ 进行量纲分析，得到了沸腾传热系数与物性参数的对应关系，其表达式为

$$\alpha \propto 0.32 \frac{\rho_l^{0.55}\lambda_l^{0.3}c_{pl}^{0.7}g^{0.2}}{h_{fg}^{0.4}\rho_v^{0.25}v_l^{0.1}} \left(\frac{\Delta T_s}{\Delta T}\right)^{0.9} q e^{0.4} \tag{4.252}$$

Shiraishi 等在开敞空间沸腾传热基础上，对沸腾压力进行修正，得到闭式热管液池内核态沸腾的传热系数为

$$h_{ep} = 0.32 \frac{\rho_l^{0.55} \lambda_l^{0.3} c_{pl}^{0.7} g^{0.2}}{\rho_v^{0.25} h_{fg}^{0.4} \mu_l^{0.1}} \left(\frac{p}{p_a}\right)^{0.9} qe^{0.4} \tag{4.253}$$

式中，$\left(\dfrac{p}{p_a}\right)^{0.23}$ 为压力修正项；p 为热管内的饱和压力，Pa；p_a 为大气压，Pa；q_e 为蒸发段的热流密度，W/m²。

4. 整个热管的质量和能量平衡

整个热管的质量是液膜、蒸汽以及液池里的液体的质量总和，在运行过程中保持不变，即

$$M = \pi R^2 H_p \rho_l + \int_0^{x_c} \left[\pi r^2 \rho_v + \pi (R^2 - r^2) \rho_l\right] \cdot \mathrm{d}x \tag{4.254}$$

而整个热管的总能量平衡则是蒸发段输入的热量等于冷凝段输出的热量，即

$$\int_0^{x_c} h_c (T_v - T_{wc}) \mathrm{d}x = \int_{x_c}^L h_{ep} (T_{we} - T_v) \tag{4.255}$$

5. 初始液膜厚度确定

初始值是保证数值计算解是否收敛和唯一的重要因素。本模型的液膜厚度初始值采用 Nusselt 理论值。所谓 Nusselt 理论值是指 Nusselt 在 1916 年提出的纯净蒸汽层流膜状凝结的分析解。在分析中，Nusselt 作了若干合理的假定：

（1）物性为常数。

（2）蒸汽是静止的，汽液界面上无对液膜的黏滞应力。

（3）液膜的惯性力可忽略。

（4）汽液界面无温差，$t_\delta = t_s$。

（5）膜内温度分布是线性的。

（6）液膜过冷度可忽略。

（7）蒸汽密度相对液膜密度可忽略不计。

（8）液膜表面平整无波动。

竖壁的膜状凝结控制方程为

$$\frac{\partial u}{\partial x} + \frac{\partial v}{\partial y} = 0 \tag{4.256}$$

$$\rho_l \left(u \frac{\partial u}{\partial x} + v \frac{\partial u}{\partial y}\right) = -\frac{\mathrm{d}p}{\mathrm{d}x} + \rho_l g + \mu_l \frac{\partial^2 u}{\partial y^2} \tag{4.257}$$

$$u \frac{\partial t}{\partial x} + v \frac{\partial t}{\partial y} = a_l \frac{\partial^2 t}{\partial y^2} \tag{4.258}$$

应用以上简化假定，可将方程组简化为

$$\mu_l \frac{\mathrm{d}^2 u}{\mathrm{d}y^2} + \rho_l g = 0 \tag{4.259}$$

$$\frac{\mathrm{d}^2 t}{\mathrm{d}y^2} = 0 \tag{4.260}$$

其边界条件为

$$y = 0 \text{ 时}, u = 0, t = t_w \tag{4.261}$$

$$y = \delta \text{ 时}, \left.\frac{\mathrm{d}u}{\mathrm{d}y}\right|_{\delta} = 0, t = t_s \tag{4.262}$$

求解得到

$$\delta = \left[\frac{4\mu_l \lambda_l (t_s - t_w) x}{g\rho_l^2 h_{fg}}\right]^{1/4} \tag{4.263}$$

则冷凝段液膜厚度以此作为初始值,各节点的液膜厚度初始值为

$$\delta_{0i} = \left[\frac{4\mu_l \lambda_l (T_v - T_w) x_i}{g\rho_l^2 h_{fg}}\right]^{1/4} \tag{4.264}$$

6. 冷凝段热管内壁温度和蒸汽温度的确定

在处理热管内壁温度时,一般采用测量热管的外壁温度然后修正为内壁温度。这种方法往往存在很大的误差,而且在测量外壁温度时,热电偶的热端在冷却介质的冲刷下,测量值很难保证是外壁温度,所测的温度从理论上讲是外壁温和冷却介质的综合温度。因此,在处理热管内壁温度时采用了热平衡计算法,假设如下:

（1）忽略散热损失,即饱和蒸汽凝结释放的热量等于冷却介质带走的热量。

（2）由于凝结液膜与热管半径相比很薄,在这里将其看作厚度均匀的薄膜。

（3）液膜内只存在导热,液膜最外层的温度取饱和蒸汽的温度,由于液膜的内表面和管壁是紧密相连的,温度连续分布,因此将液膜的内表面温度看作热管的内壁温度。

当热管运行稳定时,根据假设可知

$$Q_c = Q \tag{4.265}$$

即

$$\rho_l \pi D \bar{\delta} L_c h_{fg} = Q \tag{4.266}$$

式中,Q_c 为单位时间饱和蒸汽在凝结时释放的热量,W;Q 为单位时间冷却介质带有的热量（通过测量冷却介质进、出口温度和流量可以计算出来）,W;$\bar{\delta}$ 为液膜的平均厚度,m。

可以得到:

$$\bar{\delta} = \frac{Q}{\rho_l \pi D L_c h_{fg}} \tag{4.267}$$

式中,ρ_l 为饱和温度下液体相应的密度,$\mathrm{kg/m^3}$。

从前面理论推导部分可知,液膜内是纯导热,根据导热理论可得到如下关系:

$$\frac{T_v - T_w}{Q} = \frac{\ln[R/(R - \bar{\delta})]}{2\pi \lambda_l L_c} \tag{4.268}$$

可以得到热管内壁温度为

$$T_w = T_v - \frac{Q\ln[R/(R - \bar{\delta})]}{2\pi \lambda_l L_c} \tag{4.269}$$

取液膜温度

$$T_l = \frac{1}{2}(T_w + T_v) \tag{4.270}$$

不考虑散热损失,单位时间饱和蒸汽在凝结时释放的热量等于单位时间冷却水带走的热量等于加热段输入热量,即

$$Q_c = Q = Q_e \tag{4.271}$$

又因为

$$\frac{Q_e}{\pi DL_e} = h_{ep}(T_w - T_v) \tag{4.272}$$

则

$$T_v = T_w - \frac{Q}{h_{ep}\pi DL_e} \tag{4.273}$$

4.10.2　程序设计

由于知道了液膜厚度才能够计算出冷凝段每一个分点处的换热系数,进而计算出冷凝段总的换热系数,因此,计算液膜厚度是求解冷凝段换热系数的关键所在。读入初始液膜总长度、重力热管内径、蒸汽、热管内壁、冷凝液膜温度,蒸汽、冷凝液膜的物性参数,重力加速度等。均匀地将冷凝段划分成 n 等分,在这里假设每一小段内的液膜厚度是均匀的(如果步长足够小的话,这种假设是合理的)。

1. 求解每个分点处的液膜厚度的步骤

① 将前一个分点处的界面切应力作为已知量,利用液膜厚度与界面切应力和液膜下降高度的关系式,用二分法求解液膜厚度。

② 以得到的液膜厚度为已知量,代入界面切应力求解公式,求出新的界面切应力。

③ 以新的界面切应力为已知量,再代入液膜厚度与界面切应力和液膜下降高度的关系式,再次用二分法求出新的液膜厚度。

④ 比较两次求出的液膜厚度,如果在误差范围内,则取后一次的计算结果为液膜厚度,否则以后一次的液膜厚度为已知量回到步骤②,重复计算,然后再比较。

将上一步求得的每一个分点处的液膜厚度,代入液膜厚度与冷凝换热系数的关系式,求出各分点处的局部冷凝换热系数。对所有分点处的冷凝换热系数取算术平均就得到了总的冷凝换热系数。

2. 离散法求液膜厚度

根据边界条件:当液膜下降高度 $x = 0$ 时,液膜厚度 $\delta = 0$,界面剪切应力 $\tau_i = 0$。然后沿管长将液膜长度进行离散,划分节点,则每一个节点的 x 值就已知了。在每一个节点处把 x 值和上一个节点的 τ_i 值代入液膜厚度关系式利用二分法求解(第一个节点处 $\tau_i = 0$),可以得到 δ 值。以求得的 δ 值为已知值,再根据界面切

应力公式、汽液界面液膜速度公式、液膜单位宽度质量流量公式和蒸汽平均速度公式求出新的切应力分布,把新的 τ_i 值和 x 值代入到液膜厚度关系式中计算出新的 δ 值,如此循环,当前后两次计算得到的 δ 值的误差在精度范围内时,则此时的 δ 值即为该节点的液膜厚度。重力式萘热管传热计算流程如图 4.28 所示。

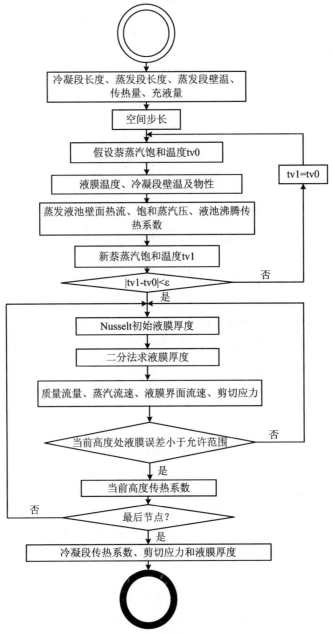

图 4.28　重力式萘热管传热计算流程图

　　热管蒸发段采用等壁温加热,蒸发段平均壁温为 300 ℃,此时热管放出的热量为 1271 W,即认为热管蒸发段输入功率和冷凝段输出功率均为 1271 W,热管参数如表 4.40 所示。

表 4.40　热管基本参数

总长 L(m)	2.0	外径 D_o(mm)	48	管材	碳钢
冷凝段长度 L_c(m)	1.0	内径 D_i(mm)	42	工质	萘
蒸发段长度 L_e(m)	1.0	充液率	80%	冷凝翅片	无

　　萘是无色光亮的片状晶体,分子式为 $C_{10}H_8$,分子量为 128。萘在标准压力下的沸点时 217.96 ℃,熔点 80.27 ℃。具有特殊的气味,易升华。不溶于水,易溶于热的乙醇和乙醚等。溶于乙醇后,将其滴入水中,会出现白色浑浊。萘是重要的化工有机原料,也常用作防蛀剂。表 4.41 给出了萘的临界密度、临界温度等物理性质。

表 4.41　萘的物理性质

临界密度 (kg/m^3)	临界温度 $(℃)$	临界压力 (Pa)	空气中燃点 $(℃)$	氧气中燃点 $(℃)$	闪点 $(℃)$
314	478.5~480	$4.2×10^6$	690	557	80

　　在 23.9 ℃时,固体萘的密度为 1178.9 kg/m^3;在 60 ℃时,为 1141±4 kg/m^3;在 85 ℃时,液体萘的密度为 975.2±2 kg/m^3,在 100 ℃时,为 962.83 kg/m^3,60~190 ℃范围内每 1 ℃的密度温度系数为

$$- 0.00077163[1 + 0.001933(t - 100)] \tag{4.274}$$

　　接近熔点时,表面张力为 32.03×10^{-3} N/m(80.8 ℃时)。表面张力与温度的关系,可根据公式(4.275)计算出。

$$\sigma_T = 41.50 - 0.103t \tag{4.275}$$

　　在不同温度范围内,萘饱和蒸汽压力写成

$$\log p = A - B/(C + t) + 2.1238 \tag{4.276}$$

式中,p 为压力,Pa;t 为温度,℃。

　　不同温度范围时,公式(4.280)的系数值列于表 4.42,表 4.43 给出了温度由 0~478.5 ℃时萘蒸汽压力部分数据。

表 4.42　系数值

$t(℃)$	A	B	C
0~80.27	5.80099	978.66	118.39
80.27~327.5	7.1268	1828.04	212.53
327.5~478.5	4.6586	2368.49	296.16

表 4.43　不同温度时萘蒸汽压力

$t(℃)$	$p(kPa)$	$t(℃)$	$p(kPa)$	$t(℃)$	$p(kPa)$
0	$0.8×10^{-3}$	190	51.4	375	1490
10	$2.8×10^{-3}$	210	84.2	389	1597
30	$17.73×10^{-3}$	230	131.3	400.5	1837.5
50	$108.66×10^{-3}$	250	198	414.5	2102.1
70	$526.6×10^{-3}$	270	289	426	2400
90	1.68	290	409.6	438	2675
110	3.64	310	563.5	448	3000
130	8.25	330	760.5	454.5	3165
150	16.1	349	990.5	467	3616
170	29.7	361	1166	478.5	4042

熔融萘的动力黏度 μ 可按下式求出。在 $88.55 \sim 475.02\ ℃$ 温度范围内,根据此式用电子计算机计算极为方便:

$$\log \mu = -4.460 + 1.093/T + 0.00476T - 0.000002548T^2 \qquad (4.277)$$

式中,T 为温度,K。

萘的汽化潜热在沸点 $217.96\ ℃$ 时为 $337.87\ kJ/kg$。不同温度下的汽化潜热可根据下式求出:

$$L_t = L_k \left[(T_{kp} - T)/(T_{kp} - T_k) \right]^{0.38} \qquad (4.278)$$

式中,L_t 为温度 $T(K)$ 时的汽化潜热,kJ/kg;L_k 为沸点 $T_k(K)$ 时的汽化潜热,按准确数据,$L_k = 337.87\ kJ/kg$;T_{kp} 为临界温度,等于 $748.02\ K$。

比热 c_p,接近熔点时(在 $79.98\ ℃$ 时)相应为

$$c_{p固} = 215\ J/(mol \cdot K),\qquad c_{p液} = 220\ J/(mol \cdot K)$$

气态下萘的比热,在 $451\ K$ 和压力 $27.864\ kPa$ 时为 $c_p = 202.4\ J/(mol \cdot K)$,在 $522.7\ K$ 和 $27.864\ kPa$ 时为 $c_p = 227\ J/(mol \cdot K)$。表 4.44 给出了温度为 $90 \sim 450\ ℃$ 时,液体萘的热物理性质。

表 4.44　液体萘的热物理性质

温度 （℃）	密度 （kg/m^3）	汽化潜热 （kJ/kg）	比热 （$J/(kg \cdot K)$）	导热系数 （$W/(m \cdot K)$）	动力黏度×10^6 （$N \cdot s/m^2$）
90	971.4	393.954	1680	0.1486	864
110	955.3	386.049	1742	0.1486	701
130	938.9	377.871	1797	0.1486	581
150	922.1	369.393	1859	0.1486	490

续表

温度 (℃)	密度 (kg/m³)	汽化潜热 (kJ/kg)	比热 (J/(kg·K))	导热系数 (W/(m·K))	动力黏度×10⁶ (N·s/m²)
170	904.9	360.584	1922	0.1486	420
190	887.2	351.411	1984	0.1486	365
210	868.9	341.828	2047	0.1486	320
230	850.1	331.787	2086	0.1482	284
250	830.6	321.223	2141	0.1474	255
270	810.2	310.059	2195	0.1465	230
290	789	298.198	2250	0.1449	209
310	766.7	285.513	2305	0.1432	181
330	743	271.834	2367	0.1415	162
350	717.8	256.929	2430	0.139	144
370	690.5	240.462	2500	0.1361	127
390	660.5	221.911	2594	0.1323	111
410	626.6	200.410	2719	0.1277	96
430	586.6	174.284		0.121	82
450	535.2	139.416		0.1114	70

重力式萘热管传热计算界面设计与运行实例如图 4.29 所示,已知参数有蒸发段长度、冷凝段长度、管内外径、蒸发段壁温和传热量,以及充液量。为了对冷凝段液膜进行离散,还需冷凝段空间步长。即输入值有:
- 蒸发段长度,m:1;冷凝段长度,m:1;
- 冷凝段壁温,℃:320;
- 热管内径,mm:48;热管外径,mm:42;
- 传热量,W:1271;
- 充液量,%:1;
- 空间步长,m:0.02。

输出值有:
- 萘蒸汽饱和温度;
- 冷凝段壁温;
- 冷凝段传热系数;
- 蒸发段(液池)传热系数;
- 不同高度下液膜厚度、剪切应力和传热系数。

【提示】　可通过字符串实现萘物性数据查询。即温度字符串，以及对于物性数据，比如导热系数不同温度（导热系数）用逗号隔开，然后运用 split 函数把温度字符串分割为温度值。

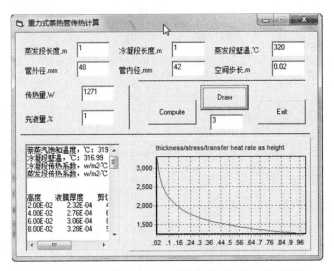

图 4.29　重力式萘热管传热计算界面设计与运行实例图

第5章 热工软件开发实例

热风炉是高炉冶炼过程中很重要的热交换设备,是提高高炉产量、降低能耗、提高生铁质量和降低生铁成本的重要环节之一。它的能耗十分巨大,因此提高热风炉热效率具有十分重要的意义。但由于热风炉本身的复杂性,如何更有效地提高其热效率,到目前为止,仍然是一个棘手的问题。针对大学生创新创业训练计划,以高炉热风炉节能模拟系统为软件开发实例展现软件分析与设计过程,可一次性完成从热风炉的参数输入到热平衡计算、蓄热室传热模拟、热工过程优化等全流程,为提高热风炉的热效率提供有益的途径,而且该系统具有使用方便、直观等优点,从而避免重复劳动,节省时间,提高工作效率。

5.1 高炉热风炉热工理论

5.1.1 热平衡计算

评价高炉热风炉的热工特性,定量地分析高炉热风炉热量使用情况,并确定其热效率及其他技术经济指标,以便对改进高炉热风炉的热工操作、设备结构、生产管理及制定规划等提供依据,基准温度采用热风炉的环境温度,一般可取高炉热风炉助燃风机入口处的空气温度。燃料的发热量采用实际燃料的低位发热量。对于一般热风炉,规定采用湿煤气的低位发热量。热平衡的范围为高炉热风炉本体,即燃烧期由燃烧器至烟道阀、送风期由冷风阀至热风阀的高炉热风炉的本体及其内部管路部分。

高炉热风炉收入项目计算包括燃烧的化学热量、燃料的物理热量、助燃空气的物理热量、冷风带入的热量。

燃烧的化学热量 Q_1 为

$$Q_1 = B \cdot Q_{dw}^s \tag{5.1}$$

式中，B 为单位体积热风的煤气用量，Q_{dw}^s 为湿煤气的低（位）发热量，煤气用量 B 由测定周期中一座高炉热风炉的煤气量与风量之比（或一组高炉热风炉的总煤气量与总风量之比）求出，即

$$B = \frac{V_m \cdot \tau_r}{V_f \cdot \tau_f} \tag{5.2}$$

式中，τ_r、τ_f 为一座高炉热风炉的燃烧期及送风期时间，V_m 为一座高炉热风炉的平均煤气流量，V_f 为一座高炉热风炉的实际热风流量，即

$$V_f = \beta_f V_f (1 - I_f) \tag{5.3}$$

式中，V_f 为冷风测点处测得的平均冷风流量，β_f 为被测高炉热风炉的风量综合校正系数，I_f 为被测高炉热风炉系统的漏风率。

煤气的低位发热量为

$$Q_{dw}^s = 4.1868(30.2CO^s + 25.8H_2^s + 85.7CH_4^s + 152C_2H_6^s + 143C_2H_4^s + 56H_2S^s) \tag{5.4}$$

式中，CO^s、H_2^s、CH_4^s、$C_2H_4^s$ 为煤气各湿成分的体积含量，可按式

$$Z^s = Z^g \frac{100}{100 + 0.124g_{mb}} \tag{5.5}$$

换算。式中，Z^s、Z^g 为煤气中任意湿成分及对应的干成分的体积含量，g_{mb} 为干煤气的含水量（不包括机械水）。

燃料的物理热 Q_2 为

$$Q_2 = B(\bar{C}_m t_m - \bar{C}_{mc} t_c) \tag{5.6}$$

式中，t_m 为煤气的平均温度，t_c 为平均环境温度，$\bar{C}_m$、$\bar{C}_{mc}$ 为煤气在 $0 \sim t_m$ 间的平均比热，即

$$\bar{C}_m = \frac{\sum Z^s C_z}{100} \tag{5.7}$$

式中，C_z 为煤气中任意湿成分在 $0 \sim t_m$ 间的平均比热，湿煤气中水分的体积含量按式计算。

$$H_2O^s = \frac{0.124g_k}{100 + 0.124g_k} \tag{5.8}$$

助燃空气的物理热量 Q_3 为

$$Q_3 = B \cdot \alpha \cdot L_0^s (C_k t_k - C_{kc} t_c) \tag{5.9}$$

式中，t_k 为湿空气平均入口温度，C_k、C_{kc} 为湿空气在 $0 \sim t_k$ 及 t_c 间的平均比热，α 为空气系数，L_0^s 为理论湿空气量，空气系数为

$$\alpha = \cfrac{21}{21 - 79 \cfrac{O_2^{g\prime} - 0.5CO^{g\prime} - 0.5H_2^{g\prime} - 2CH_4^{g\prime}}{N_2^{g\prime} - \cfrac{N_2^s(RO_2^{g\prime} + CO^{g\prime} + CH_4^{g\prime})}{CO_2^s + CO^s + CH_4^s + mC_mH_n^s + H_2S^s}}} \tag{5.10}$$

式中，$O_2^{g'}$、$CO^{g'}$、$CH_4^{g'}$、$H_2^{g'}$、$RO_2^{g'}$ 为干烟气中各成分的体积含量。

理论湿空气量为

$$L_0^s = L_0^g (1 + 0.00124 g_k) \tag{5.11}$$

式中，g_k 为空气的含水量，L_0^g 为理论干空气量，即

$$L_0^g = 0.0238(H_2^s + CO^s) + 0.095 CH_4^s$$
$$+ 0.0476\left(m + \frac{n}{4}\right) C_m H_n^s + 0.0714 H_s S^s - 0.047 O_2^s \tag{5.12}$$

冷风带入的热量 Q_4 为

$$Q_4 = C_{f1} t_{f1} - C_{fc} t_{fc} \tag{5.13}$$

收入热量总和 $\sum Q$ 为

$$\sum Q = Q_1 + Q_2 + Q_3 + Q_4 \tag{5.14}$$

高炉热风炉热支出项目计算包括热风带出的热量、烟气带出的物理热量、化学不完全燃烧损失的热量、煤气机械水的吸热量、冷却水的吸热量、汽化冷却的吸热量、冷风管道的表面散热量、炉体的表面散热量、热风管道的表面散热量、预热装置的表面散热量、热气体管道的散热量。

热风带出的热量 Q_1' 为

$$Q_1' = C_{f2} t_{f2} - C_{fc} t_{fc} \tag{5.15}$$

式中，t_{f2} 为热风的平均温度，C_{f2}、C_{fc} 为鼓风在 $0 \sim t_{f2}$ 及 t_{fc} 间的平均比热。

烟气带出的物理热量 Q_2' 为

$$Q_2' = B b V_n^s (\bar{C}_{y2} t_{y2} - \bar{C}_{y1} t_{y1}) \tag{5.16}$$

式中，B 为单位体积热风的煤气用量，V_n^s 为单位燃料完全燃烧时的实际湿烟气量，b 为完全燃烧时烟气修正系数。

当 $\alpha \geqslant 1$ 时，

$$b = \frac{100}{100 - 0.5 CO^{g'} - 0.5 H_2^{g'}} \tag{5.17}$$

当 $\alpha < 1$ 时，

$$b = \frac{100}{100 + 1.88 CO^{g'} + 1.88 H_2^{g'} + 9.52 CH_4^{g'} - 4.76 O_2^{g'}} \tag{5.18}$$

式中，t_{y2} 为出炉烟气的平均温度，$\bar{C}_{y1}$、$\bar{C}_{y2}$ 为烟气在 $0 \sim t_{y2}$ 及 t_{y1} 间的平均比热。

实际湿烟气量为

$$V_n^s = V_0 + [\alpha(1 + 0.00124 g_k) - 1] L_0^g \tag{5.19}$$

$$V_0 = 0.01\Big[CO^s + 3 CH_4^s + \left(m + \frac{n}{2}\right) C_m H_n^s + CO_2^s + H_2^s$$
$$+ 2 H_2 S^s + N_2^s + H_2 O^s \Big] \tag{5.20}$$

式中，V_0 为理论烟气量，α 为空气系数，CO^s、CH_4^s、$C_m H_n$、CO_2^s、H_2^s、$H_2 S^s$、N_2^s、$H_2 O^s$ 为煤气湿成分体积含量。

烟气平均比热为

$$\bar{C}_y = \frac{\sum Z^{s\prime}C_z^{\prime}}{100} \tag{5.21}$$

式中，$C_z^{\prime}$ 为烟气中任意湿成分在 $0\sim t_{y2}$ 及 t_{y1} 间的平均比热，$Z^{s\prime}$ 为烟气中任意湿成分的体积含量，即

$$Z^{s\prime} = Z^{g\prime}\frac{100 - H_2O^{s\prime}}{100} \tag{5.22}$$

式中，$H_2O^{s\prime}$ 为烟气中水分的体积含量，即

$$H_2O^{s\prime} = \frac{0.001\left(2CH_2^s + \dfrac{n}{2}C_mH_n^s + H_2S^s + H_2O^s\right) + 0.00124g_k\alpha L_0^g}{bV_n^s} \tag{5.23}$$

化学不完全燃烧损失的热量 $Q_3^{\prime}$ 为

$$Q_3^{\prime} = 4.1868BbV_n^s(30.2CO^{s\prime} + 25.8H_2^{s\prime} + 85.7CH_4^{s\prime} + \cdots) \tag{5.24}$$

煤气机械水的吸热量 $Q_4^{\prime}$ 为

$$Q_4^{\prime} = Bg_{mj}\left[1 \times (100 - t_m) + 539 + 1.244(C_qt_{y2} - 36)\right] \times 10^{-3} \tag{5.25}$$

式中，g_{mj} 为干煤气的机械水含量，t_m 为煤气的平均温度，t_{y2} 为出炉烟气的平均温度，C_q 为水蒸气在 $0\sim t_{y2}$ 间的平均比热。

冷却水的吸热量 $Q_5^{\prime}$ 为

$$Q_5^{\prime} = \frac{G_s\tau}{\sum V_f\tau_f}(t_{s2} - t_{s1}) \tag{5.26}$$

式中，G_s 为测定周期内冷却水的平均流量，τ 为测定的周期时间。

汽化冷却的吸热量 $Q_6^{\prime}$，忽略。

冷风管道的表面散热量 $Q_7^{\prime}$，参照炉体的表面散热量计算。

炉体的表面散热量为

$$Q_8^{\prime} = \frac{\tau}{\sum V_f\tau_f}\sum q_iA_i \tag{5.27}$$

式中，i 部炉体的散热面积，i 部炉体平均表面热流，如不能直接测，可按

$$q_i = 5.67\varepsilon\left[\left(\frac{273 + t_b}{100}\right)^4 - \left(\frac{273 + t_c}{100}\right)^4\right] + a_d(t_b - t_c) \tag{5.28}$$

计算。式中，ε 为炉体表面黑度，t_b 为 i 部炉体平均表面温度，t_c 为距炉体表面 i 米处的环境温度，a_d 为对流给热系数，即无风时，

$$a_d = 1.163A(t_b - t_c)^{0.25} \tag{5.29}$$

式中，A 为系数，面向上时 $A = 2.8$，面向下时 $A = 1.5$，面垂直时 $A = 2.2$。当风速 $W_f < 5$ m/s 时，$a_d = 1.163(5.3 + 3.6W_f)$；当风速 $W_f > 5$ m/s 时，$a_d = 7.52W_f^{0.73}$。

在风速 $W_f = 0.2\sim6.4$ m/s，$t_c = 1421$ ℃，且使用红外测温仪测量炉体表面温度与环境温度之差 Δt_i 的情况下，可按式

$$q_i = k \cdot \Delta t_i \tag{5.30}$$

计算表面热流。式中，k 为炉体表面综合给热系数，$15\sim17$ W/(m$^2 \cdot$℃)。

热风管道的表面散热量 Q'_9，参照炉体的表面散热量计算。

烟道的表面散热量 Q'_{10}：烟道阀至预热装置间的烟道表面散热量可参照炉体的表面散热量计算，或按式

$$Q'_{10} = V_{y2} \bar{C}_{y2} t_{y2} - V_{y3} \bar{C}_{y3} t_{y3} \tag{5.31}$$

计算。式中，V_{y2} 为单位体积鼓风的出炉湿烟气量，即

$$V_{y2} = B(bV_n^s + 1.244 \times 10^{-3} g_k) \tag{5.32}$$

B 为单位体积鼓风的煤气用量，V_n^s 为单位体积煤气完全燃烧时的实际湿烟气量，b 为煤气不完全燃烧时的烟气量修正系数，g_{mj} 为单位体积干煤气的机械水含量，V_{y3} 为单位体积鼓风的入预热装置处的湿烟气量，t_{y2}、t_{y3} 为烟气出炉及预热装置的平均温度，$\bar{C}_{y2}$、$\bar{C}_{y3}$ 为实际湿烟气在 $0\sim t_{y2}$ 及 t_{y3} 间的平均比热。

预热装置的表面散热量 Q'_{11}，参照炉体的表面散热量计算。

热气体管道的散热量 Q'_{12}，参照炉体的表面散热量计算。

热平衡各项收入热量总和 $\sum Q$ 与上述已计算各项支出热量总和之差即为热平衡差值，其中包括未测出的支出热量及误差，热平衡允许的相对差值规定为 $\pm5\%$，即

$$\left| \frac{\Delta Q}{\sum Q} \right| = \left| \frac{\sum Q - \sum Q'}{\sum Q} \right| = \left| \frac{(Q_1 + \cdots + Q_4) - (Q'_1 + \cdots + Q'_{12})}{\sum Q} \right| \leqslant 5\% \tag{5.33}$$

根据测定范围不同，可分别按以下两式求出其热效率。

高炉热风炉本体热效率为

$$\eta_1 = \frac{Q'_1 - Q_4}{\sum Q - Q_4} \times 100\% \tag{5.34}$$

高炉热风炉系统及全系统的热效率为

$$\eta_2 = \frac{Q'_1 - Q_4 + Q'_7 + Q'_9}{\sum Q - Q_4} \times 100\% \tag{5.35}$$

表 5.1　高炉热风炉主体及管道尺寸

名　称		直径×厚度 (mm×mm)	长度 (m)	面积 (m^2)	总面积 (m^2)	表面散热计算 面积(m^2)
冷风管道	总管	1628×14	38.2	195.374	195.374	383.213
		1528×14	21	100.807	100.807	
	支管	1428×14	4.85	21.758	87.032	

名　称		直径×厚度 (mm×mm)	长度 (m)	面积 (m²)	总面积 (m²)	表面散热计算 面积(m²)
热风炉	拱顶	R4950		153.8757	615.5	615.5
	炉墙	8900	43.4	1212.856	4851.424	4851.424
中心竖管		4500		153.8757	649.98	649.98
热风管道	总管	2794×20	48	421.112	421.112	712.184
	支管	2414×20	9.6	72.768	291.072	
烟道		1968×14	9	55.616	222.464	222.464
预热装置		6531×6531	10.4	271.69	271.69	271.69

表 5.2　蓄热体结构及格砖尺寸

材　质		格孔直径(mm)	总蓄热面积(m²)	质量(t)
上段	低蠕变高铝砖	47.5	60384	2314.2
中段	高铝砖	45		
下段	黏土砖	45		

5.1.2　蓄热室传热模拟

在蓄热室中同时存在三种不同性质的传热形式,即烟气放出的鼓风吸收并贮存热量,贮热体表面与气体的热交换,以及贮热体内部的贮热和放热。

贮热体内部的热传导方程为

$$\frac{\partial t}{\partial \tau} = a\left(\frac{\partial^2 t}{\partial x^2} + \frac{\partial^2 t}{\partial y^2} + \frac{\partial^2 t}{\partial z^2}\right) \tag{5.36}$$

式中,t 为格砖温度,τ 为时间,a 为导温系数,x 为在格砖厚度方向上从格砖表面至内部的距离,z 为在蓄热室同一高度上垂直于 x 方向的距离,y 为蓄热室高度方向的距离。

对于单个无热源的平板而言,其热传导方程简化为

$$\frac{\partial t}{\partial \tau} = a\frac{\partial^2 t}{\partial x^2} \tag{5.37}$$

在实际应用中,可以把形状复杂的蓄热室格砖换算为当量厚度的平板格砖来进行计算。

气体与贮热体表面的热交换是以贮热体表面与气体温度的差作为推动力,并与气体和固体之间的综合传热系数有关。在燃烧期,气体向格砖传递热量,而在送

风期,鼓风通过格砖、格砖向鼓风传递热量。假定如下:

忽略转换所带来的影响,在转换后气流马上反向,使蓄热室内残留气体排出时所伴随的气体温度急剧改变的瞬变过程可以忽略。

在燃烧和送风两个时期,气体入口温度保持稳定。

通过各个时期的烟气及冷风的质量流量不变。

气体与格砖之间的热交换可以利用使气体温度与格砖平均温度相互关联的综合热交换系数来表达。另外,在任意高度上,格砖的热交换率是用格砖平均温度的时间变量来表达的。

在蓄热室的通道中,任何瞬间气体的热容量比格砖的热容量小,因而可以忽略。

格砖与气体的热交换系数及热工特性在整个周期内不变化。

纵向热传导可以忽略不计。

在蓄热室高度 y 上取一微小的高度 $\mathrm{d}y$,因为总蓄热面积为 A,蓄热室高度为 L,故微小高度上的蓄热面积为 $A\mathrm{d}y/L$。当综合传热系数、气体和贮热体的比热容 c 和 c_s 在此时期内为固定值时,另 $\mathrm{d}q$ 为此微小高度上传递的热量,则通过贮热体表面的气体与固体之间传递的热量为

$$\mathrm{d}q = \alpha(A\mathrm{d}y/L)(T - t)\mathrm{d}\tau - A_b q_w \mathrm{d}y\mathrm{d}\tau \tag{5.38}$$

式中,A_b 为蓄热室外表面积,q_w 为蓄热室外壳散热热流,α 为综合换热系数。

在送风或燃烧期内,蓄热室微小高度 $\mathrm{d}y$ 上的质量为 $M\mathrm{d}y/L$。在温度变化时,贮热体的比热容 c_s 为固定值,令 $\mathrm{d}q$ 为此微小时间内格砖放出或贮存的热量,即

$$\mathrm{d}q = M_s c_s(\mathrm{d}y/L)\left(\frac{\partial t}{\partial \tau}\right)\mathrm{d}\tau \tag{5.39}$$

在送风或燃烧期的微小时间 $\mathrm{d}\tau$ 内,流经位置 y 的气体温度为 T,气体量为 $W\mathrm{d}\theta$,随之流经 $y + \mathrm{d}y$ 位置的气体温度为 $T + (\partial T/\partial y)\mathrm{d}y$,则气体流经微小高度 $\mathrm{d}y$ 吸收或放出的热量为

$$\mathrm{d}q = \sigma W c\mathrm{d}\tau\left(\frac{\partial T}{\partial y}\right)\mathrm{d}y \tag{5.40}$$

对于微小高度 $\mathrm{d}y$ 上传递的热量 $\mathrm{d}q$,通过贮热体表面的气体向贮热体传递的热量与贮热体吸收和放出的热量应该相等,则

$$\frac{\partial T}{\partial y} = \frac{\alpha A}{\sigma W c L}(t - T) - \frac{A_b q_w}{Wc} \tag{5.41}$$

$$\frac{\partial t}{\partial \tau} = \frac{\alpha A}{M c_s}(T - t) \tag{5.42}$$

将两个微分方程以差分得形式表达,并用不规则矩形网格对计算区域进行网格划分,求解所得到的差分方程为

$$T_{i+1,j} = \frac{1 - C_1}{1 + C_1}T_{i,j} + \frac{C_1}{1 + C_1}(t_{i+1,j} + t_{i,j}) - \frac{Q_w}{1 + C_1} \tag{5.43}$$

$$t_{i,j+1} = \frac{1-C_2}{1+C_2}t_{i,j} + \frac{C_2}{1+C_2}(T_{i,j+1} + T_{i,j}) \tag{5.44}$$

式中，

$$C_1 = \frac{\alpha A}{\sigma WcL}\Delta y, \quad C_2 = \frac{\alpha A}{Mc_s}\Delta \tau, \quad Q_w = \frac{A_b q_w}{Wc}\Delta y$$

$$\sigma = \begin{cases} u(\tau) = \begin{cases} 2 - u_0 - (1 - 2u_0)\dfrac{\tau}{\tau_f/2}(\tau > \tau_f/2) \\[2mm] (1 - 2u_0)\dfrac{\tau}{\tau_f/2} + u_0(\tau \leqslant \tau_f/2) \end{cases} \text{（送风期）} \\[6mm] 1\text{（燃烧期）} \end{cases}$$

式中，u_0 为初始无因次风量系数，τ_f 为送风期。

令

$$A_1 = \frac{1-C_1}{1+C_1}, \quad A_2 = \frac{C_1}{1+C_1}, \quad D_w = \frac{Q_w}{1+C_1}, \quad B_1 = \frac{1-C_2}{1+C_2}, \quad B_2 = \frac{C_2}{1+C_2}$$

则

$$T_{i+1,j} = A_1 T_{i,j} + A_2(t_{i+1,j} + t_{i,j}) - D_w \tag{5.45}$$

$$t_{i,j+1} = B_1 t_{i,j} + B_2(T_{i,j+1} + T_{i,j}) \tag{5.46}$$

整理得

$$t_{i,j+1} = K_1 t_{i,j} + K_2 T_{i,j} + K_3 t_{i-1,j+1} + K_4 T_{i-1,j+1} \tag{5.47}$$

式中

$$K_1 = \frac{B_1}{1-A_2 B_2}, \quad K_2 = \frac{B_2}{1-A_2 B_2}, \quad K_3 = \frac{A_2 B_2}{1-A_2 B_2}, \quad K_4 = \frac{A_1 B_2}{1-A_2 B_2}$$

把热风炉蓄热室沿高度划分为 N 等分，时间划分为 M 等分，即

$$\Delta y = L/N, \quad \Delta \tau = \tau_r/M, \quad \Delta \tau = \tau_f/M \tag{5.48}$$

式中，L 为蓄热室高度，τ_r 为燃烧期，τ_f 为送风期。

　　蓄热室中贮热体与气体之间进行的热交换，由对流热交换和辐射热交换两部分组成，而在送风期由于鼓风是双原子气体组成，不具有放射或吸收能力。因此，在燃烧期，烟气以辐射和对流两种方式向蓄热体传热空气主要以对流方式进行换热，可忽略辐射换热。综合传热系数为

$$\alpha = \alpha_c + \alpha_r \tag{5.49}$$

式中，α_c 为对流换热系数，α_r 为辐射换热系数。

　　气体与固体之间的辐射热交换量为

$$q_r = \varepsilon_s' C_0 \left[\varepsilon \left(\frac{T+273}{100} \right)^4 - A \left(\frac{t+273}{100} \right)^4 \right] \tag{5.50}$$

$$A = A_{CO_2} + A_{H_2O} \tag{5.51}$$

$$A_{CO_2} = \varepsilon_{CO_2} \left(\frac{T+273}{t+273} \right)^{0.65} \tag{5.52}$$

$$A_{H_2O} = \varepsilon_{H_2O} \left(\frac{T + 273}{t + 273} \right)^{0.45} \tag{5.53}$$

$$\varepsilon = \varepsilon_{CO_2} + \varepsilon_{H_2O} \tag{5.54}$$

$$\varepsilon_{CO_2} = \frac{4.07 \sqrt[3]{P_{CO_2} L}}{C_0 \left(\frac{T + 273}{100} \right)^{0.5}} \tag{5.55}$$

$$\varepsilon_{H_2O} = \frac{40.7 P_{H_2O}^{0.8} L^{0.6}}{C_0 \left(\frac{T + 273}{100} \right)} \tag{5.56}$$

$$L = 3.6 \frac{V}{F} \tag{5.57}$$

式中，q_r 为气体向固体辐射传递的热量，ε_s' 为固体表面的有效黑度，近似地有 $\varepsilon_s' = \frac{\varepsilon_s + 1}{2}$，对于温度为 1090 ℃ 的各种耐火砖 $\varepsilon_s = 0.71 \sim 0.88$，在 1000 ℃ 时硅砖为 0.8，1100 ℃ 的硅砖为 0.85，A 为气体吸收率，A_{CO_2} 为二氧化碳的吸收率，A_{H_2O} 为水蒸气的吸收率，C_0 为黑体辐射系数，ε 为气体黑度，ε_{CO_2} 为二氧化碳的黑度，ε_{H_2O} 为水蒸气的黑度，P_{CO_2} 为二氧化碳的分压，P_{H_2O} 为水蒸气的分压，L 为平均射线行程，V 为体所充满的空间体积，F 为围绕气体的容器表面积。

辐射换热系数为

$$\alpha_r = \frac{q_r}{T - t} \tag{5.58}$$

对流换热系数为

$$\alpha_c = 0.03 \rho Pr^{0.4} w^{0.83} / (d^{0.17} \mu^{0.83}) \tag{5.59}$$

式中，ρ 为密度，w 为速度，d 为当量直径，Pr 为普朗特数，μ 为动力黏度。

这里有两个边界条件：首先，在燃烧期和送风期的烟气入口温度和冷风入口的温度为常数。其次，在燃烧期结束时，与紧接着的送风期开始时的格砖温度是相同的。同样，在送风期结束时紧接着的燃烧期开始时的格砖温度也是相同的。由于蓄热室为逆流式操作，在紧接着的时期中气流以相反的方向流动，这个边界条件为

$$T(0, j) = T_0 \tag{5.60}$$

$$t(y, 0) = t(L - y, \tau) \tag{5.61}$$

在蓄热室热工计算中气体物理特性包括气体的黏度、导热系数和比热容等。

气体黏度受温度影响很大，温度升高时液体黏度降低，而气体的则增大。产生气体黏性的主要原因是气体内部分子的不规则运动，它使速度不同的相邻气体层之间发生质量和动量交换。当温度升高时，气体分子的不规则运动的速度增加，因此气体层之间的质量和动量随之加剧，气体的黏性也增大，气体的动力黏度与温度之间的关系为

$$\mu = A_1 T^{B_1} \tag{5.62}$$

式中，A_1，B_1 为常数。

气体的导热系数与温度之间关系为

$$\lambda = A_2 T^{D_2} \tag{5.63}$$

式中，A_2，B_2 为常数。

当气体压力不很高时，混合气体的动力黏度为

$$\mu = \frac{\sum\limits_{i=1}^{n} X_i \sqrt{M_i}\mu_i}{\sum X_i \sqrt{M_i}} \tag{5.64}$$

混合气体的导热系数为

$$\lambda = \frac{\sum\limits_{i=1}^{n} X_i \sqrt{M_i}\lambda_i}{\sum X_i \sqrt{M_i}} \tag{5.65}$$

气体的比热容是温度的函数为

$$c_p = A + B \times 10^{-3} T + C \times 10^5 T^{-2} + D \times 10^{-6} T^2 \tag{5.66}$$

式中，T 为气体绝对温度，A、B、C、D 为常数。

表 5.3　热风炉热交换计算中的气体特性参数计算式中常数

气体名称	动力黏度(Pa·s)		导热系数(W/m·K)		比热容(J/kg·K)			
	A_1	B_1	A_2	B_2	A	B	C	D
CO_2	128.39	0.7937	0.00002633	1.1422	44.15	9.04	-8.54	0
H_2O	13.75	1.1076	0.000003965	1.4702	30.01	10.7	0.33	0
O_2	303.05	0.6954	0.000261	0.8125	29.96	4.19	-1.67	0
N_2	305.91	0.6685	0.0004684	0.7129	27.87	4.27	0	0
空气	313.01	0.6727	0.0003895	0.7463	28.295	4.2511	-0.352	0

贮热体的物理性质主要有导热系数和比热容，它们也是温度的函数，热风炉格砖常用耐火材料的容重、比热容和导热系数如表 5.4 所示。

表 5.4　热风炉格砖常用耐火材料的容重、比热容和导热系数

耐火材料	主要化学成分	容重(kg/m³)	比热容(J/kg·K)	导热系数(W/m·k)
黏土砖	$Al_2O_3 > 30\% \sim 35\%$	2100	$0.837 + 2.64e-4t$	$0.84 + 0.58e-3t$
高铝砖	$Al_2O_3 = 48\% \sim 75\%$	$2200 \sim 2500$	$0.837 + 2.34e-4t$	$1.52 - 0.186e-3t$
高铝砖	$Al_2O_3 > 75\%$	2600	$0.837 + 2.34e-4t$	$1.68 - 0.23e-3t$
硅砖	$SiO_2 > 94.5\%$	1900	$0.795 + 2.93e-4t$	$1.05 + 0.93e-3t$
硅砖	$SiO_2 > 93\%$	1900	$0.795 + 2.93e-4t$	$0.93 + 0.7e-3t$

续表

耐火材料	主要化学成分	容重(kg/m³)	比热容(J/kg·K)	导热系数(W/m·k)
镁砖	MgO>86%	2800	$1.046 + 2.93e - 4t$	$4.65 - 1.74e - 3t$
镁铬砖	MgO>48%	2800	$0.711 + 3.89e - 4t$	$4.07 - 1.1e - 3t$

5.1.3　燃烧与操作优化

利用能够反映高炉热风炉组中每座热风炉热交换过程的数学模型,可以合理改进热风炉操作,实现高炉热风炉操作最佳化,从而提高风温,降低操作费用,同时为实现热风炉最佳操作控制提供基础。这种符合给定的限制条件,存在着最优值的问题,可以用运筹学的非线性规划方法研究。在这里,为了方便起见,在满足工业生产的前提下,将非线性规划问题,转换为线性问题,以便于求解。考虑将煤气消耗的能量转变成热量,获得最高热效率,提高热能利用率,则目标函数为

$$\eta_v = \frac{Q_z}{Q_s} = \frac{T_f}{T_r} \cdot \frac{L}{B} \cdot \frac{c_f(t_2 - t_1)}{Q_{dw} + c_m(t_m - t_e) + \alpha L_0 c_k(t_k - t_e)} = \tau \cdot M \cdot Q$$

(5.67)

式中,T_f 为送风时间,T_r 为燃烧时间,Q_{dw} 为煤气热值,c_f 为空气在 t_1 与 t_2 之间的平均比热,c_m 为煤气在 t_m 与 t_e 之间的平均比热,c_k 为空气在 t_k 与 t_e 之间的平均比热,L 为热风流量,B 为煤气流量,L_0 为理论空气需要量,α 为空气消耗系数,t_1、t_2、t_m、t_k、t_e 为分别为鼓风温度、热风温度、环境温度、空气温度和煤气温度,τ 为因次时间,M 为无因次流量,Q 为无因次热量。

空气煤气比为

$$b = \frac{\alpha \cdot L_0 \cdot B}{B} = \alpha \cdot L_0$$

(5.68)

热风炉热效率是燃烧率的函数,为了获得最高的热效率必须使用最佳的燃烧煤气消耗量。煤气只有得到充分燃烧时,才能释放出最大的热量,炉顶温度才能以最快的速度上升。因此,需要煤气和助燃空气在最合理配比的情况下燃烧。为保证完全燃烧(如:空气消耗系数为 1.05 时)所需要的最佳助燃空气需要量,及时掌握煤气状况,避免煤气量过多造成不完全燃烧而导致煤气浪费,或煤气量过少满足不了风温的要求的情况,从而达到节能目的。热风炉操作优化主要是根据高炉对风温的要求,考虑炉顶温度、烟道温度以及实际操作等因素,将蓄热体传热过程耦合,对热风炉燃烧和送风操作周期进行优化,得出最佳燃烧时间和送风时间,并以窗口的方式输出优化参数,为改善热风炉操作提供参考。

以热风温度 $X_1 = tf_2$,煤气流量 $X_2 = B$,燃烧期 $X_3 = T_r$,送风期 $X_4 = T_f$,四个参数作为优化目标函数的自变量,优化的约束条件如下:

计算精确约束：

$$|T_{e1} - T_{e2}| > \text{err}, \quad \left|\frac{Q_{reg} - Q}{Q_{reg}}\right| > \text{err}, \quad \left|\frac{Q_f - Q}{Q_f}\right| > \text{err} \qquad (5.69)$$

排烟温度约束：

$$t_y > t_{pyan} \qquad (5.70)$$

式中，t_y 为计算出的平均排烟温度，t_{pyan} 为排烟上限温度。

炉顶最高温度约束：

$$\frac{tf_2}{0.86} > t_{dw} \qquad (5.71)$$

式中，tf_2 为实际热风温度，t_{dw} 为炉顶最高温度。

燃烧期蓄热体吸收量为

$$Q_{reg} = Q_m - Q_y \qquad (5.72)$$

燃烧期内煤气放热量为

$$Q_m = B \cdot Q_{dw} \cdot T_r \qquad (5.73)$$

燃烧期内烟气带走的热为

$$Q_y = \sum (B \cdot V_y \cdot C_y \cdot \Delta t \cdot \Delta \tau) \qquad (5.74)$$

式中，Q_{dw} 为煤气热值，B 为煤气流量，T_r 为燃烧期，V_y 为烟气量，C_y 为烟气平均比热，Δt 为烟气温度与环境温度之差，$\Delta \tau$ 为燃烧期时间步。

热风炉实际带走的热量为

$$Q_f = \sum (L \cdot c_f \cdot \Delta t \cdot \Delta \tau) \qquad (5.75)$$

要求设定的热量为

$$Q = q_f \cdot T_f \qquad (5.76)$$

热风每小时带走的热量为

$$q_f = L \cdot (t_2 - t_1) \cdot c_f \qquad (5.77)$$

式中，L 为热风流量（要求），c_f 为空气的平均比热，Δt 为热风与鼓风温度之差，$\Delta \tau$ 为送风期时间步长，t_2 为要求热风温度，t_1 为鼓风温度，T_f 为送风期。

为了使高炉得到稳定的热风温度，通过调节热风炉系统混风调节阀使得高温风降低并稳定在一个需要值上，这是目前高炉热风炉送风风温控制的常用方法。但这种方式由于需要混入冷风来配比高温热风，因此送风总热值上降低了，风温也就自然低了。人们为了在不改变热风炉燃烧总热值前提下进一步提高送入高炉的热风温度，于是提出热风炉交错并联方式。热风炉交错并联可分为两种形式，即冷交错并联和热交错并联，热交错并联送风方式不是通过混风调节阀混入冷风来控制送入高炉的风温，而是通过较低（先行炉）风温的热风混合较高（后行炉）风温的热风，通过调节各自热风炉设置的冷风调节阀，使得不同风温的热风量按照不同的配比进行混合，最终得到稳定的需要温度的热风送入高炉。交错并联热风温度计算如下：

$$t_{i+1} = t_i - \frac{h_i - \sum (uh)_j + (uh)_{j+\frac{\tau_{max}}{2}}}{c_{p\,i}} \tag{5.78}$$

$$h = 6.761 \times (t_2 - t_1) + 0.0010158 \times (t_2^2 - t_1^2) + 8400 \times (1/t_2 - 1/t_1) \tag{5.79}$$

式中，u 为无因次风量系数，h 为热风焓。

5.2　高炉热风炉节能模拟系统开发

5.2.1　系统功能需求

高炉热风炉节能模拟系统是一种复杂软件，为了使其能顺利实现，在分析各种开发模型的基础上，结合高炉热风炉节能模拟系统的自身特点和用户需求，采用反复增量型开发模型进行软件规划。即首先对热风炉进行热平衡计算，其余的如蓄热室传热模拟、燃烧优化、操作优化等在增量开发中不断补充进来。高炉热风炉节能模拟系统的功能需求如图 5.1 所示。

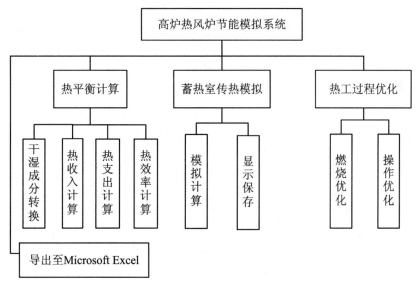

图 5.1　高炉热风炉节能模拟系统主要功能

1.热平衡计算

输入干高炉煤气成分、干烟气成分、收入热参数、支出热参数,如果掺混焦炉煤气,则也要输入其干成分,该系统进行高炉热风炉干湿成分转换、收入热计算、支出热计算、热效率计算。

2.蓄热室传热模拟

进行高炉热风炉传热模拟时,需用到理论燃烧温度、冷风带入的热量等热平衡计算过程中的变量,因此需在蓄热室传热模拟之前,进行热平衡计算。输入蓄热体结构、格砖参数,模拟结束后可显示和保存烟气温度、空气温度、蓄热体温度等曲线分布图。

3.热工过程优化

热工过程优化主要是对高炉热风炉进行燃烧优化和操作优化。在进行操作优化之前,需进行燃烧优化。

以上各部分计算原始数据和结果可导出至 Microsoft Excel 中,方便用户进行不同工况的比较和打印等处理工作。

5.2.2　数据流图分析

该系统分为热平衡计算(即干湿成分转换、收入热计算、支出热计算和热效率计算)、蓄热室传热模拟、热工过程优化(即燃烧优化、操作优化)等功能。该系统的顶层数据流如图 5.2 所示,用户向系统中输入高焦煤气干成分、煤气流量、蓄热体结构、煤气干成分和温度约束等,经过系统的分析和计算,得到混合煤气湿成分、煤气化学热、热风物理热、热效率、蓄热体温度、理论燃烧温度和热风温度等。

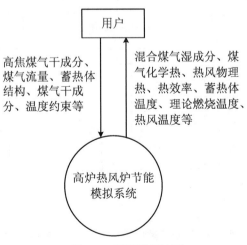

图 5.2　顶层数据流图

对顶层数据流图分解,可以得到第一层数据流图,如图 5.3 所示。高炉热风炉节能模拟系统可以分解成三个部分:热平衡计算部分、蓄热室传热模拟部分和热工过程优化部分,其中蓄热室传热模拟依赖于热平衡计算,而且三个计算部分均可进一步细化,得到第二层数据流图。

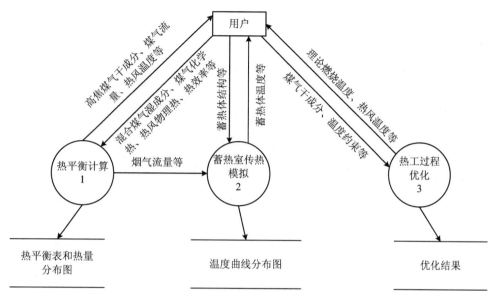

图 5.3　第一层数据流图

对第一层数据流图中的热平衡计算进行分解,得到第二层数据流图,如图 5.4 所示。用户输入高焦煤气干成分等,进行干湿成分转换,得到混合煤气湿成分、空气消耗系数、烟气湿成分等;输入煤气流量等,进行热收入计算,得到煤气用量、煤气化学热等;输入热风温度等,进行热支出计算,得到热风物理热等,利用各项热收入项和支出项,进行热效率计算,热平衡计算结果保存至热平衡表和热量分布图文件。

对第一层数据流图中的蓄热室传热模拟进行分解,得到第二层数据流图,如图 5.5 所示。输入蓄热体结构等,并且传热模拟收到烟气流量等,进行蓄热室传热模拟计算,得到蓄热体温度等,依据不同时空节点温度等进行曲线显示,蓄热室温度计算结果保存至温度曲线分布图文件。

对第一层数据流图中的热工过程优化进行分解,得到第二层数据流图,如图 5.6 所示。输入煤气干成分等,进行燃烧优化计算,得到理论燃烧温度等,依据低位发热量等,并且输入温度约束等,进行操作优化计算,得到热风温度等,最终热工过程优化计算结果保存至优化结果文件。

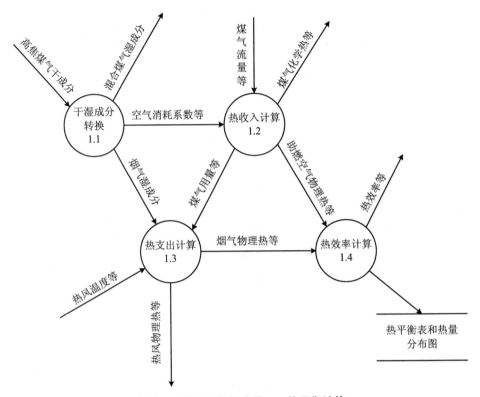

图 5.4 第二层数据流图——热平衡计算

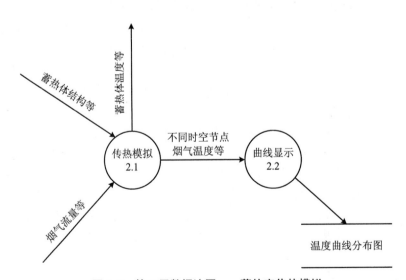

图 5.5 第二层数据流图——蓄热室传热模拟

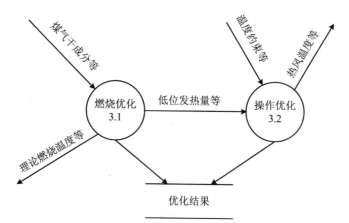

图 5.6 第二层数据流图——热工过程优化

5.2.3 程序实现

热平衡计算如图 5.7～图 5.10,高炉热风炉节能模拟系统中用户进行热平衡计算时,先进行煤气干湿成分转化,再依次进行热收入计算、热支出计算、热效率计算。煤气干湿成分转化时,输入高焦煤气干成分,由煤气温度确定煤气中含水量,

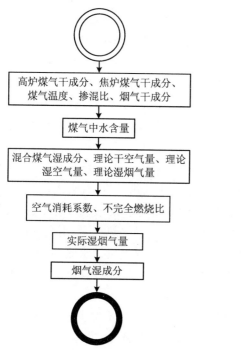

图 5.7 煤气干湿成分转换程序流程图

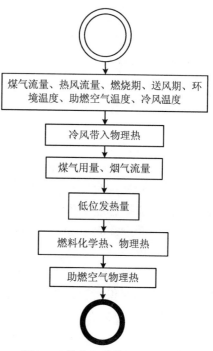

图 5.8 热收入计算程序流程图

进而计算混合煤气湿成分、理论干空气量、理论湿空气量、理论湿烟气量,再由烟气干成分转化为烟气湿成分,计算得到空气消耗系数、不完全燃烧比,最后得到实际烟气量。

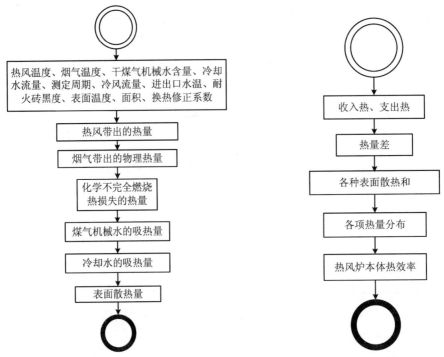

图 5.9　热支出计算程序流程图　　　**图 5.10　热效率计算程序流程图**

热收入计算包括冷风带入热、燃料化学热、燃料物理热和助燃空气热。由冷风温度计算冷风带入热,由煤气流量、热风流量、燃烧期和送风期计算煤气用量,由热风流量、实际湿烟气量和煤气用量计算烟气流量。由煤气湿成分计算低位发热量,进而由煤气用量确定燃料化学热。由煤气温度计算燃料物理热。由助燃空气温度计算助燃空气物理热。计算过程中,需要由温度确定热风(煤气)比热。

热支出计算包括热风带出热、烟气带出热、化学不完全燃烧热损失、煤气机械水吸热、冷却水吸热和各种表面散热。由热风温度计算热风带出热,由烟气温度、煤气用量、不完全燃烧比和实际湿烟气量计算烟气带出热,由烟气可燃湿成分、煤气用量、不完全燃烧比和实际湿烟气量计算化学不完全燃烧热损失,由煤气机械水含量、烟气温度、水蒸气比热、煤气温度和煤气用量计算煤气机械水吸热,由冷却水流量、测定周期、冷风流量、送风期和进出口水温计算冷却水吸热,由耐火砖黑度、表面温度、表面面积和对流换热系数修正计算表面散热。

热效率计算包括表面总散热量、热收入量和热支出量,有效热包括热风带出热,去除冷风带入热,由此计算出各项热量在总热量的百分比,这样有利于用户分析热量分布,进行能源合理管理,提高高炉热风炉本体热效率。

　　该系统进行蓄热室传热模拟计算时,需要确定蓄热体结构,即蓄热体直径、高度、重量、总蓄热面积和格砖参数,即格孔直径、活面积、格砖厚度等,以及初始无因次风量系数。对高炉热风炉一维非稳态传热微分方程进行离散化后,需要进行蓄热体高度和燃烧期(送风期)网格划分,确定空间节点数和时间节点数。初始化蓄热体温度、空气温度和烟气温度,根据燃烧状态,分别进行燃烧期离散方程系数、送风期离散方程系数、边界条件的改变(换炉,即蓄热室温度交换),直到满足温度精度要求为止,最终得到蓄热体温度分布、烟气温度分布和空气温度分布,用户可显示和保存不同时间(蓄热体高度)的蓄热体(烟气和空气)温度变化曲线。要实现蓄热室传热模拟要弄清楚不同高炉热风炉状态下离散方程系数的确定,对燃烧期来说,计算离散方程系数需要知道当前节点烟气温度、当前节点高度、当前节点蓄热体温度、无因次风量系数为 1、蓄热体高度蓄热体直径、烟气成分、烟气量一半、蓄热体面积、蓄热体重量、散热量、热风流量、空间步长、燃烧期步长。首先根据当前节点高度确定烟气流过不同高度下格孔直径、活面积和格砖厚度,计算出蓄热体和烟气的辐射换热系数,然后计算当前节点烟气的物性参数,比如比热、导热系数、动力黏度、密度、普朗特数,由烟气量、烟气温度、蓄热体直径、活面积计算烟气流速,再计算出烟气对流换热系数,根据当前节点高度得到蓄热体导热系数,再由格砖厚度,算出综合换热系数,最终得到离散方程系数。对送风期来说,不同于燃烧期,其无因次风量系数是变化的,另外,不考虑热风的辐射换热。蓄热室传热模拟程序流程如图 5.11 所示。

　　高炉热风炉燃烧优化的主要目的是假设燃料完全燃烧的情况下,所能达到的最高理论燃烧温度。已知煤气的干成分和煤气温度、空气消耗系数,计算出煤气中含水量,进而确定煤气湿成分、理论干空气量、理论湿空气量、理论湿烟气量、实际湿烟气量,以及完全燃烧下的烟气湿成分。由煤气可燃湿成分,计算煤气的低位发热量;由助燃空气温度、环境温度和煤气温度计算助燃空气物理热和煤气物理热;由煤气流量、热风流量、燃烧期和送风期,计算煤气用量;由空气消耗系数、煤气流量和理论湿空气量,计算助燃空气流量;由低位发热量、助燃空气物理热、煤气物理热、实际湿烟气量、煤气用量、烟气湿成分,计算理论燃烧温度。燃烧优化程序流程如图 5.12 所示。

　　高炉热风炉操作优化以热效率为目标函数,蓄热体(空气、烟气)温度约束、热量(蓄热体吸热量、热风带出热、要求设定的热)约束、排烟上限温度约束、炉顶温度约束,将非线性规划问题转化为线性优化。此外,操作优化之前需进行燃烧优化,也就是说,操作优化需要知道燃烧优化相关数据,比如:初始燃烧期、送风期、理论燃烧温度、热风流量、煤气流量、煤气低位发热量、实际湿烟气量、烟气湿成分、空气消耗系数、煤气温度、环境温度、助燃空气温度、理论湿空气量等。为了提高高炉热风炉的风温,采用并联交错送风操作,优化还需确定初始无因次风量系数:先行炉、

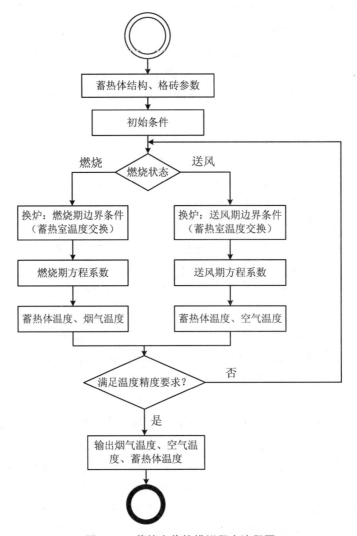

图 5.11　蓄热室传热模拟程序流程图

后行炉和掺混冷风比、热风每小时带走的热量。如果要求的热风温度大于理论燃烧温度 100 ℃,则终止优化计算。如果燃烧期或送风期小于 1 小时大于 3.5 小时,也停止优化计算。优化计算之前,先进行蓄热体温度、烟气温度和空气温度的初始化,再进行燃烧期和送风期微调,根据热风炉状态依次进行换炉(蓄热室温度交换,即边界条件改变)、燃烧期或送风期离散方程系数,进入燃烧期状态时,计算烟气带走的热量、煤气放出的热量、蓄热体储蓄的热量,以及烟气、蓄热体温度分布和燃烧期、送风期和煤气流量微调;进入送风期状态,计算交错并联送风温度、冷风温度,热风、蓄热体温度分布,以及热风实际带走的热量、要求热风走的热量,直到满足所有约束条件为止。输出热风温度、燃烧期、送风期、煤气流量、热风流量、空气流量、烟气流量、排烟温度和热效率等优化结果。操作优化程序流程如图 5.13 所示。

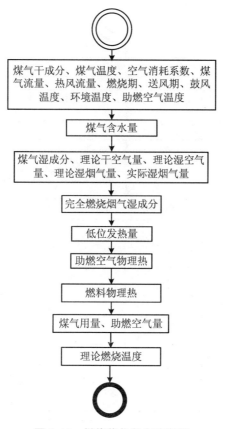

图 5.12　燃烧优化程序流程图

5.2.4　界面设计

通过高炉热风炉节能模拟系统的用户需求分析,该系统主要功能有高炉热风炉热平衡计算、蓄热室传热模拟和热工过程优化,另外还有辅助功能,比如:高炉热风炉原始计算数据的保存和读取,以及计算结果可导出至 Microsoft Excel,方便用户的处理。主界面如图 5.14 所示,主要有热平衡计算、蓄热室传热模拟和热工过程优化、导出至 Microsoft Excel 等命令按钮,其中还包括该系统对用户的处理的信息显示文本框,因此,该系统需要引用文件对话框控件、Microsoft Excel 对象库。

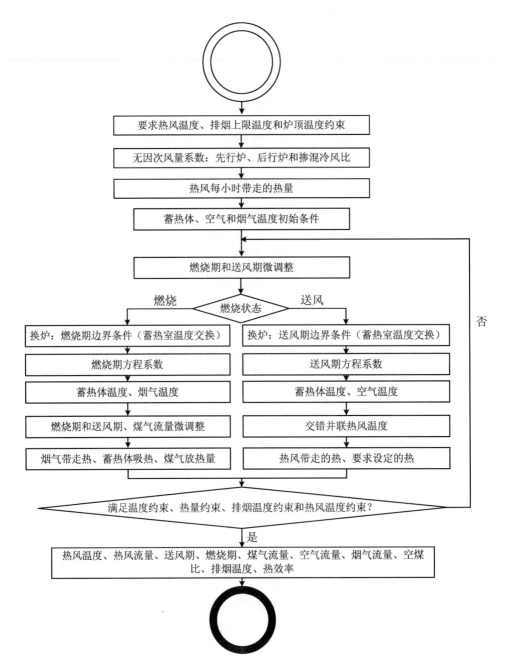

图 5.13　操作优化程序流程图

依次弹出对话框为热平衡计算、蓄热室传热模拟和热工过程优化对话框界面，热平衡计算界面主要进行高炉热风炉高焦煤气的干湿成分转换、热收入计算、热支出计算和热效率计算，还需要对热量分布计算结果进行图形显示，需要 TeeChart 控件，热平衡计算界面如图 5.15 所示。其中，煤气干湿成分转换需要知道高焦煤气干成分、煤气温度、掺混比、烟气干成分,计算出混合煤气湿成分、烟气湿成分,以及空气消耗系数、理论干空气量、理论湿空气量、理论湿烟气量和实际湿烟气量等。

图 5.14 高炉热风炉节能模拟系统主界面

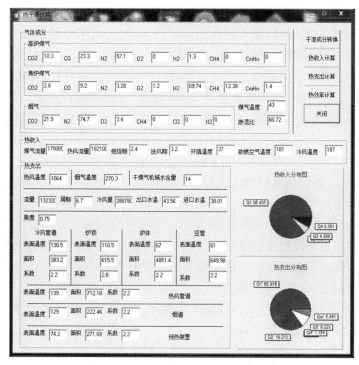

图 5.15 高炉热风炉热平衡计算界面

热收入包括燃料化学热、燃料物理热、助燃空气物理热和冷风带入物理热,燃料化学热需要知道燃料低位发热量和煤气用量,而燃料低位发热量由混合煤气可燃湿成分计算得到,煤气用量由煤气流量、热风流量、燃烧期和送风期计算得到。燃料物理热、助燃空气物理热和冷风带入热需要知道环境温度、助燃空气温度、冷风温度,还需要确定空气、煤气或烟气的比热,可由其关于温度的拟合公式计算得到。

热支出包括热风带出的热量、烟气带出的物理热量、化学不完全燃烧热损失的热量、煤气机械水的吸热量、冷却水的吸热量和各种表面散热量。热风带出的热量需要确定热风温度和环境温度,烟气带出的物理热量需要确定烟气温度、煤气用量、不完全燃烧比和实际湿烟气量,化学不完全燃烧热损失的热量需要确定煤气用量、不完全燃烧比、实际湿烟气量和烟气可燃湿成分,煤气机械水的吸热量需要确定干煤气机械含水量、烟气温度、水蒸气比热、煤气用量和煤气温度,冷却水的吸热量需要确定冷却水流量、测定周期、冷风流量、进出口水温,各种表面散热量包括冷风管道、炉体、竖管、热风管道、烟道和预热装置,需要确定各表面的辐射率(黑度)、温度、面积和对流换热修正系数。

热效率计算包括热收入、热支出、表面散热量和热量差等,以及热风炉本体热效率和热风炉系统及全系统的热效率,此外,还需显示和保存热收入(支出)分布图。

高热热风炉蓄热室传热模拟界面如图 5.16 所示,蓄热室传热模拟计算需要确定蓄热体结构,即蓄热体直径、高度、重量和总蓄热面积,以及格砖参数,即上、中、下三段的格孔直径、活面积、当量厚度、格砖厚度,还要确定送风期的初始无因次风量系数。为了进行迭代计算,把蓄热体沿高度网格划分,由于传热是非稳态过程,还需要对时间进行网格划分,这就需要确定空间步长和时间步长,包括燃烧期和送风期,即时间节点数和空间节点数。此外,对传热方程进行离散化,还需知道标准状态下的烟气流量(一半)和热风流量,以及烟气湿成分和表面散热量,最后得到烟气温度、热风温度和蓄热体温度,以及热风温度(烟气温度、蓄热体)随高度(时间)的变化、冷风量系数随时间的变化、综合传热系数随高度(时间)的变化等曲线。

高炉热风炉热工过程优化包括燃烧优化和操作优化,其中操作优化是基于燃烧优化结果的。高炉热风炉热工过程优化界面如图 5.17 所示,燃烧优化需要知道煤气干成分,由煤气温度确定煤气含水量,得到煤气湿成分、理论干空气量、理论湿空气量、理论湿烟气量、实际湿烟气量,完全燃烧下的烟气成分。由可燃湿成分得到低位发热量,由环境温度、煤气温度和助燃空气温度得到助燃空气物理热和煤气物理热,由煤气流量、热风流量、燃烧期和送风期得到煤气用量,由空气消耗系数、煤气流量和理论湿空气量得到助燃空气流量,最后得到理论燃烧温度。

高炉热风炉操作优化约束包括温度约束、热量约束、排烟温度约束和炉顶温度约束,以及初始无因次风量系数:先行炉、后行炉和掺混冷风,要求热风每小时带走的热量。经过蓄热室传热模拟计算,确定烟气带走热、煤气放热、蓄热体吸热量,以及并联交错热风温度和热风带走的热,微调燃烧期、送风期和煤气流量,热效率达

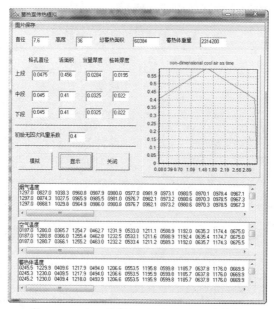

图 5.16　高炉热风炉蓄热室传热模拟界面

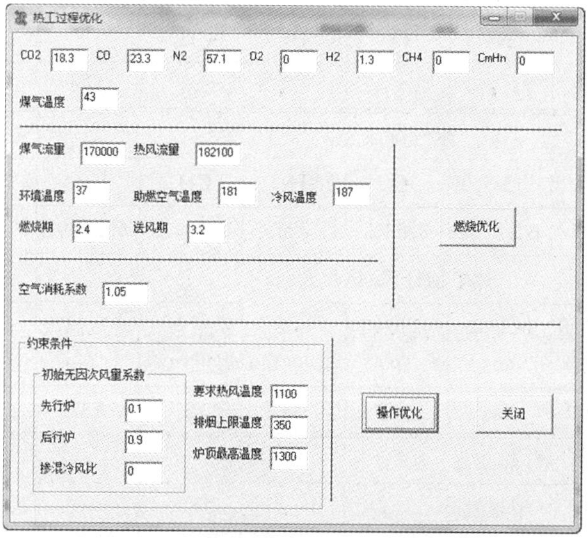

图 5.17　高炉热风炉热工过程优化界面

到最大值为止,得到热风温度、燃烧期、送风期、煤气流量、热风流量、空气流量、烟气流量、排烟温度和热效率等优化结果。

　　高炉热风炉节能模拟系统开发中,进行该软件的需求分析、数据流分析和程序流程设计和界面设计,为系统的开发提供的明确思路。该系统的最大特点在于:能够进行热风炉的热平衡计算、蓄热室传热模拟、热工过程优化的全流程,而且界面简洁,操作简单方便。

高炉热风炉原始计算数据如表 5.5 所示。

表 5.5　高炉热风炉原始计算数据

热平衡计算/干湿成分转换								
高炉煤气干成分								
CO_2	CO	N_2	O_2	H_2	CH_4	C_mH_n	煤气温度($℃$)	高焦掺混比
18.3%	23.3%	57.1%	0%	1.3%	0%	0%	43	60.72%
焦炉煤气干成分								
CO_2	CO	N_2	O_2	H_2	CH_4	C_mH_n		
2.8%	9.2%	3.28%	1.2%	69.74%	12.38%	1.4%		
混合煤气湿成分								
CO_2	CO	N_2	O_2	H_2	CH_4	C_mH_n	H_2O	
16.35%	20.9%	50.92%	0.018%	2.18%	0.18%	0.021%	9.43%	
烟气干成分								
CO_2	CO	N_2	O_2	H_2	CH_4			
21.9%	0	74.7%	3.4%	0%	0%			
烟气湿成分								
CO_2	CO	N_2	O_2	H_2	CH_4	H_2O		
18.24%	0%	62.21%	2.83%	0%	0%	16.72%		
热平衡计算/热收入								
煤气流量(m^3/h)	热风流量(m^3/h)	燃烧期(h)	送风期(h)	环境温度($℃$)	助燃空气温度($℃$)	冷风温度($℃$)		
170000	182100	2.4	3.2	37	181	187		
热平衡计算/热支出								
热风温度($℃$)	烟气温度($℃$)	干煤气机械水含量	黑度					
1064	270.3	14%	0.75					
冷却水流量(m^3/h)	测定周期(h)	冷风流量(m^3/h)	出口水温($℃$)	进口水温($℃$)				
1323200	6.7	288780	43.56	38.01				

续表

煤气流量（m³/h）	热风流量（m³/h）	燃烧期（h）	送风期（h）	环境温度（℃）	助燃空气温度（℃）	冷风温度（℃）	
	冷风管道	炉顶	炉墙	竖管	热风管道	烟道	预热装置
表面温度（℃）	130.5	110.5	67	61	139	129	74.2
面积（m²）	383.2	615.5	4851.4	649.98	712.18	222.46	271.69
系数	2.2	2.8	2.2	2.2	2.2	2.2	2.2

蓄热室传热模拟

蓄热体直径（m）	蓄热体高度（m）	总蓄热面积（m²）	蓄热体重量（kg）				
7.6	36	60384	2314200				
	格孔直径（m）	活面积（m²/m²）	当量厚度（m）	格砖厚度（m）			
上段	0.0475	0.456	0.0284	0.0195			
中段	0.045	0.41	0.0325	0.022			
下段	0.045	0.41	0.0325	0.022			
无因次风量系数	0.4						

热工过程优化

煤气干成分

CO_2	CO	N_2	O_2	H_2	CH_4	$C_m H_n$	煤气温度（℃）
18.3%	23.3%	57.1%	0%	1.3%	0%	0%	43

煤气湿成分

CO_2	CO	N_2	O_2	H_2	CH_4	$C_m H_n$	H_2O
16.57%	21.1%	51.71%	0%	1.18%	0%	0%	9.43%

续表

煤气流量 (m³/h)	热风流量 (m³/h)	燃烧期 (h)	送风期 (h)	环境温度 (℃)	助燃空气温度 (℃)	冷风温度 (℃)	空气消耗系数
170000	182100	2.4	3.2	37	181	187	1.05

初始无因次风量系数	先行炉	后行炉	掺混冷风比				
	0.1	0.9	0				

要求热风温度 (℃)	排烟上限温度 (℃)	炉顶最高温度 (℃)					
1100	350	1300					

高炉热风炉热平衡如表 5.6 所示。

表 5.6　高炉热风炉热平衡表

热收入			热支出				
项目	数值		项目	数值			
	kcal/m³	比例		kcal/m³	比例		
燃料化学热	494.19	86.44%	热风带出物理热	380.56	65.92%		
燃料物理热	1.40	0.24%	烟气带出物理热	105.15	18.21%		
助燃空气物理热	28.24	4.94%	化学不完全燃烧损失热量	0.00	0.00%		
冷风带入物理热	47.92	8.38%	煤气机械水吸热量	47.92	1.15%		
			冷却水吸热量	53.24	9.22%		
			表面散热量	冷风管道	3.53	0.61%	5.49%
				炉体	15.46	2.68%	
				竖管	1.10	0.19%	
				热风管道	7.38	1.28%	
				烟道	3.44	0.60%	
				预热装置	0.78	0.14%	
				误差	-5.56	-0.97%	
合计	571.75		合计	577.31			
热风炉本体热效率	65.58						

续表

热收入			热支出		
空气消耗系数	1.4	低位发热量 （kcal/m³）	705.82		
不完全燃烧比	1	煤气用量 （m³/m³）	0.7		
理论干空气量 （m³/m³）	0.57	烟气流量， （m³/h）	224693.8		
理论湿空气量 （m³/m³）	0.63				
理论湿烟气量 （m³/m³）	1.45				
实际湿烟气量 （m³/m³）	1.76				

高炉热风炉热工过程优化结果如表 5.7 所示。

表 5.7　高炉热风炉热工过程优化结果

燃烧优化结果

煤气湿成分

CO_2	CO	N_2	O_2	H_2	CH_4	C_mH_n	H_2O
16.57%	21.1%	51.71%	0%	1.18%	0%	0%	9.43%

完全燃烧下烟气湿成分

CO_2	N_2	O_2	H_2O				
25.26%	65.67%	1.96%	7.11%				
理论干 空气量 （m³/m³）	0.53	低位发 热量 （kcal/m³）	667.66				
理论湿 空气量 （m³/m³）	0.59	助燃空气 物理热 （kcal/m³）	27.75				
理论湿 烟气量 （m³/m³）	1.42	煤气 物理热 （kcal/m³）	1.97				
实际湿 烟气量 （m³/m³）	1.49						

煤气用量（m³/m³）	0.7						
助燃空气量（m³/h）	104508.18						
理论燃烧温度（℃）	2060.76						

操作优化结果

热风温度（℃）	1058.86	排烟温度（℃）	336.89				
煤气流量（m³/h）	169928	热风流量（m³/h）	182100	空气流量（m³/h）	104463.92	烟气流量（m³/h）	253499.13
送风期（h）	3.73	燃烧期（h）	1.9				
空煤比	0.61	热效率	90.3%				

第6章　热工计算机实践课程教学范例

6.1　热工计算机实践课程教学要求

热工计算机实践是能源与动力工程专业学生开设的实践课程,其目的是使能源与动力工程专业的学生掌握热工学基本概念、基本理论和基本研究方法,应用计算机技术分析解决有关热工问题,为学生以后走上工作岗位打下坚实的理论基础,能够结合本专业知识,更好地发挥本专业的技术特长。本课程主要要求学生以熟悉的计算机程序设计语言 Microsoft Visual Basic 为手段,结合传热学、工程流体力学、工程热力学、燃料及燃烧、耐火与隔热材料、换热器原理等相关知识,综合运用热工学知识,利用计算机实践解决热工过程相关问题。本课程采用课堂教学和上机教学相结合的方法,课堂教学采用多媒体教学手段,主要讲授热工基本数值理论、Visual Basic 语言基本编程、程序设计方法和几种典型热工数值问题的分析。本课程是一门综合设计实践课程,大部分时间需要学生在电脑上完成,故而上机学时要大于 20 学时。成绩评定标准为平时表现(10%) + 课堂报告(60%) + 实践报告(30%)。

热工计算机实践报告包括封面、目录和实践内容与分析。封面包括程序设计题目、组号、组内排序等,目录包括实践目的与要求、计算依据与原理、程序设计流程图(数据流图)、界面设计、运行实例与结果分析、心得体会与总结、源程序(注释变量及函数说明)等。

注意事项如下:

(1) 报告内容要求双面打印,封面单面打印的。

(2) 界面设计不能与指导书(包括组间的及组内的)的内容雷同。

(3) 测试数据不能与指导书(包括组间的及组内的)中雷同,组间及组内的输入变量对求解值的分析不能雷同。

(4) 变量名与函数名不能与指导书(包括组间的及组内的)中的内容雷同。

6.2　热工计算机实践报告示例

以气体燃料理论燃烧温度计算为例,展示运用 Visual Basic 语言解决其计算求解过程,其程序报告包括实践目的与要求、计算依据与原理、程序设计流程图、界面设计、运行实例与结果分析、心得体会与总结、源程序(注释变量及函数说明)等部分。

实践目的与要求即学生进行气体燃料理论燃烧温度计算实践项目的任务,计算依据与原理为编程计算气体燃料理论燃烧温度的理论依据,界面设计主要是气体理论燃烧温度计算需要输入参数和输出结果,而程序流程图呈现的是编程实现气体理论燃烧温度计算过程,并对计算程序进行测试和计算结果的分析,即运行实例与结果分析,最后是本次在完成实践任务所经历的体会,还需附上源程序清单,需对源程序进行必要的说明,以养成良好的编程习惯。

需要说明的是,因为课程实践部分以小组形式进行,组内排序为组长根据本组各成员的重要性(即平时表现或贡献度、重要性等)所作的实践过程的重要性排序,作为课程最终成绩重要依据。

《热工计算机实践》程序设计报告

题目：气体燃料理论燃烧温度计算

············

学院：_____

专业：_____

班级：_____

学号：_____

姓名：_____

组号：_____

组内排序：_____

指导教师：_____

安徽工业大学能源与环境学院

A　气体燃料理论燃烧温度计算

一、实践目的与要求

运用燃料及燃烧基本知识,实现气体燃料理论燃烧温度的计算,掌握混合气体比热、密度以及分解热的计算方法。

二、计算依据与原理

由于煤气的来源和种类不同,所以它们的化学组成和发热量也不同。气体燃料的化学组成是用所含各种单一气体的体积百分数来表示,并有所谓"湿成分"和"干成分"两种方法表示的。

所谓气体燃料的湿成分,指的是包括水蒸气在内的成分,即

$$CO^s\% + H_2^s\% + CH_4^s\% + \cdots + CO_2^s\% + N_2^s\% + O_2^s\% + H_2O^s\% = 100\%$$

气体燃料的干成分则不包括水蒸气,即

$$CO^g\% + H_2^g\% + CH_4^g\% + \cdots + CO_2^g\% + N_2^g\% + O_2^g\% = 100\%$$

气体燃料中所含的水分在常温下都等于该温度下的饱和水蒸气量。当温度变化时,气体中的饱和水蒸气也随之变化,因而气体燃料的湿成分也将发生变化。为了排除这一影响,所以在一般技术资料中用气体燃料的干成分来表示其化学组成的情况。在进行燃烧计算时,则必须用气体燃料的湿成分作为计算的依据。因此应首先根据该温度下的饱和水蒸气将干成分换算成湿成分。气体燃料干湿成分的换算关系为

$$X^s\% = X^g\% \frac{100 - H_2O^s}{100} \tag{A.1}$$

式中,H_2O^s 为 100 m^3 湿气体中所含水蒸气的体积。

在上述干湿成分换算时,需要知道水蒸气的湿成分($H_2O^s\%$)。从饱和水蒸气表中可以查到小 1 m^3 干气体所吸收的水蒸气的重量 $g_{H_2O}^g(g/m^3)$。根据下式可将其换算成水蒸气的湿成分($H_2O^s\%$)。

$$H_2O^s = \frac{0.00124 g_{H_2O}^g}{1 + 0.00124 g_{H_2O}^g} \tag{A.2}$$

$$g_{H_2O}^g = 1.364 \times 1000 \times 1.347 \times 18/8.314/(t + 273)/100 \tag{A.3}$$

气体燃料的发热量可根据其化学成分用式

$$Q_{dw} = 4.187(3046CO\% + 2580H_2\% + 8550CH_4\% +$$
$$14100C_2H_4 + \cdots + 5520H_2S\%) \tag{A.4}$$

计算。混合气体的比热和密度也可根据其化学成分用式

$$c_p = \frac{\sum c_{pi}V_iM_i}{\sum V_iM_i}, \quad \rho = \sum \rho_iV_i \tag{A.5}$$

计算。式中,V_i 为气体 i 体积百分数,M_i 为气体 i 摩尔分子量。

其中,各可燃成分的化学反应式为

$$CO + 0.5O_2 = CO_2$$
$$H_2 + 0.5O_2 = H_2O$$
$$C_nH_m + (n + m/4)O_2 = nCO_2 + m/2H_2O \tag{A.6}$$
$$H_2S + 1.5O_2 = H_2O + SO_2$$

完全燃烧的理论空气需要量为

$$L_0 = 4.76\left[0.5CO + 0.5H_2 + \sum(n + m/4)C_nH_m + 1.5H_2S - O_2\right] \times 10^{-2} \tag{A.7}$$

实际空气需要量为

$$L_n = \frac{M_{air}/\rho_{air}}{M_{gas}/\rho_{gas}} \tag{A.8}$$

实际燃烧产物生成量为

$$V_n = V_{CO_2} + V_{SO_2} + V_{H_2O} + V_{N_2} + V_{O_2}$$

$$V_{CO_2} = (CO + \sum nC_nH_m + CO_2)/100$$

$$V_{SO_2} = H_2S/100$$

$$V_{H_2O} = (H_2 + \sum m/2C_nH_m + H_2S + H_2O)/100 + 0.00124gL_n$$

$$V_{N_2} = N_2/100 + 0.79L_n$$

$$V_{O_2} = 0.21(L_n - L_0)$$

$$\tag{A.9}$$

燃烧产物的成分表示为各组成所占的体积百分数,为与燃料成分相区别,燃烧产物的成分的分子式号上加"′",即

$$CO_2'\% + SO_2'\% + H_2O'\% + N_2'\% + O_2'\% = 100\%$$

工业炉多在高温下工作,炉内温度的高低是保证炉子工作的重要条件,而决定炉内温度的最基本因素是燃料燃烧时燃烧产物达到的温度、即所谓燃烧温度。在实际条件下的燃烧温度与燃料种类、燃料成分、燃烧条件和传热条件

等各方面的因素有关,并且归纳起来,将决定于燃烧过程中热量收入和热量支出的平衡关系。所以从分析燃烧过程的热量平衡,可以找出估计燃烧温度的方法和提高燃烧温度的措施。燃烧过程中热平衡项目如下(各项均按每 kg 或每 m³燃料计算),属于热量的收入有:① 燃料的化学热,即燃料发热量 Q_{dw},② 空气带入的物理热 $Q_k = L_n c_k t_k$,③ 燃料带入的物理热 $Q_r = L_r c_r t_r$。

属于热量的支出有:燃烧产物含有的物理热 $Q = V_n ct$,由燃烧产物传给周围物体的热量 Q_d,由于燃烧条件而造成的不完全燃烧热损失 Q_b,燃烧产物中某些气体在高温下热分解反应消耗的热量 Q_f。根据热量平衡原理,当热量收入与支出相等时,燃烧产物达到一个相对稳定的燃烧温度,列热平衡方程式为

$$Q_{dw} + Q_k + Q_r = V_n ct + Q_d + Q_b + Q_f \tag{A.10}$$

若假设燃料是在绝热系统中燃烧($Q_d = 0$),并且完全燃烧($Q_b = 0$),则计算出的燃烧温度称为"理论燃烧温度",即

$$t = (Q_{dw} + Q_k + Q_r - Q_f)/(V_n c) \tag{A.11}$$

由于热分解,燃烧产物的组成和生成量都将发生变化。对于一般的工业炉热工计算可采用近似方法,即按以下近似处理来进行计算。

$$Q_f = 12600 f_{CO_2} V'_{CO_2} + 10800 f_{H_2O} V'_{H_2O} \tag{A.12}$$

分解度 f 与温度 t 及气体分压 p 有关,即

$$f_{CO_2} = (t + 1416.1516)^{-83.8841} (p_{CO_2} + 0.0441)^{-0.1563}$$
$$\cdot (58.9034t + p_{CO_2} - 765.8541)^{58.6021} \tag{A.13}$$

$$f_{H_2O} = (t + 1.3737)^{29.158} (p_{H_2O} + 0.00288)^{-0.1988}$$
$$\cdot 0.06084t + p_{H_2O} + 117.9143)^{-40.2749} \tag{A.14}$$

三、程序设计流程图

依次计算气体燃料的比热、密度,烟气成分及其密度、比热,然后假设燃烧温度计算分解热,燃料完全燃烧,并且为绝热,由热平衡计算理论燃烧温度。

四、界面设计

文本框:

气体燃料:成分,温度,质量流量,密度,比热;

空气:温度,质量流量,密度,比热;

烟气:密度,比热,成分;

分解温度,分解热,分解压;

低位发热量,空气带入热,燃料带入热,理论燃烧温度;

按钮:燃料空气物性,烟气成分,烟气物性,分解热,燃烧温度,退出。

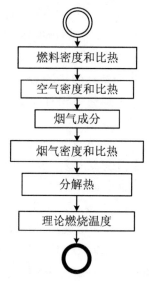

图 A.1　气体燃料理论燃烧温度计算程序流程图

五、运行实例与结果分析

输入:

气体燃料成分,%:

$H_2O,5;CO_2,30;N_2,10;O_2,5;SO_2,0;CO,40;CH_4,0;C_2H_4,0;C_2H_6,0;$
$H_2,10;$

气体燃料温度,℃:800;质量流量,kg/s:0.1276;

空气温度,℃:100;质量流量,kg/s:0.3684;

分解压力,Pa:1e5;分解温度,K:1833。

输出:

燃料密度,kg/m³:0.341;燃料比热,kJ/kg℃:1.248;

空气密度,kg/m³:1.248;空气比热,kJ/kg℃:1.005。

烟气成分:

H_2O,8.38;CO_2,39.09;N_2,51.49;O_2,1.04;SO_2,0;CO,40;CH_4,0;C_2H_4,0;C_2H_6,0;H_2,0;

烟气密度,kg/m^3:0.195;烟气比热,kJ/kg℃:1.461;

分解热,kJ/kg:1386.272;

理论燃烧温度,K:1848.612。

从图 A.2 可以看出:随着燃料入口温度增加,则燃料带入的热量增加,燃料释热量增加,故理论燃烧温度增加,其增加速率为 2.67 K/K,此图仅为分析示例,在实践中,可以分析各种输入变量对求解参数的影响,如燃料成分及其温度、空气温度、空气流量等。

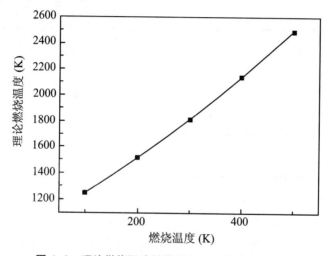

图 A.2　理论燃烧温度随燃料入口温度的变化曲线

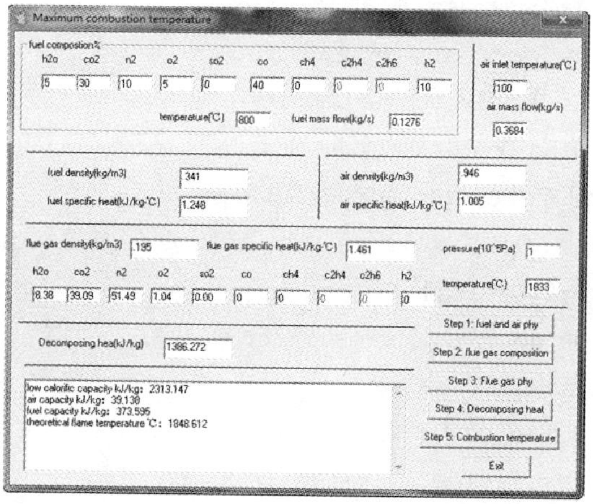

图 A.3　气体燃料理论燃烧温度计算运行实例图

六、心得体会与总结

通过本次设计,我学到了很多东西。一篇标准的论文或报告有很多的要求,要使自己的工作结果展现得漂亮,就应根据要求从始至终地做到最好。简单办公软件的灵活运用很重要,我们必须掌握。总之,不做不如做到,要做就做最好!

七、源程序(注释变量及函数说明)

```
Author:                    endlessfree@163.com
Last updated:              2015-1-26
Programe:                  gas combustion temperature
```

```vb
'comm.bas 模块

'气体物性查询
'strSQL--查询集,t--温度,rho--密度,cp--比热
Public Function SearchGasPhy(strSQL As String, t As Double, rho As Double, cp As Double) As Boolean
    Dim db As Database '数据库
    Dim rs As Recordset '记录集
    Dim t1 As Double, t2 As Double
    Dim rho1 As Double, cp1 As Double
    Dim rho2 As Double, cp2 As Double
    Set db = OpenDatabase(App.Path + "\db2.mdb", dbDriverNoPrompt, False, ";PWD=1234")
    Set rs = db.OpenRecordset(strSQL)
    SearchGasPhy = False
    t2 = rs.Fields(0).Value '温度
    rho2 = rs.Fields(1).Value '密度
    cp2 = rs.Fields(2).Value '比热
```

```
    Do While Not rs.EOF
        If t2 = t Then
            rho = rs.Fields(1).Value
            cp = rs.Fields(2).Value
            SearchGasPhy = True
            Exit Do
        ElseIf t > t1 And t < t2 Then
            rho = rho1 + (rho2 - rho1) * (t - t1) / (t2 - t1)
            cp = cp1 + (cp2 - cp1) * (t - t1) / (t2 - t1)
            SearchGasPhy = True
            Exit Do
        Else
            t1 = t2
            rho1 = rho2
            cp1 = cp2
            rs.MoveNext
            If rs.EOF Then Exit Do
                t2 = rs.Fields(0).Value
                rho2 = rs.Fields(1).Value
                cp2 = rs.Fields(2).Value
        End If
    Loop

    rs.Close
    db.Close


End Function


'气体燃料低位发热量
'co,h2,ch4,c2h4－－气体燃料成分含量
Public Function Qdw(co As Double, h2 As Double, ch4 As Double, c2h4
As Double) As Double
    Qdw = 4.187 * (3046 * co + 2580 * h2 + 8550 * ch4 + 14100
* c2h4) / 100
    End Function
```

```
'干空气中水分
't--空气温度
Public Function gh2oAir(t As Double) As Double
    gh2oAir = 1.364 * 1000 * 1.347 * 18 / 8.314 / (t + 273)
/ 100
End Function


'实际空气需要量
'airq--空气量,airrho--空气密度,fuelq--燃料量,fuelrho--
燃料密度
Public Function ActualAir(airq As Double, airrho As Double, fuelq
As Double, fuelrho As Double) As Double
ActualAir = (airq / airrho) / (fuelq / fuelrho)
End Function


'理论空气需要量
'co,h2,ch4,c2h4,c2h6,o2--气体燃料成分
Public Function TheroyAir(o2 As Double, co As Double, ch4 As Doub-
le, c2h4 As Double, _
        c2h6 As Double, h2 As Double) As Double
    TheroyAir = 4.76 * (0.5 * co + 0.5 * h2 + 2 * ch4 + 3 *
c2h4 + 3.5 * c2h6 - o2) / 100
    End Function


'烟气成分
Public Function FlueGasComposition(h2o As Double, co2 As Double,
n2 As Double, o2 As Double, _
so2 As Double, co As Double, ch4 As Double, c2h4 As Double, _
                c2h6 As Double, h2 As Double, _
            m_vco2 As Double, m_vso2 As Double, m_vh2o As
Double, _
                m_vn2 As Double, m_vo2 As Double, t As Double, _
                m_ln As Double, m_10 As Double) As Double
    m_vco2 = (co + ch4 + 2 * c2h4 + 2 * c2h6 + co2) / 100
    m_vso2 = 0
```

```
    m_vh2o = (h2 + 2 * ch4 + 2 * c2h4 + 3 * c2h6 + h2o) / 100 +
0.00124 * gh2oAir(t) * m_ln
    m_vn2 = n2 / 100 + 0.79 * m_ln
    m_vo2 = 0.21 * (m_ln - m_l0)
    FlueGasComposition = m_vco2 + m_vso2 + m_vh2o + m_vn2 + m_vo2
End Function
```

'fluegas.frm 窗体

```
Option Explicit
```

'退出程序
```
Private Sub CancelButton_Click()
    End
End Sub
```

'分解热
```
Private Sub decomposebtn_Click()
    Dim m_qfco2 As Double, m_qfh2o As Double, qf As Double
    Dim fco2 As Double, fh2o As Double
    Dim h2o As Double, co2 As Double
    Dim ph2o As Double, pco2 As Double
    Dim tin As Double, pin As Double
    Dim vn As Double

    h2o = Val(vh2otxt.Text) / 100 '烟气成分
    co2 = Val(vco2txt.Text) / 100
    tin = Val(Tfluegastxt.Text) '入口温度
    pin = Val(Pintxt.Text)   '入口压力
    ph2o = h2o * pin  'h2o 分压
    pco2 = co2 * pin  'co2 分压

    vn = (Val(Qintxt.Text) + Val(Qairtxt.Text)) / Val(fluegas-
rhotxt.Text) '烟气量
```

```
        fco2 = (tin + 1416.1516)^(-83.8841) * (pco2 + 0.0441)^
(-0.1563) _
                * (58.9034 * tin + pco2 - 765.8541)^(58.6021)    'CO2
分解度
        fh2o = (tin + 1.3737)^29.158 * (ph2o + 0.00288)^
(-0.1988) _
                * (0.06084 * tin + ph2o + 117.9143)^(-40.2749)   'H2O
分解度
        m_qfco2 = 12600 * co2 * vn * fco2 / 100
        m_qfh2o = 10800 * h2o * vn * fh2o / 100
        qf = (m_qfco2 + m_qfh2o) / Val(fluegasrhotxt.Text)  '分解热

        qftxt.Text = Format(qf, ".000")


    End Sub


    '烟气物性参数
    Private Sub fluegasphybtn_Click()
        Dim tin As Double, h2o As Double, co2 As Double, n2 As Double, _
            o2 As Double, so2 As Double, co As Double, ch4 As Double, _
            c2h4 As Double, c2h6 As Double, h2 As Double
        Dim rhoin As Double, cpin As Double, tair As Double, rhoair As
Double, cpair As Double
        Dim rhoh2o As Double, cph2o As Double, rhoco2 As Double, cpco2
As Double, _
            rhon2 As Double, cpn2 As Double, rhoo2 As Double, cpo2 As
Double, _
            rhoso2 As Double, cpso2 As Double, rhoco As Double, cpco As
Double, _
            rhoch4 As Double, cpch4 As Double, rhoc2h4 As Double,
cpc2h4 As Double, _
            rhoc2h6 As Double, cpc2h6 As Double, rhoh2 As Double, cph2
As Double
        Dim h2ostrSQL As String, n2strSQL As String, co2strSQL As
String, o2strSQL As String, _
```

```vb
                so2strSQL As String, costrSQL As String, ch4strSQL As
String, c2h4strSQL As String , _
                c2h6strSQL As String, h2strSQL As String, airstrSQL
As String
        Dim searchinFlag As Boolean, searchairFlag As Boolean

        h2ostrSQL = "SELECT * FROM h2o" :  co2strSQL = "SELECT *
FROM co2" :
        n2strSQL = "SELECT * FROM n2" : o2strSQL = "SELECT * FROM
o2"
        so2strSQL = "SELECT * FROM so2" : costrSQL = "SELECT * FROM
co"
        ch4strSQL = "SELECT * FROM ch4" : c2h4strSQL = "SELECT *
FROM c2h4"
        c2h6strSQL = "SELECT * FROM c2h6" : h2strSQL = "SELECT *
FROM h2"
        airstrSQL = "SELECT * FROM air"

        tin = Val(Tfluegastxt.Text) : tair = Val(tairtxt.Text) '入口
温度
        h2o = Val(vh2otxt.Text) / 100 : co2 = Val(vco2txt.Text) / 100
'烟气成分
        n2 = Val(vn2txt.Text) / 100 : o2 = Val(vo2txt.Text) / 100 :
so2 = Val(vso2txt.Text) / 100 :
        co = Val(vcotxt.Text) / 100 : ch4 = Val(vch4txt.Text) / 100 :
c2h4 = Val(vc2h4txt.Text) / 100
        c2h6 = Val(vc2h6txt.Text) / 100 : h2 = Val(vh2txt.Text) / 100

        searchinFlag = SearchGasPhy(h2ostrSQL, tin, rhoh2o, cph2o)
Or _
                SearchGasPhy(co2strSQL, tin, rhoco2, cpco2) Or _
                SearchGasPhy(n2strSQL, tin, rhon2, cpn2) Or _
                SearchGasPhy(o2strSQL, tin, rhoo2, cpo2) Or _
                SearchGasPhy(so2strSQL, tin, rhoso2, cpso2) Or _
                SearchGasPhy(costrSQL, tin, rhoco, cpco) Or _
```

```
                SearchGasPhy(ch4strSQL, tin, rhoch4, cpch4) Or _
                SearchGasPhy(c2h4strSQL, tin, rhoc2h4, cpc2h4) Or _
                SearchGasPhy(c2h6strSQL, tin, rhoc2h6, cpc2h6) Or _
                SearchGasPhy(h2strSQL, tin, rhoh2, cph2)  '搜索气体的
密度、比热

        If Not searchinFlag Then
            MsgBox "It falls out of scope!"  '未找到
        Else
            rhoin = rhoh2o * h2o + rhoco2 * co2 + rhon2 * n2 +
rhoo2 * o2 + rhoso2 * so2 + _
          rhoco * co + rhoch4 * ch4 + rhoc2h4 * c2h4 + rhoc2h6 * c2h6 +
rhoh2 * h2
            cpin = cph2o * h2o * 18 + cpco2 * co2 * 44 + cpn2 *
n2 * 28 + cpo2 * o2 * 32 + _
                cpso2 * so2 * 64 + cpco * co * 28 + cpch4 * ch4 *
16 + cpc2h4 * c2h4 * 28 + _
                cpc2h6 * c2h6 * 30 + cph2 * h2 * 2
            cpin = cpin / (h2o * 18 + co2 * 44 + n2 * 28 + o2 * 32
+ so2 * 64 + co * 28 + ch4 * 16 + _
                c2h4 * 28 + c2h6 * 30 + h2 * 2)

            fluegasrhotxt.Text = Format(rhoin, ".000")  '密度
            fluegascptxt.Text = Format(cpin, ".000")  '比热
        End If
    End Sub


    空气和气体燃料物性参数
    Private Sub FuelAirPhy_Click()
        Dim tin As Double, h2o As Double, co2 As Double, n2 As Double,
o2 As Double, so2 As Double, _
            co As Double, ch4 As Double, c2h4 As Double, c2h6 As Doub-
le, h2 As Double
        Dim rhoin As Double, cpin As Double, tair As Double, rhoair As
Double, cpair As Double
```

```
        Dim rhoh2o As Double, cph2o As Double, rhoco2 As Double, cpco2
As Double, _
            rhon2 As Double, cpn2 As Double, rhoo2 As Double, cpo2 As
Double, _
            rhoso2 As Double, cpso2 As Double, rhoco As Double, cpco As
Double, _
            rhoch4 As Double, cpch4 As Double, rhoc2h4 As Double,
cpc2h4 As Double, _
            rhoc2h6 As Double, cpc2h6 As Double, rhoh2 As Double, cph2
As Double
        Dim h2ostrSQL As String, co2strSQL As String, n2strSQL As
String, o2strSQL As String, _
            so2strSQL As String, costrSQL As String, ch4strSQL As
String, c2h4strSQL As String, _
            c2h6strSQL As String, h2strSQL As String, airstrSQL
As String
        Dim searchinFlag As Boolean, searchairFlag As Boolean

        h2ostrSQL = "SELECT * FROM h2o" : co2strSQL = "SELECT *
FROM co2"
        n2strSQL = "SELECT * FROM n2" : o2strSQL = "SELECT * FROM
o2"
        so2strSQL = "SELECT * FROM so2" : costrSQL = "SELECT * FROM
co"
        ch4strSQL = "SELECT * FROM ch4" : c2h4strSQL = "SELECT *
FROM c2h4"
        c2h6strSQL = "SELECT * FROM c2h6" : h2strSQL = "SELECT *
FROM h2"
        airstrSQL = "SELECT * FROM air"

        tin = Val(TinTxt.Text) : tair = Val(tairtxt.Text)  '入口温度
        h2o = Val(h2oTxt.Text) / 100 : co2 = Val(co2Txt.Text) / 100 '
烟气成分
        n2 = Val(n2Txt.Text) / 100 : o2 = Val(o2Txt.Text) / 100 : so2
= Val(so2Txt.Text) / 100
```

```
        co = Val(coTxt.Text) / 100 : ch4 = Val(ch4txt.Text) / 100 :
c2h4 = Val(c2h4txt.Text) / 100
        c2h6 = Val(c2h6txt.Text) / 100 : h2 = Val(h2txt.Text) / 100


        searchinFlag = SearchGasPhy(h2ostrSQL, tin, rhoh2o, cph2o)
Or _
                SearchGasPhy(co2strSQL, tin, rhoco2, cpco2) Or _
                SearchGasPhy(n2strSQL, tin, rhon2, cpn2) Or _
                SearchGasPhy(o2strSQL, tin, rhoo2, cpo2) Or _
                SearchGasPhy(so2strSQL, tin, rhoso2, cpso2) Or _
                SearchGasPhy(costrSQL, tin, rhoco, cpco) Or _
                SearchGasPhy(ch4strSQL, tin, rhoch4, cpch4) Or _
                SearchGasPhy(c2h4strSQL, tin, rhoc2h4, cpc2h4) Or _
                SearchGasPhy(c2h6strSQL, tin, rhoc2h6, cpc2h6) Or _
                SearchGasPhy(h2strSQL, tin, rhoh2, cph2)


        If Not searchinFlag Then
            MsgBox "It falls out of scope!"
        Else
            rhoin = rhoh2o * h2o + rhoco2 * co2 + rhon2 * n2 +
rhoo2 * o2 + rhoso2 * so2 + _
                    rhoco * co + rhoch4 * ch4 + rhoc2h4 * c2h4 +
rhoc2h6 * c2h6 + rhoh2 * h2
            cpin = cph2o * h2o * 18 + cpco2 * co2 * 44 + cpn2 * n2 *
28 + cpo2 * o2 * 32 +   _
                    cpso2 * so2 * 64 + cpco * co * 28 + cpch4 * ch4 *
16 + cpc2h4 * c2h4 * 28 + _
                    cpc2h6 * c2h6 * 30 + cph2 * h2 * 2
            cpin = cpin / (h2o * 18 + co2 * 44 + n2 * 28 + o2 * 32 +
so2 * 64 + co * 28 + ch4 * 16 + _
                    c2h4 * 28 + c2h6 * 30 + h2 * 2)
            rhoinTxt.Text = Format(rhoin, ".000") '密度
            cpinTxt.Text = Format(cpin, ".000") '比热
        End If
```

```
        searchairFlag = SearchGasPhy(airstrSQL, tair, rhoair, cpair)

    If Not searchinFlag Then
        MsgBox "It falls out of scope!"
    Else
        rhoairTxt.Text = Format(rhoair, ".000")'密度
        cpairtxt.Text = Format(cpair, ".000")'比热
    End If
End Sub
```

气体燃料理论燃烧温度
```
Private Sub OKButton_Click()
    Dim co As Double, ch4 As Double, c2h4 As Double, h2 As Double
    Dim m_qdw As Double, m_qk As Double, m_qr As Double, temp
As Double
    低位发热量
    m_qdw = Qdw(Val(coTxt.Text), Val(h2txt.Text), Val(ch4txt.
Text), Val(c2h4txt.Text)) * Val(Qintxt.Text) / Val(rhoinTxt.Text)
    空气带入热
    m_qk = Val(Qairtxt.Text) * Val(tairtxt.Text) * Val(cpair-
txt.Text) / Val(rhoairTxt.Text)
    燃料带入热
    m_qr = Val(Qintxt.Text) * Val(TinTxt.Text) * Val(cpinTxt.
Text) / Val(rhoinTxt.Text)
    temp = (m_qdw + m_qk + m_qr - Val(qftxt.Text)) / Val(flue-
gascptxt.Text) / _
            (Val(Qintxt.Text) + Val(Qairtxt.Text))'理论燃烧
温度

    resulttxt.Text = "low calorific capacity kJ/kg:" + Format(m_
qdw, ".000") + vbCrLf + _
            "air capacity kJ/kg:" + Format(m_qk, ".000") + vb-
CrLf +  _
            "fuel capacity kJ/kg:" + Format(m_qr, ".000") + vb-
CrLf +  _
```

```
                    "theoretical flame temperature ℃ :" + Format(temp,
".000") + vbCrLf '输出文本结果
    End Sub


    '烟气量,烟气成分
    Private Sub ProductBtn_Click()
        Dim ln As Double, 10 As Double
        Dim h2o As Double, co2 As Double, n2 As Double, o2 As Double,
so2 As Double, co As Double, _
            ch4 As Double, c2h4 As Double, c2h6 As Double, h2 As Double
        Dim vco2 As Double, vso2 As Double, vh2o As Double, vn2 As Doub-
le, vo2 As Double, vn As Double


        h2o = Val(h2oTxt.Text) : co2 = Val(co2Txt.Text) : n2 = Val
(n2Txt.Text) '燃料成分
        o2 = Val(o2Txt.Text) : so2 = Val(so2Txt.Text) : co = Val
(coTxt.Text)
        ch4 = Val(ch4txt.Text) : c2h4 = Val(c2h4txt.Text) : c2h6 =
Val(c2h6txt.Text)
        h2 = Val(h2txt.Text)


        ln = ActualAir(Val(Qairtxt.Text), Val(rhoairTxt.Text), Val
(Qintxt.Text), Val(rhoinTxt.Text)) '实际空气量
        10 = TheroyAir(h2o, co2, n2, o2, so2, co, ch4, c2h4, c2h6, h2)
'理论空气量
        vn = FlueGasComposition(h2o, co2, n2, o2, so2, co, ch4, c2h4,
c2h6, h2, vco2, vso2, vh2o, _
            vn2, vo2, Val(tairtxt.Text), ln, 10) '烟气量


        vco2txt.Text = Format(vco2 * 100 / vn, "0.00") '烟气成分
        vso2txt.Text = Format(vso2 * 100 / vn, "0.00") : vh2otxt.
Text = Format(vh2o * 100 / vn, "0.00")
```

```
        vn2txt.Text = Format(vn2 * 100 / vn, "0.00"): vo2txt.Text
= Format(vo2 * 100 / vn, "0.00")
    End Sub
```

                                B……

    ……

6.3　热工计算机实践课堂报告安排

　　热工计算机实践课堂报告内容以PPT形式展示程序设计实践内容,包括设计内容分析、程序设计流程分析、程序界面分析、测试演示及结果分析等。分组原则按学号,每人限一组,卓越班2组(每组10人);普通班9组(每组10~12人),预留一组(尽量平均分配);组长、演讲人及答题人各一人(可兼)。考核形式(作为总评成绩的一部分)包括:报告演讲:5~8分钟;回答提问:3~5分钟;报告演讲和回答提问交替进行,由组内成员商量沟通后,由组长指定答题人,组内其他成员可补充。课堂报告集中安排与答辩成绩表如表6.1所示。

表6.1　课堂报告集中安排与答辩成绩表(含组内成绩排序)

组长联系方式	组号	成　员			实践内容
QQ:	1	组长	报告人		
Tel:		成员			
答题人					
总评	程序分	演讲分		提问分	
QQ:	2	组长	报告人		
Tel:		成员			
答题人					
总评	程序分	演讲分		提问分	
QQ:	3	组长	报告人		
Tel:		成员			
答题人					
总评	程序分	演讲分		提问分	

6.4　热工计算机实践任务书

　　热工计算机实践内容包括两部分,即基础算例和综合与工程案例,基础算例共20 个算例,主要是基本热工计算问题,涉及基本热工理论,即传热学、工程流体力学、工程热力学与燃料及燃烧,而综合与工程案例相对来说是比较复杂的工程问题,共 10 个案例,可以根据需要进行任意组合,以完成热工计算实践课程教学需要。

表 6.2　热工计算机实践内容

题号	题　目	任务内容(实践目的与要求)
		Ⅰ 热工基础算例
1	炉衬热损失计算	运用传热学与耐火材料基本知识,实现炉衬热损失的计算,掌握散热损失和蓄热损失的计算方法。编程计算并分析炉壁散热条件、炉衬材料及其厚度、环境温度及内壁温度与炉衬各界面温度、散热损失、蓄热损失的关系
2	墙角导热计算	运用传热学基本知识,实现墙角导热计算,掌握二维导热微分方程的数值求解方法。编程计算并分析内外壁温度及导热系数与温度分布、散热量的关系
3	矩形空腔导热计算	运用传热学基本知识,实现矩形空腔导热计算,掌握二维导热微分方程的数值求解方法。编程计算并分析矩形空腔边界温度(上下侧及左右侧)、尺寸(宽度和高度)与温度分布的关系
4	肋片导热计算	运用传热学基本知识,实现肋片导热计算,掌握一维导热微分方程的数值求解方法。编程计算并分析肋基温度及厚度和高度、环境温度、物性(对流传热系数、肋片导热系数)与温度分布、换热量的关系
5	无限大平板导热计算	运用传热学基本知识,实现无限大平板导热计算,掌握一维非稳态导热微分方程的数值求解方法。编程计算并分析平板厚度及其物性(密度、导热系数、比热、对流换热系数)、环境温度与温度分布的关系
6	铜管导热计算	运用传热学基本知识,实现铜管导热计算,掌握追赶法求解一维圆柱系下导热微分方程的数值方法。编程计算并分析不同内热源、导热系数、对流换热系数下温度分布

题号	题　目	任务内容(实践目的与要求)
7	平板传热计算	运用传热学基本知识,实现平板传热计算,掌握龙格-库塔法求解传热微分方程的数值方法。编程计算并分析不同环境温度、对流换热系数、发射率、吸收率、投入辐射量下平板温度变化
8	墙体导热计算	运用传热学基本知识,实现墙体导热计算,掌握追赶法求解一维导热微分方程的数值方法。编程计算并分析不同位置温度随时间变化规律、外界函数角频率下传热量的变化
9	混凝土梁柱导热计算	运用传热学基本知识,实现混凝土梁柱导热计算,掌握二维导热微分方程的数值求解方法。编程计算并分析壁面边界温度、对流换热(系数)边界与温度分布的关系
10	容器中气体质量计算	运用工程热力学基本知识,实现容器中气体质量计算,掌握理想气体状态方程、范德瓦耳斯(Van der Wals)方程和R-K(Redlich-Kwong)方程的求解方法。编程计算并分析气体、求解方法、状态参数(压力、温度和体积)与气体质量的关系
11	朗肯循环效率计算	运用工程热力学基本知识,实现朗肯循环效率计算,掌握工质热力参数和系统循环热效率的计算。编程计算并分析初温、初压、终压与朗肯循环效率的关系
12	再热循环效率计算	运用工程热力学基本知识,实现再热循环效率计算,掌握工质热力参数和系统循环热效率的计算。编程计算并分析初温、初压、终压、再热压力与再热循环效率的关系
13	回热循环效率计算	运用工程热力学基本知识,实现回热循环效率计算,掌握工质热力参数和系统循环热效率的计算。编程计算并分析初温、初压、终压、抽气压力与回热循环效率的关系
14	并联管路计算	运用工程流体力学基本知识,实现并联管路压头损失计算,掌握并联管路压头损失和流量分布的计算。编程计算并分析管径及其长度、流量、温度与压头损失的关系
15	串联管路计算	运用工程流体力学基本知识,实现串联管路阻力损失的计算,掌握沿程阻力、局部阻力的计算方法。编程计算并分析管材及其长度和当量直径、流动介质及其温度和压头、流量的关系
16	虹吸管流量计算	运用工程流体力学基本知识,实现虹吸管流量计算,掌握虹吸管管路压头损失和流量分布的计算。编程计算并分析管径及其长度、温度与流量、压头损失的关系
17	环状管网水力计算	运用工程流体力学基本知识,实现环状管网水力计算,掌握哈代-克罗斯法求解环状管网管段中流量分配和各节点的测压管水头的计算方法。编程计算并分析管长和当量直径与压头损失、流量的关系

续表

题号	题　目	任务内容(实践目的与要求)
18	圆柱绕流流动计算	运用工程流体力学基本知识,实现圆柱绕流流动计算,掌握偏微分方程的数值计算方法,编程计算并分析来流速度、流量与流函数的关系
19	平行平板间流动计算	运用工程流体力学基本知识,实现平行平板间流动计算,掌握偏微分方程的数值计算方法,编程计算并分析平板间速度分布
20	固/液体燃料理论燃烧温度计算	运用燃料及燃烧基本知识,实现固/液体燃料理论燃烧温度的计算,掌握分解热、理论燃烧温度的计算方法。编程计算并分析燃料成分、空气入口温度、燃料入口温度、空气消耗系数与分解热、理论燃烧温度的关系
Ⅱ 热工综合与工程案例		
1	轧钢能环优化计算	运用最优化方法与系统节能的基本知识,实现轧钢能耗最优化计算,掌握能耗数学模型和约束条件的建立,以及单纯形法求解轧钢能耗优化的计算方法。编程计算并分析最优能耗与单位能耗、成品率的关系
2	炉衬热损失与费用计算	运用传热学与耐火材料基本知识,实现炉衬热损失与费用计算,掌握散热损失和蓄热损失的计算方法,以及耐火材料物性确定,炉衬费用,包括建造费用、热损失费用的求解方法。编程计算并分析炉壁散热条件、炉衬材料及其厚度、环境温度及内壁温度与炉衬各界面温度、散热损失、蓄热损失的关系
3	管道阻力损失计算	运用工程流体力学基本知识,实现管道阻力损失的计算,掌握沿程阻力、局部阻力,以及包括阀门阻力的计算方法。编程计算并分析管材及其长度和当量直径、流动介质及其温度和流量、阀门局部阻力形式与阻力损失的关系
4	铜底吹炉㶲效率计算	运用工程热力学基本知识,实现铜底吹炉㶲效率的计算,掌握物料、烟尘、炉渣、烟气等物理㶲和化学㶲的计算方法,以及㶲效率的计算。编程计算并分析炉渣温度、烟气温度、烟尘温度、冰铜温度、铜精矿品位、富氧率与㶲效率的关系
5	蓄热式熔铝炉热平衡计算	运用传热学和燃料及燃烧等基本知识,实现蓄热式熔铝炉热平衡计算,了解其热流构成,评价其热工特性,掌握热收入和热支出以及烟气量、热效率的计算方法。编程计算并分析天然气流量、空气温度、烟气温度、铝料温度与热效率、烟气成分、热量分布和吨耗的关系

题号	题　目	任务内容（实践目的与要求）
6	管状换热器设计计算	综合运用传热学、工程流体力学、换热器原理等基本知识，实现管状换热器的设计计算，掌握换热器、对数平均温差、烟气侧和空气侧阻力以及壁温、换热器长等计算方法，编程计算并分析空气/烟气入口温度、流速、管子排列方式、行程表、间距与压降、换热量和壁温关系
7	板式换热器设计计算	综合运用传热学、工程流体力学、换热器原理等基本知识，实现板式换热器设计计算，掌握传热有效度-传热单元数法等求解方法。编程计算并分析空气/烟气入口温度、烟气入口温度与空气侧/烟气侧阻力、换热量关系
8	推钢式加热炉钢坯温度计算	运用传热学、工程流体力学、工程热力学、燃料及燃烧和火焰炉等基本知识，实现推钢式加热炉钢坯温度计算，掌握钢坯温度、总括系数、炉膛温度的计算方法，以及二分法求解钢坯热流的计算方法。编程计算并分析钢坯温度、炉膛温度、热流、总括系数与钢坯尺寸、钢坯位置的关系
9	水泥窑余热锅炉热力计算	运用传热学、工程流体力学、工程热力学、燃料及燃烧和锅炉原理等基本知识，实现水泥窑余热锅炉热力计算，掌握过热器、蒸发器和省煤器的热力计算方法，以及热平衡的计算。编程计算并分析余热锅炉入出口烟气温度、烟气成分、烟尘温度、过热蒸汽温度和压力、烟尘质量分数、给水温度与受热面换热量、余热锅炉热效率的关系
10	重力式萘热管传热计算	运用传热学等基本知识，实现重力式萘热管传热计算，得出萘热管的液膜厚度、剪切应力、汽液界面液膜速度、蒸汽速度、质量流量以及冷凝段换热系数沿液膜下降高度的分布，以及蒸发段平均换热系数和管内蒸汽饱和温度，分析热管输入功率、蒸发段加热温度以及热管管径对热管传热性能的影响

6.5　热工计算机实践考核方式

实践形式：集中指导＋分散实践。

实践时间：2/3 周。

实践辅导时间与地点：

实践答辩时间与地点：

热工计算机实践辅导交流群：

考核方式：课堂报告以小组方式答辩（详见课堂报告安排），纸质实践报告以个人方式撰写，纸质报告内容双面打印！（封面单面打印）。热工计算机实践课程考核内容如表6.3所示。

表6.3　热工计算机实践课程考核内容

指　标	考　核　内　容	分值	得分	合计
设计报告含 程序考核	程序考核	25		
	分析和讨论的翔实性	30		
	格式的规范性	15		
报告答辩	报告内容的阐述	10		
	回答问题的准确性	10		
平时	平时的考勤	10		
合　计		100		

6.6　热工计算机实践补充说明

6.6.1　外部控件

TeeChart 是 Teechart for .NET、TeeChart Pro ActiveX V2010 等控件的简称，是由 Steema 公司研发的一系列图表控件的简称。安装好控件后就可以在工程里加入 TeeChart 控件。

TeeChart 示例1

```
With Chart '画等温线
    .RemoveAllSeries
    .AddSeries (scContour)
    .Legend.Visible = True
    For j = 0 To M − 1
        For i = 0 To N − 1
            .Series(0).asContour.AddXYZ i, t(i, j), j, "", clTeeColor
```

```
        Next i
      Next j
      .Series(0).asContour.NumLevels = 10
    End With
  Chart.Header.Text.Clear
  Chart.Header.Text.Add ("temperature contour")
```

TeeChart 示例 2

```
    With Chart '画温度变化曲线
      .RemoveAllSeries
      .AddSeries (scLine)
      .Legend.Visible = False
      .Aspect.View3D = False
      .Panel.Gradient.Visible = False
      For i = 0 To N - 1
          .Series(0).Add t(i, Int(M / 2)), i * X / N, clTeeColor
      Next
      .Header.Text.Clear
      .Header.Text.Add ("temperature at Y/2 as x")
    End With
```

TeeChart 示例 3

```
  Qin = QAl + QMg + QAir + QFuel + Qdw '画饼图
  HeatInTChart.Series(0).Clear
  HeatInTChart.Legend.Visible = False
  HeatInTChart.Series(0).Marks.Font.Size = 7
  HeatInTChart.Series(0).Marks.Style = smsLabelValue
  HeatInTChart.Series(0).asPie.Circled = True
  HeatInTChart.Series(0).Add QAir * 100 / Qin, "Q3", clTeeColor
  HeatInTChart.Series(0).Add QAl * 100 / Qin, "Q1", clTeeColor
  HeatInTChart.Series(0).Add Qdw * 100 / Qin, "Q5", clTeeColor
  HeatInTChart.Series (0). Add (QFuel + QMg) * 100 / Qin, "Q2 +
Q4", clTeeColor
  HeatInTChart.TimerInterval = 100
  HeatInTChart.TimerEnabled = IsRotateHeatIn '热平衡分布图旋转分解计
时器启动或关闭
  IsRotateHeatIn = Not IsRotateHeatIn '热平衡分布图是否旋转分解标识
转换
```

```
For i = 0 To HeatInTChart.Series(0).Count - 1
    HeatInTChart.Series(0).asPie.ExplodedSlice.Value(i) = 0
Next i
```
TeeChart Pro ActiveX Control v5 控件调用方式如图 6.1 所示。

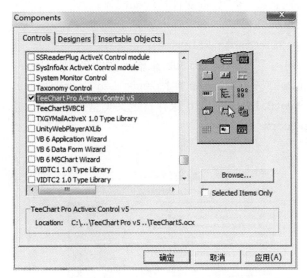

图 6.1　TeeChart Pro ActiveX Control v5 控件调用方式

　　文件对话框控件 Microsoft Common Dialog Control 6.0,提供一组标准的操作对话框,进行诸如打开和保存文件,设置打印选项,以及选择颜色和字体等操作。通过运行 Windows 帮助引擎控件还能显示帮助。使用指定的方法,Common Dialog 控件能够显示特定的对话框。如文件保存对框:

文本文件示例

```
Dim sfilename As String '保存文件名
    FileCmnDlg.DialogTitle = "Save..."
    FileCmnDlg.DefaultExt = "txt"
    FileCmnDlg.Filter = "data file| * .txt"
    FileCmnDlg.ShowSave
    sfilename = FileCmnDlg.FileName
    If sfilename = "" Then Exit Sub '未输入文件名,则返回
    Open sfilename For Output As #1
    For i = 0 To N - 1
        Print #1, i * X / N, t(i, Int(M / 2)) '保存文本文件
    Next i
    Close #1
```

随机文件示例

```
Dim sfilename As String
FileCmnDlg.DialogTitle = "保存..."
FileCmnDlg.DefaultExt = "dat"
FileCmnDlg.Filter = "数据文件|*.dat"
FileCmnDlg.ShowSave
sfilename = FileCmnDlg.FileName
If sfilename = "" Then Exit Sub '未输入文件名,则返回
Open sfilename For Random As #1 Len = Len(HeatBalanceRecord)
Put #1,,HeatBalanceRecord '保存自定义类型数据文件,打开文件为 Get #1,HeatBalanceRecord
Close #1
```

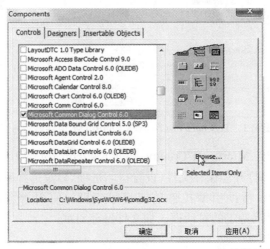

图 6.2　**Microsoft Common Dialog Control 6.0 控件调用方式**

6.6.2　Access 数据库访问方式

通过引用 Miscrosoft DAO 3.51 Object Library（DAO350.DLL）（见图 6.3），Visual Basic 6.0 基于 SQL 语言进行数据查询与修改。

DAO 示例 1

```
'*********************************************************
'管子单重
'*********************************************************
```

```
Public Function SearchWeight(diameter As Double, thick As Double, mate-
rialtype As Integer, weight As Double) As Boolean
    Dim db As Database
    Dim rs As Recordset
    Dim strSQL As String
    Set db = OpenDatabase(App.Path + PipeMdbFile)
    SearchWeight = False
    Select Case materialtype
        Case Common
            strSQL = "SELECT * FROM COMMON "
        Case LowPress
            strSQL = "SELECT * FROM LowPress "
        Case StainlessSteel
            strSQL = "SELECT * FROM StainlessSteel "
        Case HighPress
            strSQL = "SELECT * FROM HighPress "
    End Select
    strSQL = strSQL & " WHERE Diameter = "
    strSQL = strSQL & Str(diameter) & " AND  Thick = " & Str(thick)
    Set rs = db.OpenRecordset(strSQL)
        If Not (rs.BOF And rs.EOF) Then
            Do While Not rs.EOF
                weight = rs.Fields(2).Value
```

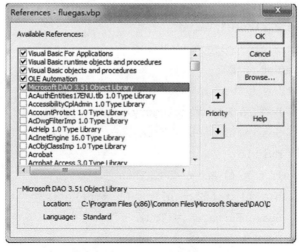

图 6.3　Access 数据库访问方式

```
                        SearchWeight = True
                        Exit Do
                        rs.MoveNext
                    Loop
                End If
            rs.Close
            db.Close
    End Function
```

DAO 示例 2

```
'炉壁对流传热系数物性查询
'strSQL--查询集,t--温度,h--对流传热系数
'category--类型:0--静止 0 ℃空气,1--静止 20 ℃空气,2--流速
2 m/s,20 ℃空气
    Public Function SearchFurnaceh(strSQL As String, t As Double, h As Double,
category As Integer) As Boolean
        Dim db As Database'数据库对象
        Dim rs As Recordset'记录集对象
        Dim t1 As Double, t2 As Double
        Dim h1 As Double
        Dim h2 As Double
        Set db = OpenDatabase(App.Path + "\db2.mdb", dbDriverNoPrompt,
False, ";PWD=1234")
        Set rs = db.OpenRecordset(strSQL)
        SearchFurnaceh = False
        t2 = rs.Fields(0).Value
        h2 = rs.Fields(category).Value
        Do While Not rs.EOF
            If t2 = t Then
                h = rs.Fields(category).Value
                SearchFurnaceh = True
                Exit Do
            ElseIf t > t1 And t < t2 Then
                h = h1 + (h2 - h1) * (t - t1) / (t2 - t1)
                SearchFurnaceh = True
                Exit Do
            Else
```

```
                    t1 = t2
                    h1 = h2
                    rs.MoveNext
                    If rs.EOF Then Exit Do
                    t2 = rs.Fields(0).Value
                    h2 = rs.Fields(category).Value
                End If
            Loop
            rs.Close
            db.Close
    End Function
```

注：结构化查询语言（Structured Query Language，SQL），是一种有特殊目的的编程语言，是一种数据库查询和程序设计语言，用于存取数据以及查询、更新和管理关系数据库系统，同时也是数据库脚本文件的扩展名。

6.6.3　数据支持文件

换热器设计计算时，需要调用空气、烟气的密度、比热、导热系数等参数，以及修正系数等，这些数据存储于自定义数据文件中，如下：

* Airphy.dat：不同温度下空气密度、比热、导热系数、运动黏度、动力黏度、普朗特数；
* Fumephy.dat：不同温度下烟气密度、比热、导热系数、运动黏度、动力黏度、普朗特数；
* Piplen.dat：不同管长修正系数；
* Piprow.dat：不同管排修正系数。

用户可以利用 Type 语句定义自己的数据类型，其格式如下：

```
Type 数据类型名
    数据类型元素名 As 类型名
    ............
End Type
```

物性数据调用方式如下：

```
Type Physics
    t As Double    '温度
    p As Double    '密度
    cp As Double    '比热
```

```
        r As Double    '导热系数
        u As Double    '运动黏度
        v As Double    '动力黏度
        pr As Double   '普朗特数
    End Type
    '管长修正系数
    Type PipeLen
        ld As Double   '管长与管径的比值
        cl As Double   '修正值
    End Type
    '管排修正系数
    Type PipeRow
        rn As Integer   '管排数
        cn(1) As Double 'cn(0),错排修正值,cn(1),顺排修正值
    End Type
    'ExhCAD 数据
    Type ExhCADData
        AirPhysics(24) As Physics    '空气物性数据
        FumePhysics(11) As Physics   '烟气物性数据
        LenModify(13) As PipeLen     '管长修正数据
        RowModify(9) As PipeRow      '管排修正数据
    End Type
    Public RecordData As ExhCADData
```

Pipe. mdb 表示不同管径的单重,其中 Common 表示普通无缝钢管,LowPress 表示低压无缝钢管,StainlessSteel 表示不锈钢无缝钢管,HighPress 表示高压无缝钢管。

气体燃料燃烧计算时,需要用到各种气体比热等参数,这些数据存储于数据库文件 gas. mdb（password:1234）,包括不同温度下气体（CO、CO_2、CH_4、H_2、H_2O、N_2、O_2、SO_2、空气、C_2H_4、C_2H_6、C_3H_8）比热、密度,以及不同温度下炉墙对流换热系数（h1 表示静止 20 ℃ 空气,h2 表示静止 0 ℃ 空气,h3 表示流速 2 m/s,20 ℃ 空气）。

另外,烟气、空气和水蒸气物性参数也可由 Techware Engineering Applications, Inc. 提供的 DLL 比热、焓、动力黏度、导热系数等函数供 Visual Basic 查询,即 TAIR32. DLL 和 TGas32. DLL,详细调用方式参见其手册说明。水蒸气物性参数由 Magnus Holmgren 提供的 DLL 比热、焓、动力黏度、导热系数、熵、密度等函数供 Visual Basic 查询,即 XSteam_V2.6b. dll,详细调用方式参见其手册说明。

需特别说明的是,使用时需进行函数声明,注意调用 DLL 函数的路径,如:

Declare Function Tsat_p Lib App.path + "\Xsteam_V2.6b.dll" (ByVal p As Double) As Double

6.6.4　补充说明

本书提供的运行实例有较完善计算程序,使用一些辅助控件或组件,比如数据库访问组件(Microsoft DAO 3.51 Object Library)、图线绘制控件(TeeChart Pro ActiveX Control v5)、文件对话框控件(Microsoft Common Dialog Control 6.0)等,为了减轻编程工作量和降低难度,在满足基本教学质量的前提下,实际编程中可以采用曲线拟合的方法来实现求解计算。

第 7 章 Visual Basic 语言简介及软件设计

7.1 Visual Basic 语言简介

7.1.1 Visual Basic 程序的界面设计

1. 工程与窗体

Visual Basic 是基于 Basic 的可视化的程序设计语言,继承了 Basic 所具有的程序设计语言简单易用的特点,采用面向对象的程序设计方法(OOP)、事件驱动的编程机制。一个 VB 应用程序是由若干个不同类型(.frm,.vbp,.bas 等)的文件组成的,工程就是这些文件的集合。工程文件(.vbp)列出了在创建该工程时所建立的所有文件的相关信息。窗体文件(.frm)包括有窗体、窗体上的对象及窗体上的事件响应代码。标准模块文件(.bas)包含有可被任何窗体或对象调用的过程程序代码。开发应用程序的一般步骤如下:

① 创建程序的用户界面;

② 设置界面上各个对象的属性;

③ 编写对象响应事件的程序代码;

④ 保存工程;

⑤ 调试;

⑥ 创建可执行程序;

⑦ 使用帮助。

窗体是一块画布,在窗体上可以直观地建立应用程序,在设计程序时,窗体是程序员的工作台,而在运行程序时,每个窗体对应于一个窗口。窗体是 Visual Basic 中对象,具有自己的属性、事件和方法。在 VB 中,对象就是可控制的某种东西,如应用程序的每个窗体和窗体上的控件都是对象。在设计态时通过属性窗口设定,在程序代码中也可改变属性值。

窗体的常用属性有名称属性 Name、标题属性 Caption、边框风格属性 BorderStyle、图标属性 Icon 等,窗体的常用方法有显示 Show 等,窗体的常用事件有单击事件 Click、装载事件 Load、双击事件 DblClick、卸载事件 Unload 等。基本格式如下:

对象名.属性＝表达式,对象名.方法名

装载语句:Load　窗体名,卸载语句:Unload　窗体名

2. 常用控件

Visual Basic 中的控件分两类,即标准控件和 Active X 控件,其中标准控件包括文本框、命令按钮、图片框、标签、单选按钮、组合框等,如表 7.1～表 7.7 所示。

表 7.1　文本框常用属性、方法与事件

属性	Text	设置控件中包含的文本(小于 32KB)
	MaxLength	设置控件中可以输入字符的最大数,0 为任意个字符
	MultiLine	决定用户是否可以接受多行文本
	Alignment	设置复选框或选项按钮、或一个控件的文本的对齐
	ScrollBar	决定对象是否有水平或垂直滚动条
	PasswordChar	决定是否在控件中显示用户键入的字符
	SelStart *	设置所选择文本的起始点
	SelLength *	设置所选择文本的字符数
	SelText *	设置包含当前所选择文本的字符串
方法	Refresh	强制全部重绘一个窗体或控件
	SetFocus	将焦点移至指定的窗体或控件
事件	Change	当文本框的内容改变或通过代码改变 Text 属性的设置时时发生
	LostFocus	当对象失去焦点时发生
	GotFocus	当对象获得焦点时发生
	KeyPress	当一个对象具有焦点,按下并松开一个键时发生

表 7.2　命令按钮常用属性、方法与事件

属性	Cancel	设置该命令按钮是否为窗体的"取消"按钮
	Default	设置该命令按钮是否为窗体默认的按钮
	Style	设置命令按钮的外观是标准风格或图形风格
	Value *	该命令按钮是否选中,True 为选中,False 为未选中
	TabIndex	设置窗体中的对象响应 Tab 键的顺序
	TabStop	设置用户是否可以使用 Tab 键来选定对象
方法	SetFocus	
事件	Click	

表 7.3　标签常用属性、方法与事件

属性	AutoSize	决定控件是否能自动调整大小以显示所有的内容
	WordWrap	决定控件是否扩大以多行方式显示标题文字,前题是 AutoSize 为 True
	BorderStyle	设置边框是立体的或是平面的
	BackStyle	设置背景是透明或是不透明
方法		Refresh、Move
事件		Click、DblClick

表 7.4　单选按钮、复选框和框架常用属性、方法与事件

单选按钮	属性	Caption	设置选项按钮旁的标题文字
		Alignment	设置选项按钮是在标题文字的左边或是右边
		Value	设置选项按钮是否被选中,True 为选中,False 为未选中
	事件	Click、DblClick	
复选框	属性	Caption	同选项按钮
		Alignment	同选项按钮
		Value	设置选项按钮是否被选中,0:未选中,1:未选中,2:变灰,暂时不能访问
	事件	Click	
框架		Caption	该属性为空时,可作为一个封闭边框

表 7.5　列表框常用属性、方法与事件

	List	设置列表框中包含的项目
	Text*	在列表框中最后选中的列表项的正文文本
属性	ListIndex*	在列表框中最后选中的列表项序号
	ListCount*	列表框中的列表项数目
	Sorted	决定是否将列表框中的列表项按 ASCII 码自动排序
	Columus	决定列表框中的项目是按一列还是多列显示
	AddItem	向列表框添加项目
方法	RemoveItem	将列表框中所选中的列表项删除
	Clear	清空列表框中的所有项目
事件	Click、DblClick	

表 7.6　组合框常用属性、方法与事件

属性	Style	决定组合列表框的外观
方法	其余同 ListBox	
	同 ListBox	
事件	当 Style 为 0 或 2 时可响应 Click 事件	
	当 Style 为 1 时可响应 DblClick 事件	
	当 Style 为 0 或 1 时可响应 Change 事件	

表 7.7　图片框、图像常用属性、方法与事件

	属性	Picture	设置图片框的背景图像
		AutoSize	决定图片框是否能自动调整大小以显示完整的图片
图片框	方法	Print、Move、Refresh	
	事件	Click	
	属性	Picture	设置图像控件的背景图像
图像		Stretch	确定是否缩放图形来适应图像控件大小
	方法	Move、Refresh	

7.1.2 Visual Basic 语言基础

7.1.2.1 数据

1. 编码规则

Visual Basic 代码中不区分字母大小写,对于 Visual Basic 中的关键字,首字母总被转换成大写,其余字母被转换成小写。在同一行上可以书写多条语句,语句间用":"分隔。单行语句可分若干行书写,在本行后加入续行符(空格和下划线"_")。注释有利于程序的维护和调试,一般用 Rem 语句或单引号"'"进行注释。

2. 数据类型

数值型(Numeric)数据:Integer 型和 Long 型用于保存整数,整数运算速度快、精确,但表示数的范围小;Single 型和 Double 型用于保存浮点实数,浮点实数表示数的范围大,但有误差。

逻辑型(Boolean)数据:Boolean 型用于逻辑判断,只有 True 和 False 两个值。

字符型(String)数据:String 型存放字符型数据。

变体型(Variant)数据:对所有未定义的变量的缺省数据类型定义,对数据的处理完全取决于程序上下文的需要。

表 7.8 常见数据类型特性

数 据 类 型		类 型 名 称	类型说明符	存储空间(Byte)	初始值
数值型	整型	Integer	%	2	0
	长整型	Long	&	4	
	单精度	Single	!	4	
	双精度	Double	#	8	
	货币型	Currency	@	8	
	字节型	Byte		1	
字符型	变长字符串	String	$	10 + 串长度	空字符串
	定长字符串	String * Size	$	串长度	
布尔型		Boolean		2	False
日期型		Date		8	0:00:00
变体型		Variant		≥16	空字符串
对象型		Object		4	

3. 常量与变量

常量在程序中取值始终保持不变的数据,可以是具体的数值,也可以是专门说明的符号。变量以符号形式出现在程序中,且取值可以发生变化的数据。必须以字母、汉字开头,由字母、汉字、数字或下划线组成。不能使用 Visual Basic 中的关键字。Visual Basic 中不区分变量名的大小写。常量的说明 Const 语句的形式:

〔Public | Private〕　Const　〈常量名〉〔As Type〕=〈数值〉

变量的说明形式:

Dim　〈变量名〉As〈类型〉〔,〈变量名〉As〈类型〉〕(窗体变量或局部变量)
Public　〈变量名〉As〈类型〉〔,〈变量名〉As〈类型〉〕(全局变量)
Private　〈变量名〉As〈类型〉〔,〈变量名〉As〈类型〉〕(窗体/模块级变量)
Static　〈变量名〉As〈类型〉〔,〈变量名〉As〈类型〉〕(静态变量)

4. 变量的作用域

局部变量在过程中说明,仅在说明它的过程中使用,窗体/模块变量在窗体或标准模块中说明,在定义该变量的模块或窗体的所有过程内均有效。

全局变量在模块或窗体中说明,在工程内的所有过程中都有效。

5. 数组

数组是一组相同类型变量的一个有序的集合。数组在使用前必须先说明。下标表示该元素在数组中的排列位置。有一个下标为一维数组,有两个下标为二维数组。下标的取值为整型数,数组说明语句为

Public | Private | Static | Dim　〈数组名〉(〔维界定义〕)　〔As　数据类型〕

在声明时已确定了大小的数组为固定大小数组。形式为

Dim 数组名(下标)　〔As　数据类型〕

在声明时未确定大小的数组为动态数组。形式为

Dim 数组名( )　〔As　数据类型〕

使用时,随时用 ReDim 语句重新指出数组的大小为

ReDim　〔preserve〕数组名(下标)

可以使用 ReDim 语句反复地改变数组的元素以及维数的数目,但是不能在将一个数组定义为某种数据类型之后,再使用 ReDim 将该数组改为其他数据类型。如果使用了 Preserve 关键字,就只能重定义数组最末维的大小,且根本不能改变维数的数目。例如,如果数组就是一维的,则可以重定义该维的大小,因为它是最末维,也是仅有的一维。不过,如果数组是二维或更多维时,则只有改变其最末维才能同时仍保留数组中的内容。

Ubound( )函数可用的最大下标,Lbound( )函数可用的最小下标,若为二维数组,可用 Ubound(A,1)或 Ubound(A,2)得到其第一维或第二维的最大下标。Erase 重新初始化固定大小数组的元素,或者释放动态数组的存储空间。格式为

Erase　a1〔,a2 ,…〕

Option　Base 语句将数组下标的缺省下界设置为 1：

Option　Base　1

For Each － Next 语句：

For Each Element In ⟨array⟩

　　　语句组

　　　［Exit For］

　　　语句组

Next［Element］

7.1.2.2　运算符与表达式

运算符有算术运算符、字符串运算符、关系运算符、逻辑运算符，即

算术运算符：^、－（负号）、*、/、\（整除）、Mod（求模）、＋、－。

字符串运算符：& 和 ＋。

关系运算符：＝、＞、＞＝、＜、＜＝、＜＞。

逻辑运算符：Not、And、Or、Xor。

表达式由变量、常量和运算符按一定的规则组成的一个字符序列。优先级顺序为

算术运算符 ＞ 字符串运算符 ＞ 关系运算符 ＞ 逻辑运算符

7.1.2.3　标准函数

标准函数有算术函数、字符串函数、转换函数、其他常用函数等，如表 7.9～表 7.12 所示。

表 7.9　算术函数

函　数	功　能	函数值类型
Sqr(x)	求 x 的平方根值，$x \geqslant 0$	数值型
Log(x)	求 x 的自然对数，$x > 0$	
Exp(x)	求以 e 为底的幂值，即求 e^x	
Abs(x)	求 x 的绝对值	
Hex(x)	求 x 的十六进制数值，结果为一字符串	字符型
Oct(x)	求 x 的八进制数值，结果为一字符串	

续表

函　数	功　能	函数值类型
Sgn(x)	求 x 的符号,$x>0$ 为 1,$x=0$ 为 0,$x<0$ 为 -1	数值型
Rnd(x)	产生一个在[0,1]区间均匀分布的随机数 若产生 $m\sim n$ 之间的随机整数其通式为:$Int(Rnd*(n-m)+1)+m$	
Sin(x)	求 x 的正弦值,x 单位为弧度	
Cos(x)	求 x 的余弦值,x 单位为弧度	
Tan(x)	求 x 的正切值,x 单位为弧度	
Atn(x)	求 x 的反正切值,x 单位为弧度	

表 7.10　字符串函数

函　数	功　能	函数值类型
Len(St)	求字符串 St 的长度(字符个数)	数值型
Left(St,n)	从字符串 St 左边起取 n 个字符	字符型
Right(St,n)	从字符串 St 右边起取 n 个字符	
Mid(St,n1,n2)	从字符串 St 左边第 n1 个位置开始向右起取 n2 个字符,若 n2 省略则取从 n1 到结尾的所有字符	
Ucase(St)	将字符串 St 中所有小写字符改为大写	
Lcase(St)	将字符串 St 中所有大写字符改为小写	
Ltrim(St)	去掉字符串 St 的前导空格	
Rtrim(St)	去掉字符串 St 的尾随空格	
Trim(St)	去掉字符串 St 的前导和尾随空格	
Instr([n,]St1,St2)	从 St1 的第 n 个位置起查找给定的字符 St2,返回该字符在 St1 中最先出现的位置,n 的缺省值为 1,若没有找到 St2,则函数值为 0	数值型
String(n, St)	得到由 n 个给定字符 St 组成的一个字符串	字符型
Space(n)	得到 n 个空格	

表 7.11　转换函数

函　数	功　能	函数值类型
Str(x)	将数值数据 x 转换成字符串（含符号位）	字符型
CStr(x)	将 x 转换成字符串型，若 x 为数值型，则转为数字字符串（对于正数符号位不予保留）	
Val(x)	将字符串 x 中的数字转换成数值	数值型
Chr(x)	返回以 x 为 ASCII 代码值的字符	字符型
Asc(x)	给出字符 x 的 ASCII 代码值（十进制数）	数值型
CInt(x)	将数值型数据 x 的小数部分四舍五入取整	
Fix(x)	将数值型数据 x 的小数部分舍去	
Int(x)	取小于等于 x 的最大整数	

表 7.12　其他常用函数

函　数		格式和功能
InputBox	格式	InputBox（prompt［，title］［，default］［，xpos］［，ypos］［，helpfile，context］）
	功能	在一对话框中显示提示，等待用户输入正文或按下按钮，并返回包含文本框内容的字符串。
MsgBox	格式	MsgBox(prompt［，buttons］［，title］［，helpfile，context］)
	功能	在对话框中显示消息，等待用户单击按钮，并返回一个整数告诉用户单击哪一个按钮。
Format	格式	Format(expression［，format［，firstdayofweek［，firstweekofyear］］］)
	功能	返回 Variant（String），根据格式表达式中的指令来格式化的
IsNumeric	格式	IsNumeric(expression)
	功能	返回 Boolean 值，指出表达式的运算结果是否为数。如果为数字，则 IsNumeric 返回 True；否则返回 False，若是日期表达式，则 IsNumeric 返回 False。
LoadPicture	格式	LoadPicture（［filename］，［size］，［colordepth］，［x，y］）
	功能	将图形载入到窗体、PictureBox 控件或 Image 控件的 Picture 属性
RGB	格式	RGB(red，green，blue)
	功能	返回一个 Long 整数，用来表示一个 RGB 颜色值

7.1.2.4　程序结构

在 Visual Basic 中,除顺序结构外,程序结构控制流程有分支结构和循环结构,如图 7.1 所示。分支结构有单分支、双分支和多分支。

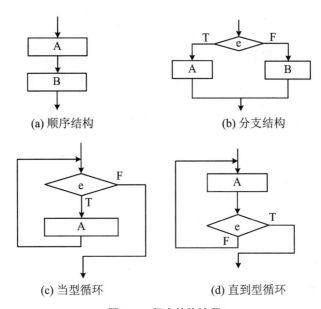

(a) 顺序结构　　　　　　　　　　(b) 分支结构

(c) 当型循环　　　　　　　　　(d) 直到型循环

图 7.1　程序结构流程

1. 单分支结构语句

```
If e Then
    ［A 组语句］
End If
```

```
If e Then  ［A 组语句］
```

2. 双分支结构语句

```
If e Then
    ［A 组语句］
Else
    ［B 组语句］
End If
```

```
If e Then 语句 1 Else 语句 2
```

3. 多分支结构语句

```
If e1 Then
```

```
    [A1 组语句]
ElseIf e2 Then
    [A2 组语句]
    ……
[Else
    An＋1 组语句]
End If
```

4. Select Case 结构语句

```
Select Case e
    Case c1
        A 组语句
    Case c2
        B 组语句
        ……
    Case Else
        n 组语句
    End Select
```

循环结构有 For 循环、Do-Loop 循环。

5. For 循环语句

```
For  v＝e1  To  e2  [Step  e3 ]
    ……
    [Exit  For]
    ……
Next  v
```

6. Do-Loop 循环语句

```
Do  While  e
    …
    [Exit  Do]
    …
Loop
Do
    …
    [Exit  Do]
    …
Loop While  e
Do  Until  e
```

```
    ...
    [Exit  Do]
    ...
Loop
Do
    ...
    [Exit  Do]
    ...
Loop  Until  e
```

Do 循环用于控制循环次数未知的循环结构，For 循环用于控制循环次数预知的循环结构。内循环变量与外循环变量不能同名。外循环必须完全包含内循环，不能交叉。用 Exit　For 语句和 Exit　Do 语句退出循环。

7.1.2.5　过程

Visual Basic 使用三种过程子程序过程（Sub Procedure），Sub 过程不返回值；函数过程（Function Procedure），Function 过程返回一个值；属性过程（Property Procedure），Property 过程设置和返回对象、类等的属性值。

1．Sub 过程

定义如下：

［Private ｜ Public］［Static］Sub 过程名（［参数列表］）

　　　［局部变量和常数声明］

　　　语句块

　　　　［Exit Sub］

　　　语句块

End Sub

形式参数格式：［ByVal］［Byref］变量名［（）］［As 数据类型］

调用：

Call 语句

Call 过程名（实际参数表）

直接用过程名

过程名　［实参 1［，实参 2 . . .］］

参数的传递方式有"传值"和"传址"。

2．Function 过程

定义如下：

［Private ｜ Public］［Static］Function 函数名（［参数列表］）［As 数据类型］

〔局部变量和常数声明〕

〔语句块〕

　〔函数名 ＝ 表达式〕

　〔 Exit Function 〕

　〔语句块〕

　〔函数名 ＝ 表达式〕

End Function

调用：

函数过程名（〔实际参数表〕）

函数返回的值往往需要使用,则参数必须加上括号,但也可以按 Sub 来使用,只是此时将放弃返回值。

3. 传递参数方式

定义过程(Sub)或函数(Function)时,出现在形参表中的变量名、数组名称之为形式参数。形参给出传递到过程(函数)中的值在过程(函数)中的表现形式。实参在调用 Sub 或 Function 过程时,传送给相应过程的变量名、数组名、数组元素、常数或表达式。

传递参数的两种方式,即按值传递和按地址传递("引用")。按值传递,形参前加关键字"ByVal",过程调用时,Visual Basic 给按值传递参数分配一个临时存储单元,按值传递参数,传递的只是实参变量的副本,过程中改变形参值,只影响副本。

地址传递,形参前加关键字"ByRef",或省略关键字形参和实参共用内存的同一"地址",若实参是变量、数组元素或数组,则形参和实参类型必须一致,过程中改变形参值,将同时改变形参和实参中的值;若实参为一个常量或者表达式,Visual Basic 将按传值方式处理;若实参是与形参类型不一致的常数或表达式,Visual Basic 会按要求进行数据转换,再将转换后的值传递给形参。

7.1.2.6　文件

文件是一组相关信息的集合,文件类型有顺序文件、随机文件、二进制文件,文件类型及特点如表 7.13 所示。

表 7.13　文件类型及特点

顺序文件	随机文件	二进制文件
结构简单	每个记录的长度相同	以字节为单位
顺序读写、存取速度慢	按记录号访问、存取速度快	顺序、成块地读取
占内存少	占内存大	

续表

顺序文件	随机文件	二进制文件
数据更新烦	数据更新易	不能随意定位读取数据
大量数据的成批处理	大量查找或修改文件中的数据	存储任意希望存储的数据

1．打开文件

Open　"文件名"〔For　模式〕〔Access 存取类型〕〔锁定〕　As　〔♯〕文件号　〔Len＝记录长度〕

模式：

Output：顺序输出模式，将数据写入文件，对文件进行写操作

Input：顺序输入模式，将数据从磁盘读入内存中，对文件进行读操作

Append：添加模式，将数据追加到文件末尾

Random：随机访问模式

Binary：二进制访问模式

存取类型：

Read—只读，Write—只写，Read Write—可读可写

文件号：1～511，或用 FreeFile 函数获得一个可利用的文件号

2．关闭文件

Close　〔〔♯〕文件号〕〔,〔♯〕文件号〕……

3．写入文件

Print ♯文件号,〔输出列表〕

Write ♯文件号,〔输出列表〕

Write♯是以紧凑格式存放，即在数据项之间插入","，并给字符串加上双引号。

Print ♯可以多种方式存放，输出列表间可使用 Spc(n)、Tab(n)、;　、, 等。

4．读文件

Input　♯文件号,变量列表

将每个数据项分别存放到所对应的变量中，变量的类型与文件内数据类型一致。

Line Input　♯文件号,字符串表

以 Enter 或 Reture 字符作为分界符，主要用于读取文本文件。

Input $（读取字符数,♯文件号）

不考虑分界符的存在，可以随意读取数据中的字符，只要告诉它要读取多少个字符即可。

5．文件函数

EOF 函数：将返回一个表示文件是否到达文件末尾的标志。

LOF 函数:返回已用 Open 打开的某个文件的长度(字节数)。

Filelen 函数:返回某个文件的长度(字节数)。

FreeFile 函数:以整数形式返回一 Open 语句可可以使用的下一个有效义件号。

7.1.2.7　程序调试

常见的错误有对象不存在、下标越界、数据溢出、变量未定义等,可把错误分为以下类型:

① 语法错误,违反语法规则的错误;

② 运行错误,试图执行不可进行的操作或使用不存在的操作;

③ 逻辑错误,编写的代码不能实现预定的功能。

程序在执行的中途被停止,称为"中断",进入中断的方式有发生运行错误时、中断命令(Ctrl + Break、"运行"—"中断")、设置断点和单步调试。

7.2　程序结构化分析与设计

7.2.1　需求分析

需求分析是软件开发早期的一个重要阶段,它在问题定义和可行性研究阶段之后进行,需求分析的基本任务是软件人员和用户一起完全弄清用户对系统的确切要求。这是关系到软件开发成败的关键步骤,也是整个系统开发的基础。

在进行需求获取之前,首先要明确需要获取什么,也就是需求包含哪些内容。通常,需求包括功能需求、界面需求、数据需求等,并预先估计以后系统可能达到的目标。此外,还需注意其他非功能性需求,主要内容如下:

(1) 功能需求:系统要做什么,在何时做,在何时以及如何修改或升级。

(2) 用户或人的因素:用户对使用计算机的熟练程度,需要接受的训练,用户理解、使用系统的难度等。

(3) 环境需求:未来软件应用的环境,包括硬件和软件。如操作系数、网络、数据库等。

(4) 界面需求:来自其他系统的输入,到其他系统的输出,对数据格式的特殊规定等。

（5）数据需求：输入、输出数据的格式，接收、发送数据的频率，数据的准确性和精度，数据流量，数据需保持的时间。

（6）安全保密要求：是否需要对访问系统或系统信息加以控制，隔离用户数据的方法，用户程序如何与其他程序和系统隔离以及系统备份要求等。

7.2.2　结构化分析

一种面向数据流的传统软件开发方法，以数据流为中心构建软件的分析模型和设计模型。主要思想是抽象与自顶向下的逐层分解，抽象是在每个抽象层次上忽略问题的内部复杂性，只关注整个问题与外界的联系。分解是将问题不断分解为较小的问题，直到每个最底层的问题都足够简单为止。

（1）抽象：从作为整体的软件系统开始（第一层），每一抽象层次上只关注于系统的输入输出。

（2）分解：将系统不断分解为子系统、模块……随着分解层次的增加，抽象的级别越来越低，也越接近问题的解（算法和数据结构）。

（3）Data Flow Diagram（简称 DFD）：描述输入数据流到输出数据流的变换（即加工）过程，用于对系统的功能建模，如图 7.2 所示。

（4）数据流（data flow）：由一组固定成分的数据组成，代表数据的流动方向。

（5）加工（process）：描述了输入数据流到输出数据流的变换，即将输入数据流加工成输出数据流。

（6）文件（file）：使用文件、数据库等保存某些数据结果供以后使用。

（7）源或宿（source or sink）：由一组固定成分的数据组成，代表数据的流动方向。

加工或处理　　　　数据源和数据汇

数据流　　　　数据存储

图 7.2　DFD 的基本图形元素

1. 源或宿

存在于软件系统之外的人员或组织，表示软件系统输入数据的来源和输出数据的去向，因此也称为源点和终点。例如，对一个考务处理系统而言，考生向系统提供报名单（输入数据流），所以考生是考试系统（软件）的一个源。考务处理系统要将考试成绩的统计分析表(输出数据流)传递给考试中心,所以考试中心是该系统的一个宿。源或宿用相同的图形符号表示,当数据流从该符号流出时表示是源,当数据流流向该符号时表示是宿,当两者皆有时表示既是源又是宿。

2. 加工和文件

(1) 加工

描述输入数据流到输出数据流的变换每个加工用一个定义明确的名字标识,至少有一个输入数据流和一个输出流,可以有多个输入数据流和多个输出数据流。

(2) 文件

保存数据信息的外部单元,每个文件用一个定义明确的名字标识,由加工进行读写,DFD 中称为文件,但在具体实现时可以用文件系统实现也可以用数据库系统等实现。

3. 数据流

每个数据流用由一组固定成分的数据组成并拥有一个定义明确的名字标识,如:运动会管理系统中,报名单(数据流)由队名、姓名、性别、参赛项目等数据组成。数据流的流向:从一个加工流向另一个加工;从加工流向文件(写文件);从文件流向加工(读文件);从源流向加工;从加工流向宿。

4. 数据流图分层

根据自顶向下逐层分解的思想将数据流图画成层次结构,顶层图只有代表整个软件系统的 1 个加工,描述了软件系统与外界(源或宿)之间的数据流,顶层图中的加工经分解后的图称为 0 层图(只有 1 张),中间层图中至少有一个加工(也可以有多个)在下层图中分解成一张子图,处于最底层的图称为底层图,其中所有的加工不再分解成新的子图。

顶层图只有一个代表整个软件系统的加工,该加工不必编号。0 层图中的加工编号分别为 1,2,3,…,子图号:若父图中的加工号 x 分解成某一子图,则该子图号记为"图 x",子图中加工的编号:若父图中的加工号为 x 的加工分解成某一子图,则该子图中的加工编号分别为 x.1、x.2、x.3……

5. 考务系统分层数据流图示例

考务系统分成多个级别,如初级程序员、程序员、高级程序员、系统分析员等,凡满足一定条件的考生都可参加某一级别的考试,考试的合格标准将根据每年的考试成绩由考试中心确定,考试的阅卷由阅卷站进行,因此,阅卷工作不包含在软件系统中。

- 对考生送来的报名单进行检查;
- 对合格的报名单编好准考证号后将准考证送给考生,并将汇总后的考生名单送给阅卷站;
- 对阅卷站送来的成绩清单进行检查,并根据考试中心制订的合格标准审定合格者;

・制作考生通知单送给考生；

・进行成绩分类统计（按地区、年龄、文化程度、职业、考试级别等分类）和试题难度分析，产生统计分析表。

数据流的组成如下：

报名单＝地区＋序号＋姓名＋文化程度＋职业＋考试级别＋通信地址

正式报名单＝准考证号＋报名单

准考证＝地区＋序号＋姓名＋准考证号＋考试级别＋考场

考生名单＝{准考证号＋考试级别}其中{w}表示 w 重复多次

考生名册＝正式报名单

统计分析表＝分类统计表＋难度分析表

考生通知单＝准考证号＋姓名＋通信地址＋考试级别＋考试成绩＋合格标志

画分层数据流图的步骤如下：

（1）画系统顶层图

确定源或宿：考生、阅卷站和考试中心，它们都既是源又是宿。顶层图唯一的加工：软件系统（考务处理系统）；确定数据流：系统的输入/输出信息，输入数据流：报名单（来自考生）、成绩清单（来自阅卷站）、合格标准（来自考试中心）；

输出数据流：准考证（送往考生）、考生名单（送往阅卷站）、考生通知书（送往考生）、统计分析表（送往考试中心）；额外的输出流（考虑系统的健壮性）：不合格报名单（返回给考生），错误成绩清单（返回给阅卷站）；顶层图通常没有文件。

考务系统顶层图如图 7.3 所示。

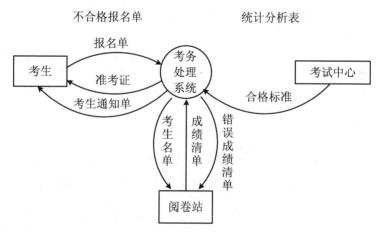

图 7.3　考务系统顶层图

（2）画系统内部

① 确定加工：将父图中某加工分解而成的子加工；根据功能分解来确定加工：将一个复杂的功能分解成若干个较小的功能，较多应用于高层 DFD 中的分解；根据业务处理流程确定加工：分析父图中待分解加工的业务处理流程，业务流程中的

每一步都可能是一个子加工;特别要注意在业务流程中数据流发生变化或数据流的值发生变化的地方,应该存在一个加工。

② 确定数据流:在父图中某加工分解而成的子图中,父图中相应加工的输入/输出数据流都是且仅是子图边界上的输入/输出数据流;分解后的子加工之间应增添相应的新数据流表示加工过程中的中间数据;如果某些中间数据需要保存以备后用,那么可以成为流向文件的数据流;同一个源或加工可以有多个数据流流向一个加工,如果它们不是一起到达和一起加工的,那么可以将它们分成若干个数据流。

③ 确定文件:如果父图中该加工存在读写文件的数据流,则相应的文件和数据流都应画在子图中;在分解子图中,如果需要保存某些中间数据以备后用,则可以将这些数据组成一个新的文件;新文件(首次出现的文件)至少应有一个加工为其写入记录,同时至少存在另一个加工来读该文件的记录;注意:从父图中继承下来的文件在子图中可能只对其进行读,或只进行写。

④ 确定源和宿:0层图和其他子图中通常不必画出源和宿;有时为了提高可读性,可以将顶层图中的源和宿画在0层图中。

根据功能分解方法识别出两个加工:考试报名、统计成绩;数据流:继承顶层图中的输入数据流和输出数据流定义二个加工之间的数据流;由于这两个加工分别在考试前后进行,因此登记报名单所产生的结果"考生名册"应作为文件保存以便考试后由统计成绩加工引用。

(3) 画加工内部(1···n层图)

复杂的加工可以继续分解成1张DFD子图,分解方法:将该加工看作一个小系统,该加工的输入/输出数据流就是这个假设的小系统的输入/输出数据流,然后采用画0层图的方法,画出该加工的子图。

以0层图中加工1(考试报名)为例(见图7.4)。根据业务处理流程来确定由加工1的分解,与加工1相关的业务流程:首先检查考生送来的报名单,然后编准考证号,并产生准考证,最后产生考生名单和考生名册(文件)。

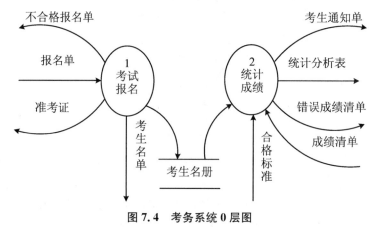

图7.4 考务系统0层图

考务系统加工 1 子图：3 个子加工：检查报名单、编准考证号、登记考生，"合格报名单"和"正式报名单"是新增加的数据流，其他数据流都是加工 1 原有的在加工 1 的分解中没有新的文件产生，如图 7.5 所示。

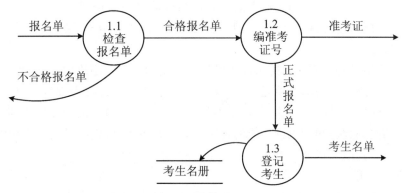

图 7.5　考务系统加工 1 子图

考务系统加工 2 子图如图 7.6 所示。

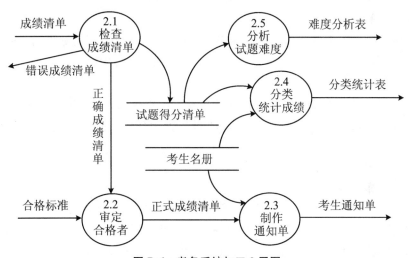

图 7.6　考务系统加工 2 子图

7.2.3　系统设计

系统设计强调模块化、自顶向下逐步求精、信息隐蔽、高内聚低耦合等设计准则分为概要设计和详细设计两大步骤。概要设计是对软件系统的总体设计，采用结构化设计方法，其任务是：将系统分解成模块，确定每个模块的功能、接口（模块间传递的数据）及其调用关系，并用模块及其对模块的调用来构建软件的体系结构。详细设计是对模块实现细节的设计,采用结构化程序设计(structured programming,SP)方法。

1. 结构图

用结构图(structure chart)来描述软件系统的体系结构描述一个软件系统由哪些模块组成,以及模块之间的调用关系结构图的基本成分有:模块、调用和数据。

2. 模块

模块是指具有一定功能的可以用模块名调用的一组程序语句,如函数、子程序等,它们是组成程序的基本单元。一个模块具有其外部特征和内部特征,外部特征包括:模块的接口(模块名、输入/输出参数、返回值等)和模块的功能。内部特征包括:模块的内部数据和完成其功能的程序代码。在 SD 中,我们只关注模块的外部特征,而忽略其内部特征。

(1)传入模块

从下属模块取得数据,经过某些处理,再将其传送给上级模块。

(2)传出模块

从上级模块获得数据,进行某些处理,再将其传送给下属模块。

(3)变换模块

变换模块即加工模块。它从上级模块取得数据,进行特定的处理,转换成其他形式,再传送回上级模块。大多数计算模块(原子模块)属于这一类。

(4)协调模块

对所有下属模块进行协调和管理的模块。在系统的输入/输出部分或数据加工部分可以找到这样的模块。在一个好的系统结构图中,协调模块应在较高层出现。

3. 调用和数据

(1)调用(call)

用从一个模块指向另一个模块的箭头来表示,其含义是前者调用了后者。为了方便,有时常用直线替代箭头,此时,表示位于上方的模块调用位于下方的模块。

(2)数据(data)

模块调用时需传递的参数可通过在调用箭头旁附加一个小箭头和数据名来表示。

4. 总体设计

结构化设计是将结构化分析的结果(数据流图)映射成软件的体系结构(结构图)。将数据流图分为变换型数据流图和事务型数据流图。变换流特征是数据流图可明显地分成输入、变换、输出三部分,信息沿着输入路径进入系统,并将输入信息的外部形式经过编辑、格式转换、合法性检查、预处理等辅助性加工后变成内部形式,内部形式的信息由变换中心进行处理,然后沿着输出路径经过格式转换、组成物理块、缓冲处理等辅助性加工后变成输出信息送到系统外,如图 7.7 所示。事务流特征是数据流沿着输入路径到达一个事务中心,事务中心根据输入数据的类型在若干条动作路径中选择一条来执行,如图 7.8 所示。事务中心的任务是接收输入数据(即事务);分析每个事务的类型;根据事务类型选择执行一条动作路径。

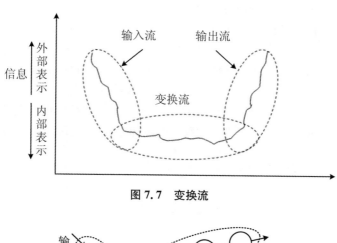

图 7.7　变换流

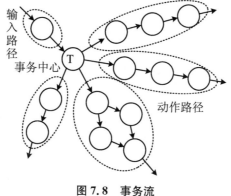

图 7.8　事务流

5. 详细设计

总体设计给出了数据流图中的各个处理转换为模块后模块与模块之间的调用关系,后续需要根据总体设计给出模块的详细设计。详细设计以程序流程图表示设计过程,完成对每一个模块的详细设计,即可将详细设计转换为程序代码,从而实现整个软件系统。

软件的详细设计就是对模块实现的过程设计(数据结构 + 算法)。从软件开发的工程化的观点来看,在进行程序编码以前,需要对系统所采用算法的逻辑关系进行分析,并给出明确、清晰的表述,为后面的程序编码打下基础,这就是详细设计的目的。

为了实现上述目的详细设计阶段的主要任务如下:

(1) 确定系统每一个模块所采用的算法,并选择合适的工具给出详细的过程性描述。

（2）确定系统每一个模块使用的数据结构。

（3）确定系统模块的接口细节，包括系统的外部接口和用户界面，与系统内部其他模块的接口以及各种数据（输入、输出和局部数据）的全部细节。

（4）为系统每一个模块设计测试用例。

以上这些内容所组成的文档就是系统详细设计说明书，这些文档设计完成以后，经过审核合格交付给下一阶段，作为编码的依据。详细设计的工具是指用来描述程序处理过程的那些表达过程规格说明的工具，其中程序流程图（program flow chart）又称为程序框图，它是历史最悠久也是软件开发人员使用最广泛的一种算法表达工具。尽量少用 goto 语句，采用自顶向下逐步求精的设计方法和单入单出的控制结构（动态与静态执行情况一致），以及程序开发采用程序员组的组织形式。

参 考 文 献

［1］ 亚当斯.传热学计算机分析［M］.北京:科学出版社,1980.

［2］ 杨景芳.微机计算水力学［M］.大连:大连理工大学出版社,1991.

［3］ 财团法人节能中心.热工计算入门(燃烧及热平衡计算)［M］.沈阳:辽宁大学出版社,1989.

［4］ 何光渝.VB 常用算法大全［M］.西安:西安电子科技大学出版社,2001.

［5］ 赵钦新,周屈兰,谭厚章,等.余热锅炉研究与设计［M］.北京:中国标准出版社,2010.

［6］ 杨世铭,陶文铨.传热学［M］.3 版.北京:高等教育出版社,1998.

［7］ 李文科.工程流体力学［M］.合肥:中国科学技术大学出版社,2007.

［8］ 沈维道.工程热力学［M］.2 版.北京:高等教育出版社,1983.

［9］ 余建祖.换热器原理与设计［M］.北京:北京航空航天大学出版社,2006.

［10］ 冯俊凯.锅炉原理及计算［M］.3 版.北京:科学出版社,2003.

［11］ 陆钟武,蔡九菊.系统节能基础［M］.北京:科学出版社,1993.

［12］ 陆钟武.火焰炉［M］.北京:冶金工业出版社,1995.

［13］ 薛群虎,徐维忠.耐火材料［M］.2 版.北京:冶金工业出版社,2009.

［14］ 韩昭沧.燃料及燃烧［M］.2 版.北京:冶金工业出版社,1994.

［15］ 王计敏.蓄热式铝熔炼炉熔炼过程多场耦合的数值模拟及优化研究［D］.长沙:中南大学,2012.

［16］ 王敏.首钢高炉热风炉节能模型的研发与应用［D］.北京:北京工业大学,2004.

［17］ 陶文铨.数值传热学［M］.西安:西安交通大学出版社,2003.

［18］ 赵静,但琦.数学建模与数学实验［M］.3 版.北京:高等教育出版社,2008.

［19］ 褚华.软件设计师教程［M］.北京:清华大学出版社,2014.

［20］ 项钟庸,郭庆弟.蓄热式热风炉［M］.北京:冶金工业出版社,1988.

［21］ 周正贵.计算流体力学基础理论与实际应用［M］.南京:东南大学出版社,2008.

［22］ 陶文铨.计算流体力学与传热学［M］.北京:中国建筑工业出版社,1991.

［23］ T.Kuppan.换热器设计手册［M］.北京:中国石化出版社,2004.

［24］《有色冶金炉设计手册》编委会.有色冶金炉设计手册［M］.北京:冶金工业出版社,2000.

［25］ 李杰.Visual Basic 程序设计教程［M］.北京:清华大学出版社,2011.

［26］ 王秉铨,宋湛苹,孙昌楷,等.工业炉设计手册［M］.北京:机械工业出版社,2010.